丛书总主编　陈宜瑜
丛书副总主编　于贵瑞　何洪林

中国生态系统定位观测与研究数据集

农田生态系统卷

四川盐亭站

（2005—2015）

高美荣　朱波　主编

中国农业出版社

北　京

图书在版编目（CIP）数据

中国生态系统定位观测与研究数据集．农田生态系统卷．四川盐亭站：2005～2015 / 陈宜瑜总主编；高美荣，朱波主编．—北京：中国农业出版社，2021.12
ISBN 978-7-109-28516-3

Ⅰ．①中⋯　Ⅱ．①陈⋯　②高⋯　③朱⋯　Ⅲ．①生态系－统计数据－中国②农田－生态系－统计数据－盐亭县－2005－2015　Ⅳ．①Q147②S181

中国版本图书馆 CIP 数据核字（2021）第 136334 号

ZHONGGUO SHENGTAI XITONG DINGWEI GUANCE YU YANJIU SHUJUJI

中国农业出版社出版
地址：北京市朝阳区麦子店街 18 号楼
邮编：100125
责任编辑：李昕昱　　文字编辑：宫晓晨
版式设计：李　文　责任校对：吴丽婷
印刷：中农印务有限公司
版次：2021 年 12 月第 1 版
印次：2021 年 12 月北京第 1 次印刷
发行：新华书店北京发行所
开本：889mm×1194mm　1/16
印张：14.75
字数：405 千字
定价：88.00 元

中国生态系统定位观测与研究数据集

丛书指导委员会

顾　　问	孙鸿烈　蒋有绪　李文华　孙九林
主　　任	陈宜瑜
委　　员	方精云　傅伯杰　周成虎　邵明安　于贵瑞　傅小峰　王瑞丹
	王树志　孙　命　封志明　冯仁国　高吉喜　李　新　廖方宇
	廖小罕　刘纪远　刘世荣　周清波

丛书编委会

主　　编	陈宜瑜
副主编	于贵瑞　何洪林
编　　委	（按照拼音顺序排列）

白永飞	曹广民	曾凡江	常瑞英	陈德祥	陈　隽	陈　欣
戴尔阜	范泽鑫	方江平	郭胜利	郭学兵	何志斌	胡　波
黄　晖	黄振英	贾小旭	金国胜	李　华	李新虎	李新荣
李玉霖	李　哲	李中阳	林露湘	刘宏斌	潘贤章	秦伯强
沈彦俊	石　蕾	宋长春	苏　文	隋跃宇	孙　波	孙晓霞
谭支良	田长彦	王安志	王　兵	王传宽	王国梁	王克林
王　堃	王清奎	王希华	王友绍	吴冬秀	项文化	谢　平
谢宗强	辛晓平	徐　波	杨　萍	杨自辉	叶　清	于　丹
于秀波	占车生	张会民	张秋良	张硕新	赵　旭	周国逸
周　桔	朱安宁	朱　波	朱金兆			

中国生态系统定位观测与研究数据集
农田生态系统卷·四川盐亭站

编 委 会

主　编　高美荣　朱　波

编　委　王艳强　况福虹　章熙锋　唐家良

　　　　汪　涛　王小国　唐翔宇

进入 20 世纪 80 年代以来，生态系统对全球变化的反馈与响应、可持续发展成为生态系统生态学研究的热点，通过观测、分析、模拟生态系统的生态学过程，可为实现生态系统可持续发展提供管理与决策依据。长期监测数据的获取与开放共享已成为生态系统研究网络的长期性、基础性工作。

国际上，美国长期生态系统研究网络（US LTER）于 2004 年启动了 Eco Trends 项目，依托美国 LTER 站点积累的观测数据，发表了生态系统（跨站点）长期变化趋势及其对全球变化响应的科学研究报告。英国环境变化网络（UK ECN）于 2016 年在 *Ecological Indicators* 发表专辑，系统报道了英国 ECN 的 20 年长期联网监测数据推动了生态系统稳定性和恢复力研究，并发表和出版了系列的数据集和数据论文。长期生态监测数据的开放共享、出版和挖掘越来越重要。

在国内，国家生态系统观测研究网络（National Ecosystem Research Network of China，简称 CNERN）及中国生态系统研究网络（Chinese Ecosystem Research Network，简称 CERN）的各野外站在长期的科学观测研究中积累了丰富的科学数据，这些数据是生态系统生态学研究领域的重要资产，特别是 CNERN/CERN 长达 20 年的生态系统长期联网监测数据不仅反映了中国各类生态站水分、土壤、大气、生物要素的长期变化趋势，同时也能为生态系统过程和功能动态研究提供数据支撑，为生态学模型的验证和发展、遥感产品地面真实性检验提供数据支撑。通过集成分析这些数据，CNERN/CERN 内外的科研人员发表了很多重要科研成果，支撑了国家生态文明建设的重大需求。

近年来，数据出版已成为国内外数据发布和共享，实现"可发现、可访问、可理解、可重用"（即 FAIR）目标的重要手段和渠道。CNERN/CERN 继 2011 年出版"中国生态系统定位观测与研究数据集"丛书后再次出版新一期数据集丛书，旨在以出版方式提升数据质量、明确数据知识产权，推动融合专业理论或知识的更高层级的数据产品的开发挖掘，促进 CNERN/CERN 开放共享由数据服务向知识服务转变。

该丛书包括农田生态系统、草地与荒漠生态系统、森林生态系统以及湖泊湿地海湾生态系统共 4 卷（51 册）以及森林生态系统图集 1 册，各册收集了野外台站的观测样地与观测设施信息，水分、土壤、大气和生物联网观测数据以及特色研究数据。本次数据出版工作必将促进 CNERN/CERN 数据的长期保存、开放共享，充分发挥生态长期监测数据的价值，支撑长期生态学以及生态系统生态学的科学研究工作，为国家生态文明建设提供支撑。

2021 年 7 月

科学数据是科学发现和知识创新的重要依据与基石。大数据时代，科技创新越来越依赖于科学数据综合分析。2018 年 3 月，国家颁布了《科学数据管理办法》，提出要进一步加强和规范科学数据管理，保障科学数据安全，提高开放共享水平，更好地为国家科技创新、经济社会发展提供支撑，标志着我国正式在国家层面加强和规范科学数据管理工作。

随着全球变化、区域可持续发展等生态问题的日趋严重以及物联网、大数据和云计算技术的发展，生态学进入"大科学、大数据时代"，生态数据开放共享已经成为推动生态学科发展创新的重要动力。

国家生态系统观测研究网络（National Ecosystem Research Network of China，简称 CNERN）是一个数据密集型的野外科技平台，各野外台站在长期的科学研究中，积累了丰富的科学数据。2011 年，CNERN 组织出版了"中国生态系统定位观测与研究数据集"丛书。该丛书共 4 卷、51 册，系统收集整理了 2008 年以前的各野外台站元数据、观测样地信息与水分、土壤、大气和生物监测数据以及相关研究成果的数据。该套丛书的出版，拓展了 CNERN 生态数据资源共享模式，为我国生态系统研究、资源环境的保护利用与治理以及农、林、牧、渔业相关生产活动提供了重要的数据支撑。

2009 以来，CNERN 又积累了 10 年的观测与研究数据，同时国家生态科学数据中心于 2019 年正式成立。中心以 CNERN 野外台站为基础，生态系统观测研究数据为核心，拓展部门台站、专项观测网络、科技计划项目、科研团队等数据来源渠道，推进生态科学数据开放共享、产品加工和分析应用。为了开发特色数据资源产品、整合与挖掘生态数据，国家生态科学数据中心立足国家野外生态观测台站长期监测数据，组织开展了新一版的观测与研究数据集的出版工作。

本次出版的数据集主要围绕"生态系统服务功能评估""生态系统过程与变化"等主题进行了指标筛选，规范了数据的质控、处理方法，并参考数据论文的体例进行编写，以详实地展现数据产生过程，拓展数据的应用范围。

该丛书包括农田生态系统、草地与荒漠生态系统、森林生态系统以及湖泊湿地海湾生态系统共4卷（51册）以及图集1本，各册收集了野外台站的观测样地与观测设施信息，水分、土壤、大气和生物联网观测数据以及特色研究数据。该套丛书的再一次出版，必将更好地发挥野外台站长期观测数据的价值，推动我国生态科学数据的开放共享和科研范式的转变，为国家生态文明建设提供支撑。

2021 年 8 月

四川盐亭农田生态系统国家野外科学观测研究站暨中国科学院盐亭紫色土农业生态试验站（以下简称盐亭站）是国家生态系统观测研究网络（CNERN）和中国生态系统研究网络（CERN）的野外科技平台，按照 CNERN 和 CERN 的观测指标要求，每年会生成系列标准化的生态要素观测数据。2008 年在 CNERN 的组织和资助下，已对盐亭站 1998—2006年（部分数据至 2008 年）的长期联网观测数据与特色研究数据进行了一次整编出版。2007 年至今，盐亭站又积累了近十年的数据，为了促进盐亭站长期观测数据的充分共享利用，2019 年在 CNERN 的要求和组织下，开展盐亭站 2005—2015 年长期联网观测数据与特色研究数据的整编与出版工作，以期在大数据时代背景下，为区域生态服务评估、大尺度生态过程和机理研究提供数据支撑。

本次以出版数据集的形式发布联网观测数据产品，参考数据论文的体例进行编写台站长期监测和特色研究数据产品，详实地展现数据产生过程，拓展数据的应用范围。希望从内容和形式上能够上一个台阶，能够形成一系列的高质量、完整、有意义、便于使用的数据。数据集出版主要内容包括 5 个部分：①盐亭站简介；②盐亭站观测和科研平台，主要介绍样地、观测设施和主要仪器设备；③盐亭站长期联网监测数据，包括水分、土壤、生物和气象生态要素数据；④部分长期试验监测和研究数据；⑤参考文献。

对于从出版物中获得的盐亭站的观测与研究数据，应遵循以下引用规则：

①所有用户对从盐亭站数据集出版物中获得的数据，只享有有限的、不排他的使用权。

②用户不得有偿或无偿转让其从出版物获得的数据，包括用户对这些数据进行了单位换算、介质转换或者量度变换后形成的新数据。

③用户不得直接将其从盐亭站数据出版物获得的数据向外分发，或用作向外分发或供外部使用的数据库、产品和服务的一部分，也不得间接用作生成它们的基础。

④用户在使用数据产生的一切成果中必须标注数据来源，用户发表论文时必须引用数据提供者，并在中文论文首页的"基金项目"中或在英文论文"Acknowledge"中说明数据由四川盐亭农田生态系统国家野外科学观测研究站（Sichuan Yanting Agro-ecological National Ecosystem Research Station of China）提供。

⑤遵守盐亭站关于数据使用的其他规定。

⑥用户有义务及时将数据使用中存在的问题和建议反馈到盐亭站。

⑦用户若有违约，盐亭站可根据情节轻重责令其限期改正、停止向其提供数据服务，并向其所在单位通报。如有严重违规或违法者，将根据国家相应的法律规定进行追究。

本数据集第 1 章、第 2 章、3.4、4.2、4.3.1、4.3.2、4.3.3、4.3.5、4.3.6 由高美荣编写，并负责整个版面审核和格式统一修改；3.1、4.1.1、4.1.2 由章熙锋编写；3.2、4.1.3、4.1.4、4.3.4、4.3.5 由况福虹编写；3.3 由王艳强编写；朱波站长审核清样稿及最后定稿。

该数据集的出版得到"国家生态网络台站长期观测及数据信息建设项目"的资助。

编　者
2021 年 9 月

CONTENTS
目 录

序一
序二
前言

第1章

□□□□□□□□□□□□□□□□□□□□□□□□

盐亭站基本情况

1.1 概述

四川盐亭农田生态系统国家野外科学观测研究站（以下简称盐亭站）位于四川盆地中北部的四川省绵阳市盐亭县大兴回族乡（105°27′E，31°16′N），是以亚热带四川盆地紫色土为主要研究对象的基础性、公益性的长期试验与观测平台。1980 年建站，1991 年成为中国生态系统研究网络（CERN）台站，2005 年被遴选为首批国家野外科学研究站，2007 年成为首批水利部水土保持科技示范园区，同时还是农业农村部重点野外台站和全球陆地生态系统（GTOS）骨干观测点。

地貌属典型丘陵，中亚热带季风气候，年均气温 17.3 ℃，年均降雨量 826 mm。土壤为紫色土，由白垩纪和侏罗纪的紫色砂页岩发育而成。本区主要植被类型为散生柏木（*Cupressus funebris*）疏林，其他散生乔木有油桐（*Vernicia fordii*）、樟（*Cinnamomum camphora*）、黄连木（*Pistacia Chinensis*）等；常见灌木有缫丝花（*Rosa roxburghii*）、小果蔷薇（*Rosa cymosa*）、马桑（*Coriaria nepalensis*）等；林下植被为黄茅草坡。自 20 世纪 70 年代初以来，本站与当地政府联合开展桤木（*Alnus Cremastogyne*）与柏木混交林试验示范以来，试验区已在 700 hm² 的荒山上建造了成片人工桤柏混交林，森林覆盖率达 40 %。随着 20 世纪 80—90 年代的大规模推广，桤柏混交林现已成为四川盆地丘陵区人工林的主体林种，为低山丘陵区水土流失防治与生态恢复做出了重要贡献。主要农田作物有小麦、玉米、甘薯、油菜、花生和水稻等。

盐亭站所代表区域地处中国地势第二、三阶梯的过渡地带，位于长江上游生态屏障的最前沿，紧靠三峡库区，具有特殊的生态与环境敏感性。同时本区人口密度大，人为活动强烈，水土流失与非点源污染问题突出，对当地和三峡库区乃至长江流域生态环境影响深远。非地带性土壤——紫色土广泛分布在长江上游丘陵地山区，面积约 26 万 km²，集中分布在四川盆地丘陵区和三峡库区，面积约 16 万 km²。紫色土土壤矿质养分储量丰富，而亚热带湿润季风气候与非地带性紫色土成为最佳农业组合，该区是四川农业的主体区域，为四川省、西南地区粮食安全保障做出了突出贡献。盐亭站代表了四川盆地紫色土丘陵区的坡地农业生态系统，其中旱地农田生态系统面积约 413.33 万 hm²，稻田生态系统 290 万 hm²。

1.2 方向定位

盐亭站代表亚热带四川盆地农业生态区（VA5），是长江上游唯一的国家农田生态系统科学观测研究站。盐亭站将面向长江上游区域粮食安全保障、生态屏障建设与水环境安全保障的国家战略需求，针对土壤肥力形成与土壤质量演变、农业生态系统结构与功能优化、绿色农业发展、人口密集低山丘陵区生态环境演变与保护的关键科学技术问题，以中亚热带四川盆地紫色土复合农业为主要研究对象，以全球变化背景下低山丘陵现代地表过程与人类活动交互作用机理、演变规律和现代农业优化调控的创新研究为主要任务，建立基础性、公益性的长期观测试验研究平台。监测典型生态区水、土、气、生等生态要素的动态变化，开展以土壤圈层为核心的紫色土水-土-作物-大气界面物质与能量过程的综合试验观测研究，剖析紫色土坡地农业生态系统演变规律，揭示紫色土坡地水-土-作物相互作用机理，构建优化的水土保持与生态屏障技术体系，控制紫色土丘陵区的水土流失与面源污染，探索节水、保土、省肥、高产、优质、环保的现代绿色农业优化模式。为长江上游区域粮食安全、水环境安全保障与生态屏障建设提供强有力的科技支撑。

科研观测以土壤学、农业生态学和水土保持与面源污染控制等为主要学科方向，为国内外相关学科提供野外科学观测研究平台和人才培养基地。

1.3　人才队伍

现有固定人员 27 人，其中研究员 9 人，副研究员 10 人，高级工程师 1 人，助理研究员 5 人，工程师 1 人和助理工程师 1 人，其中科研岗 24 人，支撑岗 3 人，长期聘用技术观测人员 8 人；23 人拥有博士学位，3 人具有硕士学位；获得中国科学院百人计划 2 名，"西部之光"人才计划 8 名，四川省百人计划 2 名，四川省学术技术带头人后备人选 2 名，四川省青年科技奖 1 名，中国科学院关键技术人才 1 名。

1.4　近五年科研创新成果

2013—2017 年，主要在紫色土地力培育与绿色坡地农业技术、紫色土农田氮素循环与减控机理、山区环境自净功能、机制与强化应用和小流域面源污染机理与控制技术等方面取得了有特色的科学进展与成果。

1.4.1　紫色土地力培育与绿色坡地农业技术

在侯光炯院士的"土壤肥力生物-热力学"理论指导下，依据土壤结构肥力学基础和"土壤与作物生理性相协调"的观点，通过长期试验获得了土层增厚、土壤结构特别是土壤团聚体培育的耕作（季节性免耕）和施肥制度（合理有机-无机混施与秸秆还田），形成了紫色土瘠薄旱地"结构化、腐殖化、细菌化"地力培育与提升技术。并在中国紫色土的前期研究基础上，拓展了紫色土母岩、母质肥力基础与成土过程规律，揭示了紫色土土壤母质与土壤微结构的关系，阐明了紫色土侵蚀机理与关键影响因素，提出了相应的耕作侵蚀、细沟侵蚀和沟道侵蚀的水土保持耕作技术。并基于丘陵区景观格局特征，采取爆破（机械）改土、土层增厚、降低坡度等措施进行土地平整和田形调整，整理成等高水平或缓坡梯田，扩大机耕面积；同时结合秸秆还田和有机肥替代化肥技术减肥增效，进一步培肥地力；并利用高台位坡耕地发展柠檬、蜜柚、核桃、金银花等经济林产业；形成"田、路、渠"格网化，并依托微小型水利工程实现小流域水肥循环利用，大幅提高农业机械化水平，提高农业劳动生产率和综合产能。从而构建坡顶生态林、坡腰经济林、林下生态养殖和低台位旱作农田与沟谷稻田复合坡地"农林水"复合绿色农业模式，为紫色土低山丘陵区农业高产、高效与绿色发展提供了重要技术措施与实体模式。相关技术模式已纳入四川省高标准农田绿色示范区技术方案在四川省推广应用。

1.4.2　紫色土农田氮素循环过程与调控机制

依托紫色土坡地农田养分平衡长期试验，系统开展了长江上游紫色土农田生态系统水-氮耦合循环过程、通量、环境效应与生态调控机制研究，利用紫色土大型坡地 Lysimeter，对农田氮气态和径流迁移的同步观测发现，紫色土坡耕地氮循环过程复杂、损失路径多样，土壤氮素主要通过淋溶和氨挥发损失。进一步分析氮径流损失量与气体排放量的关系发现，发现地表径流、泥沙损失的碳氮和氨挥发、N_2O 排放之间没有显著相关关系，而氮淋失量（壤中流损失硝态氮）与 N_2O 排放量之间存在显著的指数递减关系，田间观测发现氮淋失与 N_2O 排放的消长关系，而这种气体排放与径流损失的响应关系是基于土壤氮循环链式过程中对底物（NO_3^-）的竞争所致。通过 ^{15}N 培养和微生物-DNR 测定技术，研究了紫色土不同施肥制度的温室气体、氮流失过程与通量及其氮转化特性和氮转化功能微生物群落特征，发现紫色土氮素温室气体排放、氮淋失主要受控于紫色土硝化作用。紫色土硝化作用强，速率快，化学氮肥促进紫色土硝化作用从而加剧氮淋失，秸秆还田可抑制硝化作用降低氮淋失。以秸秆还田和有机肥替代部分化学氮肥可保持作物产量、可协同减排氮淋失、温室气体排放和氨挥发损失，具有良好的生态经济效应。微生物学研究还揭示了秸秆还田与有机肥施用可"重建"农田土壤碳-氮耦联效应，促进微生物对外源氮的固持，基于土壤微生物技术的氮转化机制研究阐明了紫色土氮转化过程与土壤氮保持的微生物生态机制。同时建立了可持续集约农业框架下农田硝酸盐淋失和氧化亚氮排放等环境效应与作物产量综合效应的评价新指标，并据此证实通过"重构"紫色土土壤氮碳耦合关系、提升土壤氮保持功能可协同调控农田土壤活性氮损失与作物生产力。

1.4.3　山区环境自净功能、机制、容量及其生态净化体系

通过盐亭站典型小流域水土流失与面源污染长期监测发现，紫色土区径流、泥沙与面源污染主要来源于居民点和坡耕地，特别是居民点的径流污染（包括分散生活污水排放）是首要污染源，以不足 5 ％的土地面积贡献了 30％～40％的污染负荷，可见，控制高负荷村镇径流污染是面源污染治理的突破口。而研究发现山区跌落曝氧、泥沙吸附、坑塘沉降稳定、植物拦截吸收等自然与生态净化功能强大，效率高，如能充分利用其生态净化机制并提升净化容量将可能应用到高负荷村镇径流污染处理之中，筛选了强化吸附介质和养分高富集植物，并与山区自然跌落、凼坑、排水沟渠相结合，并经过景观与净化功能强化，形成具有集汇流、分流、沉淀、拦截、吸收、氧化、稀释等功能的生态净化系统，用于山区村镇分散生活污水治理，克服了传统的污水处理技术建设成本昂贵、运行费高的缺点，对村镇生活污水中污染物具有良好去除效果。研究成果已申请并获得国家授权的系列发明专利（201010617603.8、201210031962.4）。相关技术在山区农村分散生活污水治理中取得显著成效，特别针对污水排放量 30～100m³ 的小型村落生活污水治理提供相适应的技术支撑，经过处理的污水可达标排放，且建设和运行费用低，约 0～0.08 元/m³，为困扰农村生活污水治理的问题提供了轻简、高效的治理技术。

1.4.4　四川盆地小流域面源污染控制技术体系与模式

对典型小流域的林地、居民点、坡耕地、水稻田等土地利用类型的径流污染长期监测表明，居民点、坡耕地是小流域面源污染的主要污染源，因此控制紫色土丘陵区的面源污染应从居民点的分散生活污染、径流污染和坡耕地养分流失着手。利用强化生态沟渠技术从源头控制居民点的分散生活污水与径流污染，同时利用水土保持耕作体系与秸秆还田节肥增效技术，从源头控制坡耕地泥沙与养分流失；同时通过坡顶低效林改造，合理配置台地间的坡坎林地生态系统，与农地形成农林镶嵌的空间格局，并与水土保持生态沟渠、沟谷水田、塘库的人工湿地功能相结合，构建丘陵上部的农林复合系统与山丘区生态强化沟渠和低洼沟谷的人工湿地等系统紧密衔接的农林水复合生态系统，并形成小流域"减源、增汇、截获、循环"的面源污染全程控制的生态技术体系与优化模式。该技术与模式已在川中丘陵区和三峡库区推广，取得了显著的生态经济效益。

第 2 章

盐亭站观测与科研平台

2.1 概述

自 1980 年建站以来，盐亭站在科技部、中国科学院等相关部门的持续支持下，不断加强基础设施建设，已建成生活条件良好、仪器设备先进、野外设施齐全、试验观测场地规范、交通便利、通讯快捷、服务完善的综合野外科学观测系统，主要生活、科研设施布局如图 2-1 所示。其中，已建成科研、生活用房 2 830 m²；科研试验用地（拥有国有土地使用权证土地）面积 7.27 hm²；建设了规范、标准的野外观测设施 35 套（项），拥有≥10 000 元的仪器设备 188 台（套），这些野外观测设施和仪器设备不仅可满足国家野外科学观测站水、土、气、生等要素的规范观测要求，也可满足紫色土土壤肥力形成与演变、坡地水土流失、旱地、水田养分平衡、小流域生态-水文等野外观测研究的需求，也服务于科学研究平台的开放共享。

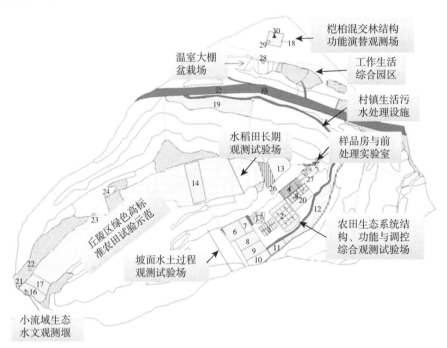

图 2-1　盐亭站科研、生活和野外观测设施布局

(图中数字为观测场或样地的序号)

盐亭站主要土地利用方式有林地、旱坡地、两季田和冬水田，长期观测的农作物主要是小麦、水稻和玉米。截至 2017 年，盐亭站共拥有主要观测场 37 个，采样地达到 47 个。根据盐亭站长期试验与科研任务的需要，在综合观测场内主要样地和观测设施上，安装有自动气象辐射观测系统、干湿沉

降自动采集仪、水面蒸发仪、水沙自动采集系统、涡度仪，土壤溶液提取器、土壤湿度仪及模拟降雨器等野外观测设备，长期监测气象、水文、土壤等生态与环境要素。详见表 2-1。

表 2-1　盐亭站长期联网和研究观测主要样地和观测设施表

观测场名称	观测场代码	采样地名称	采样地代码
综合气象要素观测场	YGAQX01	综合气象要素观测场	YGAQX01
		综合气象要素观测场水分 FDR 采样地	YGAQX01CTS_01
		综合气象要素观测场 E601 蒸发皿	YGAQX01CZF_01
		综合气象要素观测场雨水采集器	YGAQX01CYS_01
农田综合观测场	YGAZH01	农田综合观测场土壤生物采样地	YGAZH01ABC_01
		农田综合观测场 FDR 水分采样地	YGAZH01CTS_01
		农田综合观测场烘干法采样地	YGAZH01CHG_01
农田土壤要素辅助长期观测场（CK）	YGAFZ01	农田土壤要素辅助长期观测采样地（CK）	YGAFZ01B00_01
轮作制度与秸秆还田长期试验场（R＋NPK）	YGAFZ02	轮作制度与秸秆还田长期观测采样地（R＋NPK）	YGAFZ02B00_01
坡耕地不同耕作制水土流失辅助观测场	YGAFZ03	坡耕地不同耕作制水土流失辅助观测场长期采样地	YGAFZ03CRJ_01
养分平衡长期试验观测场	YGAFZ04	养分平衡长期试验长期采样地	YGAFZ04ABC_01
		养分平衡长期试验 FDR 水分长期采样地	YGAFZ04CTS_01
台地农田辅助观测场	YGAFZ05	台地农田辅助观测场土壤生物采样地	YGAFZ05ABC_01
人工桤柏混交林林地辅助观测场	YGAFZ06	人工桤柏混交林林地辅助观测场土壤生物长期采样地	YGAFZ06ABC_01
		工桤柏混交林林地辅助观测场水分 FDR 长期采样地	YGAFZ06CTS_01
人工改造两季田辅助观测场	YGAFZ07	人工改造两季田辅助观测场土壤生物长期采样地	YGAFZ07AB0_01
大型坡地排水采集观测场	YGAFZ08	大型坡地排水采集器	YGAFZ08ABC_01
紫色土坡面水土过程及其效应观测研究平台	YGAFZ09	紫色土坡面水土过程及其效应土壤生物水分采样地	YGAFZ09ABC_01
不同坡度标准水土流失观测场	YGAFZ30	不同坡度水土流失观测场	YGAFZ30CRJ_01
野外人工模拟降雨场	YGAFZ31	野外人工模拟降雨场	YGAFZ31CRJ_01
坡耕地生物炭使用的环境效应观测场	YGAFZ32	坡耕地生物炭使用的环境效应土壤生物水分长期采样地	YGAFZ32ABC_01
紫色岩风化成土长期试验场	YGAFZ33	紫色岩风化成土长期样地	YGAFZ33B00_01
人工模拟降雨平台	YGAFZ34	人工模拟降雨平台采样	YGAFZ34CRJ_01
水稻田养分管理试验观测场	YGAFZ35	水稻田养分管理土壤生物水分采样地	YGAFZ35ABC_01
不同施肥措施微小区观测场	YGAFZ36	不同施肥措施微小区观测场	YGAFZ36ABC_01
坡耕地地下水观测点	YGAFZ10	坡耕地地下水观测点（站观测场下井）	YGAFZ10CDX_01
池塘地下水观测点	YGAFZ11	池塘地下水观测点（苏蓉家井）	YGAFZ11CDX_01
农林复合地下水观测点	YGAFZ12	农林复合地下水观测点（赵兴强家井）	YGAFZ12CDX_01
居民点旁地下水观测点	YGAFZ13	居民点旁地下水观测点（张飞井）	YGAFZ13CDX_01
堰塘地表水观测点	YGAFZ14	堰塘地表水观测点（苏蓉塘）	YGAFZ14CDB_01
排水沟地表水观测点	YGAFZ15	排水沟地表水观测点（排水沟中游）	YGAFZ15CDB_01

（续）

观测场名称	观测场代码	采样地名称	采样地代码
集水区出口地表水观测点	YGAFZ16	集水区出口地表水观测点	YGAFZ16CDB_01
林地集水区	YGAFZ17	林地集水区水文观测堰	YGAFZ17CLY_01
苏家居民点集水区	YGAFZ18	苏家居民点集水区水文观测堰	YGAFZ18CLY_01
截流小流域	YGAFZ19	截流小流域水文观测堰	YGAFZ19CLY_01
陈家湾农林复合集水区	YGAFZ20	陈家湾农林复合集水区水文观测堰	YGAFZ20CLY_01
穆家沟农林复合集水区	YGAFZ21	穆家沟农林复合集水区水文观测堰	YGAFZ21CLY_01
王家湾小流域	YGAFZ22	王家湾小流域水文观测堰	YGAFZ22CLY_01
万安小流域	YGAFZ23	万安小流域水文观测堰	YGAFZ23CLY_01
村镇生活污水生态沟渠处理设施	YGAFZ24	村镇生活污水生态沟渠处理观测场	YGAFZ24CWS_01
小城镇生活污水塔式生态净化一体化设施	YGAFZ25	小城镇生活污水塔式生态净化一体化场地	YGAFZ25CWS_01
沟底两季稻田站区调查点	YGAZQ01	沟底两季稻田站区调查点土壤生物采样地	YGAZQ01ABC_01
		沟底两季稻田站区调查点水分FDR采样地	YGAZQ01CTS_01
		沟底两季稻田站区调查点田面水观测点	YGAZQ01CDB_01
冬水田站区调查点	YGAZQ02	冬水田站区调查点土壤生物采样地	YGAZQ02ABC_01
		冬水田田面水观测点	YGAZQ02CDB_01
高台位旱坡地站区调查点	YGAZQ03	高台位旱坡地站区调查点土壤生物长期采样地	YGAZQ03AB0_01

2.2　盐亭站长期联网主要样地与观测设施

2.2.1　盐亭站农田综合观测场（YGAZH01）

盐亭站农田综合观测场为一块坡地（图2-2），采样地位于四川省盐亭县大兴回族乡截流村，经度范围105°27′22″E—105°27′25″E，纬度范围31°16′16″N—31°16′19″N，海拔420 m。盐亭站农田综合观测样地2004年建立，设计使用年限100年，综合观测场采样地是由三块坡向西北—东南、坡度相近的台地经过深翻平整改建为坡度5°、面积1 600 m² 的旱坡地，四周设2～5 m保护带，周边为土地利用类型相同的农田。

图2-2　盐亭站农田综合观测场（YGAZH01）

作物一年两至三熟（冬小麦—夏玉米轮作），常规施肥，未做过小区试验，以前也作为农田小气候观测场。根据中国土壤系统分类，土类为紫色土，亚类为石灰性紫色土，土壤母质为紫色砂页岩土壤，呈 A—C 剖面分布，土壤厚度为 50～60 cm；轻度风蚀，细沟侵蚀，地下水位大于 30 m。

综合观测场布设的采样地包括盐亭站农田综合观测场土壤生物采样地、盐亭站农田综合观测场 FDR 水分采样地、盐亭站农田综合观测场烘干法水分采样地。监测内容包括生物、水分、土壤和气象等生态要素。

2.2.1.1　盐亭站农田综合观测场土壤生物采样地（YGAZH01ABC＿01）

盐亭站土壤生物采样地于 2004 年建立，位于农田综合观测场内。

土壤观测项目：土壤有机质，土壤氮、磷、钾养分，土壤微量元素、矿质全量和重金属，土壤 pH、阳离子交换量、机械组成和容重等。

土壤采样分区为 16 个 10 m×10 m 的大样方（图 2-3），用大写英文字母 A～L 表示，A、D、I、L、F、G 为组 1，B、C、E、H、J、K 为组 2，每个大样方又划分为 4 个 5 m×5 m 的小样方，组 1 分别用小写英文字母 a～d 表示，组 2 分别用小写英文字母 e～h 表示，每年表层土混合样采样样方为 5 m×5 m 的小样方，每年轮换一次，组 1 和组 2 每 4 年轮换一次，每 8 年一个轮回，按照"之"字形、S 形、W 形采样。数字编号的小样方为剖面采样小区，每个小区为 2 m×2 m，整块样地设置了 3 个剖面采样区，即为 3 个重复，每 5 年采集一次剖面土壤样，这样可以保证至少 100 年的时间尺度内土壤剖面采样点不重复。样地选址尽量避免土层扰动，要能代表农田综合观测场的土壤和作物水平。样方编码：YGAZH01ABC＿01＿n＿2004（样地代码＿采样区编号＿年份）。

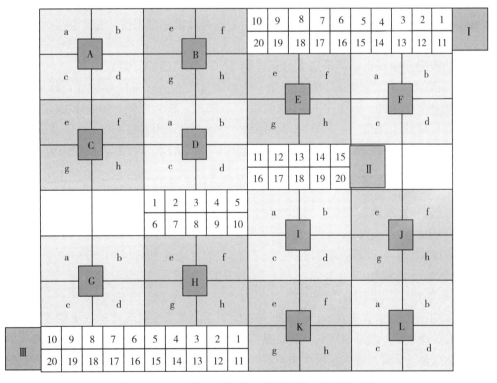

图 2-3　农田综合观测场土壤采样样方及编码示意

生物观测项目：土壤微生物生物量碳、作物生育期、作物叶面积与生物量动态、作物收获期植株性状、耕层根系生物量、生物量与籽实产量、收获期植株各器官元素含量（碳、氮、磷、钾、钙、镁、硫、硅、锌、锰、铜、铁、硼、钼）与能值、病虫害等。

生物采样区面积 40 m×40 m，按 10 m×10 m 面积划分为 16 个大样方，每个大样方又划分为 4 个 5 m×5 m 的采样区（图 2-4）。每次从 6 个采样区内随机取得 6 份样品。采样设计编码格式：YG-AZH01ABC＿01＿n＿2004（样地代码＿采样区编号＿年份）。

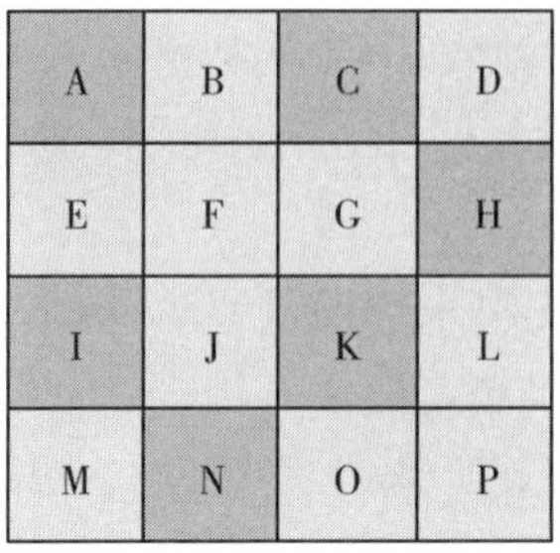

图 2-4　农田综合观测场生物采样样方及编码示意

2.2.1.2　盐亭站农田综合观测场 FDR 水分采样地（YGAZH01CTS＿01）

FDR 采样地主要观测不同层次土壤水分含量，2004 年建立，在 40m×40m 的样地内布置五个点，坡上两个，坡下两个，中心点一个，分别为 YGAZH01CTS＿01＿01（105°27′23″E，31°16′18″N）、YGAZH01CTS＿01＿02（105°27′24″E，31°16′18″N）、YGAZH01CTS＿01＿03（105°27′23″E，31°16′17″N）、YGAZH01CTS＿01＿04（105°27′23″E，31°16′18″N）、YGAZH01CTS＿01＿05（105°27′23″E，31°16′18″N）。

所测土壤含水量具有代表性，能反映样地的平均含水量。使用仪器为美国 Campbell 公司的 CR800，每年连续观测，5 天观测 1 次；编码说明：样地代码＿管号。关联的水分数据表格代码为 AC01，AC05，AC06。2014 年，在样地上安装了一套地表蒸散测定系统，该系统是美国 LI-COR 公司的 LI-7500A 系列，可观测水和二氧化碳通量。

2.2.1.3　盐亭站农田综合观测场烘干法水分采样地（YGAZH01CHG＿01）

盐亭站综合观测场烘干法采样地主要用于烘干法测重量含水量，2004 年建立，样地面积为 40 m×40 m，与 FDR 观测布点一致，采样在 FDR 观测点 1 m 周围，作为对比、补充和校正。每 2 月观测 1 次。点位编码：YGAZH01CHG＿01、YGAZH01CHG＿02、YGAZH01CHG＿03、YGAZH01CHG＿04、YGAZH01CHG＿05，编码说明：样地代码＿点号。关联的水分数据表格代码为 AC02 和 AC05。

2.2.2　盐亭站综合气象要素观测场（YGAQX01）

盐亭站综合气象要素观测场 1997 年建立（图 2-5），面积 16 m×16 m，安装了自动气象站和人工气象要素观测仪器，1997 年安装的国产自动气象站（AMRS-1）；2004 年按国家标准气象站扩建为标准气象场 25 m×25 m，设备更新为芬兰 Visila 公司的自动气象站（MiLOS 520）；2014 年型号更新为 MAWS301。综合观测场四角坐标：点 1 为 105°27′21″E，31°16′18″N；点 2 为 105°27′21″E，31°16′17″N；点 3 为 105°27′22″E，31°16′17″N；点 4 为 105°27′22″E，31°16′18″N。

气象观测场内还装有雨水收集器、自动水面蒸发监测系统和干湿沉降自动收集仪等观测设备，所以设有水分 FDR 采样地（YGAQX01CTS＿01）、盐亭站综合气象要素观测场 E601 蒸发皿（YGAQX01CZF＿01）、盐亭站综合气象要素观测场雨水采集器（YGAQX01CYS＿01）三个样地，为该区域农田生态系统演变提供长期、可靠的气象要素观测数据。气象场设施设备布局示意图见图 2-6。

图 2-5 盐亭站综合气象要素观测场（YGAQX01）

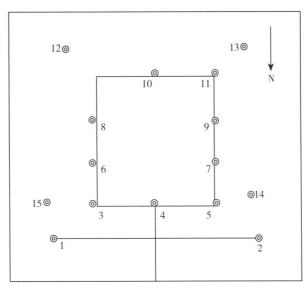

图 2-6 气象观测场平面示意

1. 自动气象站　2. 人工气象站　3. 自动站辐射日照传感器　4. 人工温湿度百叶箱　5. 蒸散仪　6. 自动雨量计　7. 人工雨量计（虹吸式）　8. 土壤温度传感器　9. 人工雨量计（量筒式）　10. 人工日照　11. 人工地表温度　12. 中子管 1　13. 中子管 2　14. E601 蒸发皿　15. 雨水采集器

　　监测要素有气温、地温、降水和太阳辐射等多项指标。具体有人工观测项目：干球温度、湿球温度、气压、日照、地表温度、最高温度、最低温度、蒸发、降水；自动气象站观测项目：风速、风向、干球温度、湿球温度、气压、水气压、日照、降水、总辐射、净辐射、紫外辐射、反射辐射、光合有效辐射、土壤热通量、土壤温度（0 cm，5 cm，10 cm，15 cm，20 cm，40 cm，60 cm，100 cm）；水分项目：FDR 测水分，E601 蒸发皿，雨水采集器。

2.2.2.1　盐亭站综合气象要素观测场水分 FDR 采样地

盐亭站综合气象要素观测场水分 FDR 采样地，2004 年 11 月建立并试运行，2005 年正式开始观测，是利用中子仪测定土壤水分含量，2010 年因中子仪设备故障要求停用，安装了 Stevens 探针传感器。每隔 5 天进行一次监测，层次：0～10 cm，10～20 cm，20～30 cm，30～40 cm，40～50 cm。点状分布图见气象观测场平面示意图，两个点的编码及位置分别为 YGAQX01CTS_01_01：105°27′22″E，31°16′17″N；YGAQX01CTS_01_02：105°27′22″E，31°16′17″N，与常规气象观测同场地进行，有利于数据可比。

2.2.2.2　盐亭站综合气象要素观测场 E601 蒸发皿

蒸发量是气象观测的基本要素之一，是计算水量平衡不可缺少的指标。E601 蒸发皿是一套无人值守全自动控制测量设备，基本观测项目：蒸发量、降水量、水面温度。自动扣除降雨使水面上升对蒸发的影响，并记录上升的值作为降水参考。主要设备包括：FS‐01 型数字式水面蒸发传感器、E601 型直径 618 mm 的蒸发桶、E601B 蒸发皿和 CR200 数据采集器，各部分配套协调使用监测水面蒸发量。蒸发桶、传感器监测与数据采集系统由北京天正通工贸有限公司提供（图 2‐7）。

E601 蒸发皿安装在盐亭站综合气象要素观测场内，位置点：105°27′22″E，31°16′18″N，2004 年 11 月样地建立自动监测蒸发量设施并试运行，2005 年正式开始观测，同步进行人工观测。自动监测每小时记录一次数据，人工观测每天一次，数据可以相互补充并对照。2014 年因为自动观测设备年久损坏无法维修而停止观测，人工观测则继续。

图 2‐7　E601 蒸发皿系统（左）和雨水采集系统（右）

2.2.2.3　盐亭站综合气象要素观测场雨水采集器

雨水采集器主要用于对该区域湿沉降及雨水水质的观测研究，安装的是德国 Eigenbrodt（UNS130/E）湿沉降采集系统采集降雨（图 2‐7）。当次降雨事件发生时，雨水通过湿沉降采集系统的集水漏斗进入采集器，由 PE 管导入塑料瓶储存，次降雨事件结束后两小时内，取出样品收集瓶，将雨水转移至样品瓶，并用蒸馏水清洗漏斗、PE 管和样品收集瓶，以备下次采样使用。降雨事件结束后，降雨盖受传感器控制，会自动遮蔽湿沉降采集系统的雨水收集口，避免降尘进入雨水收集口。

雨水采集器安装在盐亭站综合气象要素观测场内，位置点：105°27′21″E，31°16′18″N，于 2004 年 11 月建成并试运行，2005 年正式运行，主要功能为自动采集并储存雨水，降雨结束后取回实验室进行雨水水质分析。

2.2.3　盐亭站农田土壤要素辅助长期观测场（CK）（YGAFZ01）

该观测场设盐亭站农田土壤要素辅助长期观测采样地（CK）YGAFZ01B00_01，为旱坡地，该采样地 1999 年建立，2004 年正式开始观测，设计为坡地土壤生态系统的对照监测，设计使用 20 年

（图 2-8）。样地面积为 15 m×25 m，长方形，分为 A（11 m×15 m）和 B（12 m×15.5 m）两个小区，其中 A 为玉米—小麦轮作，B 为玉米—油菜轮作。

图 2-8　盐亭站农田土壤要素辅助长期观测采样地（CK）

位于盐亭站综合观测场的中部，分别与紫色母岩风化实验场、养分长期试验辅助观测场和水土流失辅助观测场为邻。四点位置坐标：点 1 为 105°27′22″E，31°16′17″N；点 2 为 105°27′21″E，31°16′16″N；点 3 为 105°27′21″E，31°16′16″N；点 4 为 105°27′22″E，31°16′16″N。

该采样地坡度较小，土壤养分和水分状况一般，排水良好，土壤为石灰性紫色土；不施肥，无灌溉，耕作措施为平作。观测项目与综合观测场采样地相同：表土速效养分和 pH，表土速效微量元素，阳离子交换量和交换性阳离子，剖面土壤养分全量，剖面微量元素全量和重金属，剖面矿质全量，剖面机械组成和容重以此起到对照的作用。每年采集表层土混合样样两次，每次 5 个重复。

A 区和 B 区样方布置图相同，采样样方设计见图 2-9。

11	21a	21b	31	41	51	
42	12	22a	22b	52	32	
53	33	13	43	23a	23b	
24a	24b	54	34	14	44	
35	45	55	25a	25b	15	

图 2-9　盐亭站农田土壤要素辅助长期观测场采样样方平面示意

2.2.4　盐亭站轮作制度与秸秆还田长期试验（R＋NPK）（YGAFZ02）

该试验场设盐亭站轮作制度与秸秆还田长期观测采样地（R＋NPK）（YGAFZ02B00＿01，2003 年建立，2004 年试运行，2005 年正式开始观测，设计使用 50 年（图 2-10）。位置坐标为 105°27′23″E—105°27′24″E，31°16′19″—31°16′20″N。24 个小区，每个小区面积为 2.5 m×20 m。试验设计为坡地长期施肥制度对土壤肥力的影响进行辅助监测，8 种是施肥制度处理以及不同秸秆还田量（80%、50%、30%、CK），每种处理三个重复。轮作体系小有麦—米玉、小麦—玉米—甘蔗、油菜—玉米、休闲轮作方式，耕作措施为畜力耕作，平作；侵蚀程度为细沟侵蚀，无灌溉，排水能力弱。

图 2-10　盐亭站轮作制度与秸秆还田长期观测采样地

2.2.5　盐亭站台地农田辅助观测场（YGAFZ05）

该辅助观测场（图 2-11）1998—2004 年以前为站长期综合观测场，因面积及代表性的原因，变更为台地长期辅助观测采样地，监测项目与目前的综合观测场一致。它是 1993 年由坡地开垦为平整旱地，1997 年建立，1998 年开始观测，设计使用 50 年。样地为长方形，面积 16 m×50 m。耕作方式为平作，常规施肥，无灌溉，排水状况和养分状况良好，小麦—玉米或油菜—玉米轮作，布置为盐亭站台地农田辅助观测场土壤生物采样地，代码 YGAFZ05AB0＿01。经度范围为 105°27′24″E—105°27′26″E，纬度范围为 31°16′19″N—31°16′20″N。

图 2-11　盐亭站台地农田辅助观测场（YGAFZ05）

2.2.5.1　盐亭站台地农田辅助观测场土壤生物采样地（YGAFZ05ABC＿01）

从东南到西北方向分 12 个小区（8m×8 m），分别为 A、B、C、D、E、F、G、H、I、J、K 和 L（图 2-12），每个小区以 1 m×1 m 分为 64 个样方，样品编号：YGAFZ05ABC＿A＿n（观测场采样地代码＿A 区＿第 n 个样方）。监测项目包括生物和土壤监测要素，指标与综合观测场一致。

A	C	E	G	I	K
B	D	F	H	J	L

图 2-12　台地农田辅助观测场土壤生物采样地样方示意

2.2.5.2　盐亭站台地农田辅助观测场 FDR 水分采样地（YGAFZ05CTS_01）

样地上布设了一个点位 105°27′24″E，31°16′18″N（图 2 - 12）。在 0～100 cm 间每隔 10 cm 分层安装了 10 个 FDR 土壤水分仪探头，探头是由 Stevens Water Systems 生产的 Hydra Probe Ⅱ CR800，自动监测，数据自动存储，每 5 天记录 1 次数据，与坡地、水田和林地等的土壤水分观测做对照。

2.2.6　盐亭站人工桤柏混交林林地辅助观测场（YGAFZ06）

桤柏混交林是长江上游亚热带丘陵区防护林的主要林种，也是该区域最重要的景观之一，主要分布在坡上。观测场选在山顶下（图 2 - 13），海拔 527 m，坡向南，坡度的上段为 5°～7°，下段 20°～25°，植被为人工桤柏混交林，19 世纪 70 年代造林，整体高度 15 m 左右，目前桤木已消失，具有乔、灌层，灌木草本盖度 0.8，郁闭度 0.7，未做过小区试验，有放牧，无施肥，无间伐，破坏性灾害为松毛虫虫害。1994 年建立，设计使用 70 年，面积为 36.5 m×6.5 m，经度为 105°27′23″E—105°27′24″E，纬度为 31°16′31″N，包含两个采样地，分别为盐亭站人工桤柏混交林林地辅助观测场土壤生物林地长期采样地（YGAFZ06ABC_01）和盐亭站人工桤柏混交林林地辅助观测场水分 FDR 长期采样地（YGAFZ06CTS_01）。

土壤观测项目与综合观测场一致；生物观测项目为林木生物量（测胸径、树高，利用模型计算每年生物量），凋落物；水分不仅观测土壤含水量，还监测林冠截流、穿透雨以及降雨产流产沙情况等。土壤含水量的监测布设了两个点位（105°27′24″E，31°16′31″N；105°27′24″E，31°16′18″N），分别在 10cm、20cm、40cm 和 50 cm 埋设 Hydra Probe Ⅱ CR800 探头，获得土壤体积含水量数据。

图 2 - 13　盐亭站人工桤柏混交林林地辅助观测场水分 FDR 长期采样地

2.2.7　盐亭站人工改造两季田辅助观测场（YGAFZ07）

该样地位于盐亭站综合观测场以西，人工降雨模拟厅后，为人工改造的台式两季田，2005 年建立，2006 年正式开始观测，设计使用 20 年，在改造之前为旱坡地，小麦—玉米轮作，常规施肥，无灌溉。目前，土壤养分一般，地势较高，水分状况较差，排水良好，土壤为石灰性紫色土。设计有水稻—小麦轮作（A 区 32 m×18 m）和水稻—油菜（B 区 30 m×18 m）两个试验区（图 2 - 14），约 1 160 m²，平作常规施肥，有灌溉。只包含一个采样地即盐亭站人工改造两季田辅助观测场土壤生物长期采样地，样地代码 YGAFZ07AB0_01。土壤与生物监测指标与综合观测场一致。

A区					B区							
/20	1	2	3	4	1	2	3	4	5	6	7	8
5	6	7	8	9	9	10	11	12	13	14	15	16
10	11	12	13	14	17	18	19	20	21	22	23	24
15	16	17	8	19	25	26	27	28	29	30	31	32

图 2-14　盐亭站人工改造两季田辅助观测场及样方布设示意

采用系统布点的网格法采集 5 年一次的土壤剖面样；每年一次的土壤表层样在每个试验区分别随机选择 4 个，采集每个样方内多点混合样，隔年交换样方采集。

2.2.8　盐亭站坡耕地地下水观测点（YGAFZ10）

该观测点主要观测坡耕地坡坎下地下水状况。地理位置坐标：105°27′24″E，31°6′20″N。

2002 年建立，设计使用 100 年，位于坡中的综合观测场的坡坎下，观测点周围的植被是柏木、竹、当地野生杂草，井坎下为堰塘（图 2-15）。包含盐亭站坡耕地地下水观测点（YGAFZ10CDX_01）。

图 2-15　盐亭站坡耕地地下水观测点（YGAFZ10）

主要观测项目为地下水水质、地下水水位，每年每月固定日期采集水样，带回室内实验室分析水质状况，每间隔 10 天测量其水位。分析项目主要包括：pH、钙离子、镁离子、钾离子、钠离子、碳酸根离子、重碳酸根离子、氯化物、硫酸根离子、磷酸根离子、硝酸根离子、矿化度、化学需氧量（COD）、水中溶解氧（DO）、总氮、总磷、总有机碳含量等。

2.2.9　盐亭站池塘地下水观测点（YGAFZ11）

该观测点主要观测坡坎下池塘边地下水状况（苏蓉家井）。地理位置坐标：105°27′24″E，31°16′20″N。2004 年建立，位于坡底的柏树坡坎下，一边是菜地，西边为沟头集水池塘（图 2 - 16）；布设盐亭站池塘地下水观测点（站观测场下井）（YGAFZ11CDX_01）。观测项目与 YGAFZ10 完全一致。

图 2 - 16　盐亭站池塘地下水观测点（YGAFZ11）

2.2.10　盐亭站农林复合地下水观测点（YGAFZ12）

该观测点主要观测农林复合地下水状况。地理位置坐标：105°27′9″E，31°6′20″N。2004 年建立，位于坡底中游的坡坎柏树林和一级旱坡台地坡坎下（图 2 - 17）。包含盐亭站农林复合地下水观测点（YGAFZ12CDX_01）。观测项目与 YGAFZ10 完全一致。

图 2 - 17　盐亭站农林复合地下水观测点（YGAFZ12）

2.2.11　盐亭站居民点旁地下水观测点（YGAFZ13）

该观测点主要观测居民点旁地下水状况。地理位置坐标：105°27′3″E，31°16′14″N。2004 年建立，位于居住房侧，周围无植被（图 2 - 18）。盐亭站居民点旁地下水观测点（张飞井）（YG-

AFZ13CDX＿01）。观测项目与 YGAFZ10 完全一致。

图 2-18　盐亭站居民点旁地下水观测点（YGAFZ13）

2.2.12　盐亭站堰塘地表水观测点（YGAFZ14）

该堰塘是盐亭站截流小流域唯一一个集水堰塘（苏蓉塘，图 2-19），堰塘是该区域主要集水形式，该观测点主要监测堰塘地表水状况。地理位置坐标：105°27′22″E，31°16′21″N。2004 年建立，水面似三角状，位于沟头，三面为林地坡坎，植被有竹、柏木和一些阔叶林木等，有拦坝体，栽植柚子树，2016 年坝体硬化。布设盐亭站堰塘地表水观测点（苏蓉塘）（YGAFZ14CDB＿01）。

主要观测项目为地表水水质，每年每月固定日期采集水样，带回室内实验室分析水质状况。分析项目主要包括：pH、钙离子、镁离子、钾离子、钠离子、碳酸根离子、碳酸氢根离子、氯化物、硫酸根离子、磷酸根离子、硝酸根离子、矿化度、化学需氧量（COD）、水中溶解氧（DO）、总氮、总磷、总有机碳含量。

图 2-19　盐亭站堰塘地表水观测点（YGAFZ14）

2.2.13　盐亭站排水沟地表水观测点（YGAFZ15）

该观测点主要监测小流域排水沟地表水状况（图 2-20）。地理位置坐标：105°27′8″E，31°16′19″N。2004 年建立，位于沟底中游，排水沟道与两季田出水口汇合处。包含盐亭站排水沟地表水观测点（排水沟中游）（YGAFZ15CDB＿01）。观测项目与 YGAFZ14 完全一致。

图 2-20　盐亭站排水沟地表水观测点（YGAFZ15）

2.2.14　盐亭站集水区出口地表水观测点（YGAFZ16）

该观测点主要监测集水区出口地表水状况（图 2-21）。地理位置坐标：105°27′2″E，31°16′14″N。2004 年建立，位于盐亭站观测小流域观测堰排出口处。包含盐亭站集水区出口地表水观测点（YGAFZ16CDB_01）。观测项目与 YGAFZ14 完全一致。

图 2-21　盐亭站集水区出口地表水观测点（YGAFZ16）

2.2.15　盐亭站沟底两季稻田站区调查点（YGAZQ01）

盐亭站沟底两季稻田站区调查点（YGAZQ01）位于盐亭县大兴回族乡截流村（图 2-22），田间管理农户为赵恒修。水旱轮作是流域另外一种重要的土地利用方式，设立此调查点，形成与农田综合观测场的对照和补充。观测场四点坐标：西南点 1 为 105°27′18″E，31°16′21″N；东南点 2 为 105°27′19″E，31°16′21″N；东北点 3 为 105°27′19″E，31°16′22″N；西北点 4 为 105°27′18″E，31°16′22″N。

2004 年建立，2005 年开始观测，设计使用 30 年，面积 20 m×40 m，养分水分状况较旱地好，油菜—水稻轮作，灌溉以地表水为主，旱作时无灌溉，作水田灌溉，小部分水源为堰塘集水，大多为莲花湖引水。排水能力一般，细沟侵蚀，畜力耕作，平作。包含三个采样地，分别为盐亭站沟底两季稻田站区调查点土壤生物采样地（YGAZQ01ABC_01）、盐亭站沟底两季稻田站区调查点水分 FDR 采样地（YGAZQ01CTS_01）（2017 年前为烘干法）和盐亭站沟底两季稻站区调查点田面水观测点（YGAZQ01CDB_01）。

图 2 - 22　沟底两季稻田站区调查点（YGAZQ01）（左）与水稻田养分管理试验观测场（YGAFZ35）（右）

2018 年在盐亭站沟底两季稻田站区调查点基础上，扩建为盐亭站水稻田养分管理试验观测场（YGAFZ35），2019 年开始站区调查点的观测内容就在 YGAFZ35 上进行，但两个编码不变。盐亭站水稻田养分管理试验观测场（YGAFZ35）将会在 2.3 中详细介绍（图 2 - 22）。

2.2.15.1　盐亭站沟底两季稻田站区调查点土壤生物采样地（YGAZQ01ABC _ 01）

该样地 5 年进行一次土壤剖面采样；每年小麦-油菜季和玉米-水稻季两次表层采样。监测项目有土壤和生物两个方面，均与农田综合观测场一致。

采集样品的样方设计为 5 年不重复，共设 25 个样方；每年用 5 个样方，每个样方分 a 区和 b 区，小麦-油菜季采集 a 区，玉米-水稻季采集 b 区，下一年轮换到 2* 系列样方，依此轮换 3* 、4* 和 5* 。样方布置示意图（图 2 - 23）。

11a	11b	21		31	41	51	
42		12a	12b	22	52	32	
53		33	13a	13b	43	23	
24		54	34		14a	14b	44
35		45	55		25	15a	15b

图 2 - 23　沟底两季稻田站区调查点土壤生物采样地

2.2.15.2　盐亭站沟底两季稻田站区调查点烘干法采样地（YGAZQ01CHG _ 01）

两季田是流域重要的土地利用方式之一，获得的数据可与其他类型利用方式下土壤水分观测做对照，监测频度为每月一次，土钻法采样。

2017 年开始，在这个样地上的土壤水分监测迁移至盐亭站水稻田养分管理试验观测场（YGAFZ35），并改为自动观测，设备为美国 Compbell 公司的 TDR 200，实现自动监测和存储数据，每 5 天记录 1 次数据，最后计算得到体积含水量。

2.2.15.3　盐亭站两季稻田田面水观测点（YGAZQ01CDB _ 01）

该观测点主要监测两季稻田田面水水质状况。主要观测项目为地表水水质，每年每月固定日期采集水样，带回室内实验室分析水质状况。监测分析指标均与其他地表水样点的一致。2017 年开始，两季稻田田面水质采样点迁移至盐亭站水稻田养分管理试验观测场（YGAFZ35）相应的小区。

2.2.16　盐亭站冬水田站区调查点（YGAZQ02）

该调查点位于盐亭县大兴回族乡林园村，冬水田是流域重要的土地利用方式之一，可与其他土地利用类型的监测数据做对照。

　　调查位于戴流小流域沟口处，两侧为排水沟道，地理位置坐标：105°27′4″E，31°16′13″N。2004年开始观测，设计使用 70 年，形状似梯形，面积 1 367 m²，排水不畅，有灌溉，大部分水源为空闲时集水，小部分为上游堰塘集水。5—10 月种植水稻，常规施肥，其余季节休闲。包含两个样地，分别为盐亭站冬水田站区调查点土壤生物长期采样地（YGAZQ02ABC_01）和盐亭站冬水田田面水观测点（集水区出口处）（YGAZQ02CDB_01），监测指标均与农田综合观测场和其他地表水水质样点一致。近两年，因小流域种植结构调整，土地利用方式发生了很多变化，该样地目前已经不再是冬水田的利用方式，所以 2017 开始，该观测场有关土壤、生物和地表水水质观测也全部迁移至盐亭站水稻田养分管理试验观测场（YGAFZ35）相应的小区进行。

2.2.17　盐亭站高台位旱坡地站区调查点（YGAZQ03）

　　该调查点位于盐亭县大兴回族乡林园村截流组，丘陵区高台位旱坡地，坡度 3°，地块四点坐标点 1 为 105°27′16″E，31°16′15″N；点 2 为 105°27′16″E，31°16′16″N；点 3 为 105°27′14″E，31°16′15″N；点 4 为 105°27′15″E，31°16′14″N。

　　2004 年开始观测，设计使用 70 年。长条形，20 m×40 m。小麦玉米轮作，耕作方式平作，常规施肥，无灌溉。布设盐亭站高台位旱坡地站区调查点土壤生物长期采样地（YGAZQ03AB0_01），土壤和生物的观测指标均与综合观测场一致。

2.3　盐亭站长期试验主要样地与观测设施

　　盐亭站在满足网络长期观测需求的同时，根据研究及区域科研需求，设计建设了多项长期试验观测场和平台（表 2 - 1），内容涵盖坡面水土流失、紫色母岩风化、紫色土土壤肥力演变、旱地、水田养分平衡和小流域生态-水文等试验观测。针对紫色土坡耕地的基本特点，重点设计建立了坡地水土过程、紫色土坡耕地养分迁移与控制、紫色土耕作制度和秸秆还田等长期定位试验 10 余项。形成了一批具有重要科研功能的野外观测体系，这些野外设施为国家水体污染控制与治理科技重大专项、国家重点基础研究（973）、支撑计划和国家重点研发及国家重点基金等项目的实施提供了重要平台支撑，为在紫色土坡地水土保持、生产力保育与面源污染减控等方面取得重要科学进展提供了条件。本节内容主要对这些长期定位试验场地和设施进行简单介绍。

2.3.1　盐亭站坡耕地不同耕作制水土流失辅助观测场（YGAFZ03）

　　为了研究坡耕地不同耕作的水土流失与环境效应，于 1995 年建成该观测场（图 2 - 24），共 6 个 20 m×5 m 标准径流小区，坡度 5°，1997 年开始观测，设计使用 50 年。试验设计为平作和垄作 2 种典型耕作制，平作和垄作小区为小麦—玉米轮作，对照为裸地，每种耕作制布设两个重复。土壤为石灰性紫色土，平作和垄作常规施肥，均无灌溉。降雨有径流产生则进行观测记录并采样；研究观测项目有径流量、泥沙量，物质迁移量。

2.3.2　盐亭站养分平衡长期试验观测场（YGAFZ04）

　　盐亭站养分平衡长期试验观测场是在中国科学院知识创新工程方向性项目支持下于 2001—2002年设计修建的，2003 年开始观测，位置坐标：105°27′21″E，31°16′18″N。

　　试验设计的主要内容和目的是通过模拟代表我国农业施肥制度进步与改革的施肥模式、养分管理制度，对不同施肥制度下土壤碳氮磷的流失途径、通量及环境效应进行长期观测（图 2 - 25），获取30 多项指标的监测数据，系统研究紫色土坡耕地碳氮磷迁移转化过程及其环境友好的养分管理措施，

图 2-24　盐亭站坡耕地不同耕作制水土流失辅助观测场（YGAFZ03）

为紫色土农田化肥高效与平衡施用提供科学依据。

试验小区有 40 个 1 m×1 m，32 个 4 m×6 m，9 个 4 m×8 m。设计有 12 种施肥制度对比试验。处理：不施肥（CK）、有机肥（OM）、化肥（N、NP、NPK）、秸秆还田（RSD）、无机-有机肥（OM+N、OM+NP、OM+NPK；RSD+N、RSD+NP、RSD+NPK）、硝化抑制剂（DCD+NPK）、生物炭（BC+NPK）。

观测内容有：作物效应；作物病虫害；作物生物量与产量；土壤物理化学性质；土壤微生物；土壤水分动态；地表径流，壤中流，泥沙，淋溶与养分；温室气体等；综合效应的投入、产出比与经济效益，肥料利用率，农产品质量。

图 2-25　盐亭站养分平衡长期试验观测场（YGAFZ04）

2.3.3　盐亭站大型坡地排水采集观测（YGAFZ08）

在坡地土壤生态水文与物质迁移研究中，为更加真实准确地理解刻画坡地物质迁移循环过程，盐亭站历经 2 年多，于 2012 年建成独立水系的大型坡地排水采集观测场（YGAFZ08）（图2-26）。

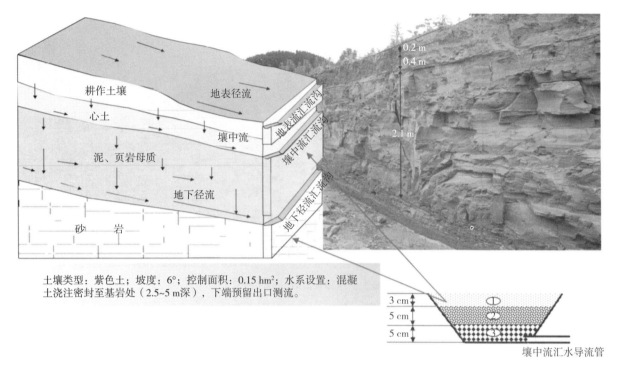

图 2 - 26　盐亭站大型坡地排水采集观测场（YGAFZ08）

该设施位置 105°27′21″E，31°16′15″N；平均坡度 7°；控制面积：1500 m²（50 m×30 m）；垂向上包括浅薄紫色土层、含裂隙的泥岩层以及不透水的沙岩层，其中泥岩层深度约 200～470 cm。四周用混凝土浇筑密封，独立水系，深度 2.5～5 m 到达砂岩层，以隔绝坡上及侧面坡耕地水分侧渗水源。采用夏玉米和冬小麦轮作，耕作深度 10～15 cm。

已安装设备：场地左侧中部安装自记雨量计（分辨率 0.1 mm），记录降雨量和降雨强度；坡上、坡中和坡下三个坡位的中间点分别水平安装自制的 TDR 探针测定土壤体积含水量，每个点位大致按 5 cm、10 cm、20 cm、30 cm 和 40 cm 布设探针；在 TDR 探针安装点附近分别安装 5 个对应深度的土壤溶液采集器（陶土管，Soil moisture Equipment Co.，USA，内径 51 mm）以及水势计（T4e，UMS，Germany），陶土管之间间隔 50 cm 以避免相互干扰。此外，在径流场下端截面，分别设立地表径流、壤中流（土壤-泥岩界面出流）和泥岩裂隙潜流（泥岩-砂岩界面出流）收集系统。地表径流、壤中流和裂隙潜流采用定制的翻斗流量计实时在线监测出流量。

数据记录与校正：自记雨量计、水势计以及翻斗计通过连线到 CR1000 数据采集系统（Campbell，Logan，UT，USA），实现自动连续监测，监测时间间隔为 15 min。为保证数据精度，需对 TDR 探针数据进行校正。在土壤干湿度差异较大时，用环刀人工采集对应 TDR 深度的样品，用烘干法测量土壤体积含水量，对系统监测值进行田间校正。每个雨季前，实际测定翻斗流量计的容量。

观测研究内容：土壤水分、地表径流、泥沙（胶体）、壤中流和地下径流，并分析径流和泥沙样品中的 C、N、S、P、K 等大量养分元素、农药残留、重金属和病原微生物等浓度，以研究农田环境敏感物质迁移过程及通量。该样地是盐亭站坡地农业生态系统演化与环境效应监测的重点试验平台。

2.3.4　盐亭站紫色土坡面水土过程及其效应观测研究平台（YGAFZ09）

为揭示紫色土坡耕地水土过程及其环境效应，盐亭站历经 3 年于 2014 年建成紫色土坡地水土过程与效应试验观测平台。该观测场共设置 72 个水系独立小区，实现有效评估不同土壤类型（包括沙溪庙组、遂宁组、蓬莱镇组、夹关组、飞仙关组紫色土和黄壤等 6 种土壤）、坡长（1 m、3 m、5 m、

8 m、10 m、15 m、20 m 等 7 个坡长）、坡度（6.5°、10°、15°、20°、25°）和土层厚度（20 cm、40 cm、60 cm、80 cm、100 cm 5 个土层厚度）等因素影响的紫色土水土过程及其效应（图 2 - 27），从而为紫色土坡地农业生态系统可持续管理提供基础观测数据。

图 2 - 27　紫色土坡面水土过程及其效应观测研究平台（YGAFZ09）

主要观测内容与指标：作物产量与生物量；土壤理化性状；径流与泥沙过程：降雨产流产沙过程、地表流量、壤中流流量、侵蚀量；养分迁移过程：C、N、P 等迁移形态与浓度；CO_2、CH_4 释放的过程与通量；N_2O、NH_3 排放的过程与通量；投入、产出比与经济效益；肥料利用率；农产品质量。

2.3.5　盐亭站不同坡度标准水土流失观测场（YGAFZ30）

2011 年在水利部全国水土保持监测网络二期建设工程和灾后重建项目的支持下建成，位置坐标：105°27′16″E，31°16′15″N。根据四川盆地丘陵区的地貌特点，设计建立了紫色土坡地农田坡面不同坡度（6.5°，10°，15°，20°，25°）的标准径流观测场（20 m×5 m）共 15 个（图 2 - 28），每个坡度三个重复，每个小区均采用常规小麦—玉米轮作，耕作方式平作；监测主要内容有：径流、泥沙输出量，径流、泥沙中养分输出量。

图 2 - 28　盐亭站不同坡度标准水土流失观测场（YGAFZ30）

从 6.5°至 25°，小区编号依次为 1～15 号，其中 6 号、7 号、12 号和 13 号小区在土壤深度 20 cm 和 40 cm 处安装有测量土壤水分的探头，用于测定土壤体积含水量。

2.3.6　盐亭站坡耕地生物炭使用的环境效应观测场（YGAFZ32）

为研究生物炭施用对紫色土坡耕地中有机污染物（抗生素及其抗性基因、农药等）及养分等迁移转化的影响，2013 年修建了 13 个坡耕地有机污染控制试验标准小区（20 m×5 m）（图 2 - 29），位置

105°27′26″E，31°16′18″N，小区设计：土壤石灰性紫色土（新成土），坡度 6°，种植制度为夏玉米—冬小麦轮作和灌木型金银花。

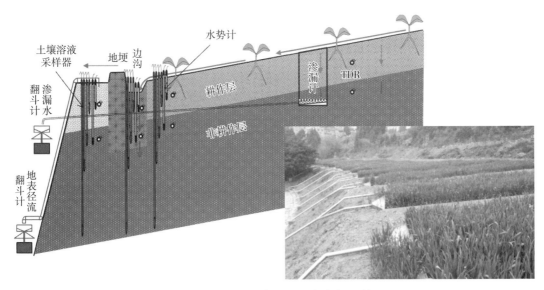

图 2-29　盐亭站坡耕地生物炭使用的环境效应观测场（YGAFZ31）

试验处理设计：采用生物炭面施边沟-地埂构建及其生物炭强化处理等措施，不同的集成方案控制抗生素与农药迁移。设计有 6 个处理，分别为生物质炭面施（1 ％）、生物质炭可渗透反应墙条施（5 ％）、生物质炭面施＋可渗透反应墙条施、猪粪面施（1 ％）、地埂-边沟和对照。

已安装地表径流翻斗计、TDR 土壤含水量探头、水势计、土壤溶液采样器以及自动数据采集系统。监测指标：降雨；地表径流、侧向壤中流、垂向渗漏；土壤含水量、水势；土壤孔隙水；抗生素及其抗性基因、农药、碳、氮、磷、泥沙（含胶体）等。

2.3.7　盐亭站紫色岩风化成土长期试验场（YGAFZ33）

紫色母岩风化成土长期试验是国家自然科学基金资助项目，目标在于研究紫色岩风化成土过程及风化物的侵蚀特征，为紫色土土壤肥力的形成与演变、紫色土生物地球化学循环以及合理开发利用紫色土资源提供科学依据。为此，1998 年建成了紫色母岩风化成土长期定位试验场（图 2-30），位置点 105°27′22″E，31°27′16″N。

图 2-30　盐亭站紫色岩风化成土长期试验场（YGAFZ33）

试验设计了四种母岩类型，包括沙溪庙组（J2s）、遂宁组（J3s）、蓬莱镇组（J3p）和城墙岩群

（K1c）紫色母岩，其中以本地母质（J3p）为基本处理，J2s、J3s、K1c 各处理四个重复。分别从重庆北碚、四川遂宁、四川梓潼和四川蓬莱镇采来新鲜母岩，存放于水泥池内，自然风化，每 6 个月测定母岩的颗粒分布、采样测定元素含量，计算母岩的风化速率；同时，利用本地紫色母岩（J3p），移去表土，任其自然风化，分别在母岩暴露后 1 年、2 年、3 年、5 年、10 年、15 年测定岩石的颗粒分布，同时测定风化池内植物生长情况，养分流失量及释放量。本试验已开展近 20 年的试验观测研究。

2.3.8　盐亭站人工模拟降雨平台（YGAFZ34）

　　盐亭站人工模拟降雨平台分室内和野外两个子平台，2004—2005 年间逐步完善了野外人工模拟降雨器和野外模拟降雨供水车组成野外人工模拟降雨研究平台，模拟研究坡度、土壤和降雨变化对产流、产沙和养分迁移过程的影响；2006 年在院、所共同支持下，建成面积约 200 m² 土壤侵蚀模拟实验室，包括小型人工模拟降雨厅、模拟控制室与土壤侵蚀物理测试室等三部分，土壤侵蚀模拟实验室具有模拟不同坡度、不同降雨强度等条件下坡地土壤侵蚀、非点源污染物质迁移、水-土壤-植被相互作用过程等功能，为开展坡面土壤侵蚀过程与机理研究和地表化学物质迁移过程研究提供基本模拟实验条件。

　　室内模拟降雨厅面积 200 m²（图 2-31），配备有美国 Norton 摇摆式模拟降雨装置，自行研制的可变坡式模拟侵蚀实验车及土槽，可进行人工模拟降雨试验及其土壤侵蚀控制试验，其中可移动变坡土槽试验系统采用 30°以下可任意变化坡度、移动式土槽，用于模拟研究坡度、雨强和雨型对产流、产沙过程的影响。观测指标：雨强、雨量、地表产流量、壤中流流量、侵蚀量、土壤含水量、降雨产流产沙过程、地表径流流速、土壤泥沙理化性状。

　　野外人工模拟降雨研究平台（图 2-31）能够在不同地点开展野外模拟降雨试验，补充了侵蚀与物质迁移野外观测在点上的局限，为揭示紫色土土壤侵蚀过程与机理奠定了基础。

图 2-31　盐亭站人工模拟降雨平台（YGAFZ34）

2.3.9　盐亭站水稻田养分管理试验观测场（YGAFZ35）

水稻田是川中丘陵区主要的土地利用方式之一。2012—2016 年，历经 4 年初步建成占地 0.73 hm² 的水稻田生态系统观测试验场，设计小区 46 个，小区面积 150 m²，兼具田面水排水、淋溶水收集与流量观测功能的大型试验样地（图 2-32）。

图 2-32　盐亭站水稻田养分管理试验观测场（YGAFZ35）

研究试验目标：水稻田利用过程中的物质流、能量流迁移转化过程及其农学和生态环境效应的长期定位观测研究。试验设计旨在模拟代表长江上游稻田利用与养分管理优化模式，研究稻田生态系统水分、养分循环过程与变化，分析水稻田与养分管理方式下的水分养分与环境敏感物质的迁移转化过程及调控机制。

具体设计如下。①耕作制度。常规处理：稻麦、稻—冬水田；经济作物：稻菜、稻油；旱旱模式：玉米—小麦。②施肥制度。常规氮磷钾；高肥模式；低肥模式；化肥优化模式；有机—无机施肥；秸秆还田—化肥；化肥—有机堆肥；化肥—生物炭。③水分管理制度。常规雨养；直流漫灌；灌溉优化。④水分与养分管理处理。9 种处理，4 个重复；作物体系：水稻—油菜、水稻—小麦、水稻—蔬菜轮作系统；测定：土壤水分、田面排水、入渗和养分迁移、温室气体。

2.3.10　盐亭站村镇生活污水生态沟渠处理设施（YGAFZ24）

通过盐亭站多年的野外科研与观测，长江上游低山丘陵区村镇分散生活污水未经处理直接排放对当地和长江上游干支流水环境造成严重威胁，是形成乡村黑臭水体的重要原因。

自 2007 年，盐亭站经过试验研究，筛选了强化吸附介质和养分高富集植物，并与山区自然跌落、凼坑、排水沟渠相结合，并经过景观与净化功能强化，形成具有集汇流、分流、沉淀、拦截、吸收、氧化、稀释等功能的生态净化系统（图 2-33），对主要污染物的去除率在 70 % 以上，出水水质达排放标准，建设成本 650 元/m²，运行成本 0.05 元/m³，具有良好的污水处理效果和较低的建设与运行成本。在盐亭站建有模式示范处理设施，已在长江上游山区广泛应用。先后将该技术服务无偿提供给四川、重庆 12 个乡镇使用，取得了很好的水处理效果。并为来自云南省、湖北省、贵州省、辽宁省等地区水利、环保、农业部门提供现场技术咨询服务。

图2-33　盐亭站村镇生活污水生态沟渠处理设施（YGAFZ24）

2.3.11　盐亭站小城镇生活污水塔式生态净化一体化设施（YGAFZ25）

2017年修建，设施面积50 m²；位置：105°27′21″E，31°16′23″N，海拔435 m。

试验设计目标：与高效脱氮除磷植物、微生物结合，依靠水陆两栖植物根系形成生物膜，构建跌落曝氧、干湿交替、水陆和挺水-沉水植物等组合及介质-水陆两栖植物-生物膜多层次生活污水塔式生态净化系统（图2-34），能够快速、高效地去除有毒、有害物质，并能循环处理废水。

图2-34　盐亭站小城镇生活污水塔式生态净化一体化设施（YGAFZ25）

设施设计：由调节池、基质-植物/动物-微生物二级生态滤床和三级生态净化池等3部分组成，每个子系统有干湿复合处理池构造，配置不同的基质、植物、动物和微生物组合，形成一体化三级塔式生态净化装置。

技术特点：日均处理污水量30～300 m³；脱氮除磷率50 %～91 %，出水水质可达到一级A标。运建设成本低，平均2 000 元/m³；无动力运行，管理方便，平均运行成本0.08 元/m³。该技术与模式将在未来长江上游"乡村振兴"的农村生态环境保护中发挥重要支撑作用。

2.3.12　紫色土生态系统、景观、小流域多尺度生态水文观测平台

在长江的四级支流（弥江）上建设由生态系统、景观到多级嵌套小流域的多尺度生态-水文要素

（径流、泥沙、养分）和水分、降雨等同步自动观测与样品采集的梯级网络，由此形成坡面-集水区-小流域的生态-水文过程观测研究平台，支持紫色土丘陵区农业生态系统尺度的物质输移通量与环境效应的科学评估和中小尺度生物地球化学模型与水文模型的尺度转换研究。

2013 年完全建成并投入使用。平台由 8 个集水区和小流域构成，形成多尺度景观小流域生态水文观测体系（图 2 - 35）。

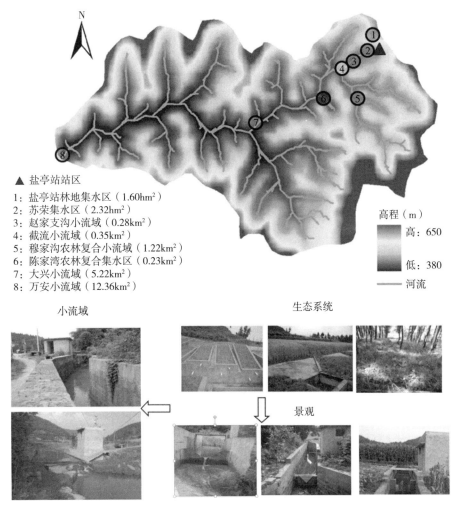

N

▲ 盐亭站站区
1：盐亭站林地集水区（1.60hm²）
2：苏荣集水区（2.32hm²）
3：赵家支沟小流域（0.28km²）
4：截流小流域（0.35km²）
5：穆家沟农林复合小流域（1.22km²）
6：陈家湾农林复合集水区（0.23km²）
7：大兴小流域（5.22km²）
8：万安小流域（12.36km²）

高程（m）

高：650

低：380

—— 河流

小流域　　　　　生态系统

景观

图 2 - 35　紫色土生态系统、景观、小流域多尺度生态水文观测平台

主要设施包括自动气象观测站、ISCO 自动采样仪、自记水位计、干湿沉降采样器等，监测项目有气象要素、干湿沉降、径流、泥沙、养分、水质等，实现小流域水文、泥沙与物质迁移过程长期观测。

2.4　主要仪器设备

盐亭站目前拥有 1 万元以上的仪器设备 230 台（套）。在国家野外科研观测联网共享政策下得到充分利用，满足了站运行和科研服务需求。截至目前盐亭站 10 万元以上的仪器设备 55 台（套）（表 2 - 4）。

表 2 - 4　主要仪器设备及整体运行情况

序号	仪器名称	生产厂家	仪器型号	启用时间
1	液相色谱仪	美国安捷伦（Agilent）科技	1260	2012 - 04 - 27
2	离子色谱仪	美国戴安公司 DIONEX	ICS - 900	2013 - 11 - 06
3	土壤温湿盐自动观测系统	德国 ADCON TELEMETRY	A755	2017 - 06 - 10
4	植物生长节律在线自动观测系统	美国 Campbell Scientific	SEQUOIA	2017 - 09 - 10
5	自动气象站（传感器）	芬兰维萨拉（VAISALA）公司	MAWS301 _ MAWS110	2017 - 08 - 10
6	土壤入渗仪	美国 SEC 公司	Guelph	2017 - 11 - 29
7	土壤水势测量系统	德国 UMS 公司	UMS Infield7	2017 - 11 - 23
8	ISCO 水沙采样仪	美国 Teledyne Isco	ISCO 6712	2002 - 05 - 01
9	液态水同位素分析仪	美国 picarro	I2120	2010 - 05 - 01
10	全自动表面/界面张力仪	德国 Krüss 公司	德国 KrüssK100	2011 - 12 - 19
11	气相色谱仪	美国安捷伦（Agilent）科技	7890A	2011 - 11 - 23
12	土壤含水量测定系统	美国 Campbell	TDR100	2012 - 08 - 06
13	液态水同位素分析仪	美国 Picarro	L2120 - i	2012 - 06 - 18
14	土壤湿度传感器 CR	美国 Campbell	CR800	2014 - 07 - 01
15	气象辐射测定设备	芬兰 Vaisala	MAWS	2014 - 10 - 01
16	原子吸收光谱仪	美国 Thermo - fisher	ICE3300	2015 - 06 - 11
17	气相色谱仪	美国 Agilent 公司	7890B	2015 - 05 - 11
18	YSI6600 多参数测定仪	美国 YSI	6600V2	2015 - 03 - 22
19	无线数据传输系统	北京天诺基业有限公司	自行集成	2016 - 09 - 01
20	原子荧光光度计	成都海光仪器有限公司	AFS - 2100	2016 - 03 - 01
21	元素分析仪	德国 elementar 公司	Vario Macro cube	2016 - 04 - 01
22	连续流动分析仪	德国布朗卢比公司 Seal	AA3＋	2015 - 12 - 01
23	气相色谱仪	美国安捷伦（Agilent）科技	7890A	2012 - 08 - 28
24	连续流动分析仪	德国布朗卢比公司 Seal	AA3＋	2008 - 12 - 01
25	土壤水势测量仪	德国 UMS GmbH,	UMS - Infield 7C	2012 - 08 - 28
26	自动采集土壤入渗仪	德国 Umwelt - Gerte - Technik GmbH	Hood IL - 2700	2012 - 08 - 28
27	激光散射粒度仪	日本 Horiba Group	LA - 950A2	2013 - 12 - 23
28	便携式叶面积仪	美国 LI - COR 公司	Li - 3000C	2014 - 11 - 01
29	三维荧光光谱仪	日本 Horiba Group	Aqualog - C	2014 - 11 - 18
30	粉碎研磨设备	德国 RETSCH（莱驰）	MM400	2015 - 07 - 22
31	便携式光合测量系统	美国 LI - COR 公司	LI - 6400XT	2015 - 06 - 11
32	压力膜仪	美国 Soilmositure Equipment Corp.	1500F1	2012 - 10 - 10
33	自动气象站	芬兰维萨拉（VAISALA）公司	MAWS301 _ MAWS110	2014 - 10 - 01
34	地表蒸散测定系统	美国 LI - COR	LI - 7500A	2014 - 09 - 22
35	原子吸收光谱仪	澳大利亚 GBC	GBC932	1998 - 01 - 01
36	气相色谱仪	美国惠普	HP5890	1998 - 04 - 01
37	光合作用测定仪	美国 LI - COR 公司	LI - 6400	1998 - 01 - 01
38	土壤湿度传感器 TDR	美国 Spectrum	Trace	2001 - 01 - 01
39	自动气象站	芬兰维萨拉（VAISALA）公司	Milos520	2004 - 10 - 01

（续）

序号	仪器名称	生产厂家	仪器型号	启用时间
40	模拟降雨器	北京师范大学	研制仪器	2005 - 04 - 01
41	槽式降雨机	研制组装	研制仪器	2005 - 02 - 03
42	总有机碳分析系统	美国 OI	1030W	2007 - 08 - 27
43	化学自动分析系统	美国 OI	PROMARK - CM	2007 - 07 - 01
44	质谱仪	美国 SEC 公司	5975C	2008 - 04 - 20
45	干湿沉降自动观测系统	德国 Eigenbrodt	UNS130/E	2009 - 11 - 27
46	离子色谱仪	美国戴安公司 DIONEX	ICS - 900	2005 - 05 - 01
47	全自动凯氏定氮仪	瑞士 FOSS	Kjeltec8200	2010 - 04 - 28
48	光色质联用气相色谱	美国戴安公司 DIONEX	ICS - 900	2007 - 07 - 01
49	滴灌设备 1	四川捷佳润灌溉科技有限公司	组装	2018 - 06 - 25
50	自动进样器	美国 OI	1088	2018 - 10 - 30
51	土壤水势测量仪	德国 METER 公司	INFIELD7	2018 - 10 - 30
52	土壤水分测量系统	美国 Campbell 公司	TDR200	2018 - 10 - 30
53	智能化荧光正置显微镜	OLYMPUS	BX53	2018 - 12 - 01
54	连续变倍体式显微镜	OLYMPUS	SZX16	2018 - 12 - 01

图 2-36　盐亭站实验室分析仪器和野外监测设备展示

第3章

□□□□□□□□□□□□□□□□□□□□□□□

盐亭站联网观测数据

3.1 水分观测数据

3.1.1 土壤含水量（体积含水量）

3.1.1.1 概述

本数据集包括盐亭站2009—2015年2个长期监测样地的月尺度观测数据，分别为：盐亭站农田综合观测场FDR水分采样地YGAZH01CTS_01，4个观测点位；盐亭站综合气象要素FDR观测场YGAQX01CTS_01，1个观测点位。其中，盐亭站综合观测场FDR水分采样地1号、3号、4号采样点，2014年3月之前数据为便携式土壤水分测定仪人工测量获得，2014年3月之后，数据来源于土壤温湿盐自动观测系统（美国/Stevens）获得（其中2号点位由于仪器存储器故障，寄回美国返厂维修，导致部分数据丢失）。

3.1.1.2 数据采集和处理方法

2个观测样地体积含水量数据分别由便携式土壤水分测定仪、土壤温湿盐自动观测系统获得，人工观测频率为每5天观测一次，土壤温湿盐自动观测系统原始数据为每30 min观测一次，数据采用时段内平均值作为月数据。土壤体积含水量数据的单位：cm^3/cm^3，土层深度单位：cm。

3.1.1.3 数据质量控制与评估

（1）数据获取过程的质量控制

对于便携式土壤水分测定仪，要求每次测量时测量多次进行平均，使数据更具有代表性。对于土壤温湿盐自动观测系统，在仪器安装之前均在本地进行校验，且仪器数据采集过程中的异常值进行人工剔除，并及时联系售后公司进行检修或者矫正。

（2）规范原始数据记录的质控措施

原始数据记录是保证各种数据问题的溯源查询依据，要求做到：数据真实、记录规范、书写清晰、数据及辅助信息完整等。使用专用、规范印制的数据记录表和记录本，根据本站调查任务制定年度工作调查记录本，按照调查内容和时间顺序依次排列，装订、定制成本。使用铅笔或黑色碳素笔规范整齐填写，原始数据不准删除或涂改，如记录或观测有误，需将原有数据轻画横线标记，并将审核后正确数据记录在原数据旁或备注栏，并签名或盖章。

（3）数据质量评估

剔除部分异常值和有故障探针数据后，结合降雨、植被盖度、植被类型等辅助信息进行参考，对比传统烘干法数据，数据均在合理范围内。

3.1.1.4 数据价值/数据使用方法和建议

土壤体积含水量是指单位土壤总容积中水分所占的容积分数，又称容积湿度。是水文研究中的基础数据，利用土壤含水量数据可研究降雨产流机理、估算土壤层含水量以及植物水分利用情况等。

3.1.1.5　数据

表 3-1　盐亭站农田综合观测场 FDR 水分采样地不同土层深度土壤体积含水量

单位：cm^3/cm^3

采样点	时间 （年-月）	10 cm	20 cm	30 cm	40 cm	50 cm	60 cm	70 cm	80 cm	90 cm	100 cm
	2009 - 01	0.25	0.27	0.34	0.26		0.25				0.24
	2009 - 02	0.25	0.27	0.31	0.26		0.27				0.24
	2009 - 03	0.25	0.27	0.29	0.26		0.28				0.24
	2009 - 04	0.26	0.28	0.33	0.26		0.28				0.24
	2009 - 05	0.26	0.28	0.30	0.26		0.27				0.25
	2009 - 06	0.29	0.28	0.29	0.26		0.25				0.25
	2009 - 07	0.28	0.29	0.24	0.25		0.22				0.25
	2009 - 08	0.40	0.26	0.17	0.20		0.16				0.25
	2009 - 12	0.33	0.26	0.17	0.16		0.16				
	2010 - 01	0.31	0.25	0.24	0.24		0.22				
	2010 - 02	0.30	0.25	0.23	0.24		0.22				
	2010 - 03	0.27	0.25	0.22	0.23		0.21				
	2010 - 04	0.29	0.25	0.22	0.23		0.21				
	2010 - 05	0.28	0.25	0.21	0.23		0.21				
	2010 - 06	0.29	0.25	0.25	0.24		0.24				
	2010 - 07	0.30	0.25	0.29	0.26		0.28				
1 号采样点	2010 - 08	0.28	0.25	0.27	0.26		0.26				
(YGAZH01CTS_01_01)	2010 - 09	0.29	0.25	0.29	0.26		0.26				
	2010 - 10	0.29	0.25	0.28	0.26		0.25				
	2010 - 11	0.28	0.25	0.27	0.25		0.25				
	2010 - 12	0.28	0.25	0.27	0.25		0.24				
	2011 - 01	0.30	0.29	0.26	0.24		0.24				
	2011 - 02	0.30	0.29	0.26	0.25		0.25				
	2011 - 03	0.28	0.27	0.24	0.24		0.25				
	2011 - 04	0.25	0.22	0.23	0.23		0.23				
	2011 - 05	0.30	0.29	0.26	0.26		0.26				
	2011 - 06	0.28	0.30	0.28	0.26		0.27				
	2011 - 07	0.30	0.31	0.29	0.27		0.27				
	2011 - 08	0.27	0.25	0.26	0.26		0.26				
	2011 - 09	0.30	0.26	0.27	0.26		0.26				
	2011 - 10	0.29	0.28	0.27	0.26		0.26				
	2011 - 11	0.30	0.29	0.27	0.25		0.25				
	2011 - 12	0.29	0.28	0.26	0.24		0.25				
	2012 - 01	0.31	0.29	0.28	0.28		0.29				
	2012 - 02	0.27	0.25	0.26	0.27		0.29				
	2012 - 03	0.26	0.20	0.24	0.27		0.28				
	2012 - 04	0.25	0.18	0.22	0.26		0.27				

（续）

采样点	时间 （年-月）	10 cm	20 cm	30 cm	40 cm	50 cm	60 cm	70 cm	80 cm	90 cm	100 cm
	2012 - 05	0.31	0.28	0.27	0.27		0.29				
	2012 - 06	0.35	0.33	0.34	0.30		0.33				
	2012 - 07	0.36	0.33	0.34	0.30		0.33				
	2012 - 08	0.33	0.29	0.31	0.29		0.31				
	2012 - 09	0.37	0.33	0.34	0.30		0.33				
	2012 - 10	0.34	0.31	0.31	0.29		0.31				
	2012 - 11	0.36	0.32	0.32	0.29		0.31				
	2012 - 12	0.32	0.30	0.30	0.28		0.30				
	2013 - 01	0.31	0.29	0.28	0.28		0.29				
	2013 - 02	0.27	0.25	0.26	0.27		0.29				
	2013 - 03	0.26	0.20	0.24	0.27		0.28				
	2013 - 04	0.25	0.18	0.22	0.26		0.27				
	2013 - 05	0.31	0.28	0.27	0.27		0.29				
	2013 - 06	0.35	0.33	0.34	0.30		0.33				
	2013 - 07	0.36	0.33	0.34	0.30		0.33				
	2013 - 08	0.33	0.29	0.31	0.29		0.31				
1号采样点 （YGAZH01CTS_01_01）	2013 - 09	0.37	0.33	0.34	0.30		0.33				
	2013 - 10	0.34	0.31	0.31	0.29		0.31				
	2013 - 11	0.36	0.32	0.32	0.29		0.31				
	2013 - 12	0.32	0.30	0.30	0.28		0.30				
	2014 - 03	0.26	0.22	0.26	0.27	0.00	0.21				
	2014 - 04	0.25	0.21	0.25	0.27	0.00	0.20				
	2014 - 05	0.26	0.18	0.25	0.26	0.00	0.19				
	2014 - 07	0.23	0.38	0.45	0.44	0.31	0.51				
	2014 - 08	0.27	0.37	0.45	0.44	0.30	0.50				
	2014 - 09	0.35	0.42	0.52	0.53	0.43	0.57				
	2014 - 10	0.31	0.41	0.47	0.51	0.41	0.55				
	2014 - 11	0.27	0.39	0.45	0.49	0.38	0.53				
	2014 - 12	0.22	0.35	0.41	0.45	0.34	0.49				
	2015 - 01	0.20	0.33	0.39	0.43	0.31	0.47	0.46	0.43	0.46	0.49
	2015 - 02	0.20	0.32	0.37	0.42	0.29	0.46	0.44	0.42	0.45	0.48
	2015 - 03	0.18	0.29	0.34	0.39	0.25	0.44	0.40	0.38	0.42	0.45
	2015 - 04	0.23	0.32	0.35	0.39	0.23	0.43	0.39	0.37	0.40	0.44
	2015 - 05	0.16	0.30	0.35	0.40	0.24	0.44	0.40	0.38	0.42	0.45
	2015 - 06	0.33	0.39	0.45	0.50	0.36	0.52	0.50	0.47	0.51	0.53
	2015 - 07	0.29	0.39	0.44	0.51	0.38	0.54	0.55	0.52	0.56	0.59
	2015 - 08	0.30	0.37	0.43	0.50	0.35	0.52	0.51	0.49	0.54	0.56
	2015 - 09	0.39	0.41	0.48	0.55	0.43	0.57	0.59	0.56	0.64	0.62

（续）

采样点	时间 （年-月）	10 cm	20 cm	30 cm	40 cm	50 cm	60 cm	70 cm	80 cm	90 cm	100 cm
1 号采样点 （YGAZH01CTS＿01＿01）	2015 - 10	0.32	0.39	0.46	0.50	0.35	0.52	0.52	0.51	0.56	0.59
	2015 - 11	0.32	0.39	0.45	0.49	0.34	0.51	0.50	0.48	0.52	0.55
	2015 - 12	0.25	0.35	0.42	0.46	0.32	0.48	0.46	0.45	0.47	0.51
2 号采样点 （YGAZH01CTS＿01＿02）	2009 - 01	0.27	0.27	0.29	0.26		0.30				0.24
	2009 - 02	0.26	0.27	0.33	0.26		0.31				0.24
	2009 - 03	0.26	0.26	0.35	0.26		0.30				0.25
	2009 - 04	0.27	0.27	0.34	0.26		0.31				0.24
	2009 - 05	0.27	0.27	0.30	0.26		0.31				0.24
	2009 - 06	0.28	0.28	0.30	0.26		0.31				0.25
	2009 - 07	0.27	0.28	0.25	0.26		0.27				0.25
	2009 - 12	0.31	0.31	0.25	0.20		0.28				
	2010 - 01	0.30	0.25	0.27	0.26		0.27				
	2010 - 02	0.30	0.25	0.25	0.26		0.27				
	2010 - 03	0.28	0.25	0.24	0.25		0.26				
	2010 - 04	0.30	0.25	0.23	0.25		0.26				
	2010 - 05	0.28	0.25	0.23	0.24		0.25				
	2010 - 06	0.28	0.25	0.26	0.26		0.26				
	2010 - 07	0.29	0.25	0.29	0.27		0.28				
	2010 - 08	0.27	0.25	0.27	0.26		0.27				
	2010 - 09	0.29	0.25	0.28	0.26		0.27				
	2010 - 10	0.29	0.25	0.28	0.26		0.27				
	2010 - 11	0.28	0.25	0.27	0.26		0.26				
	2010 - 12	0.28	0.25	0.27	0.26		0.26				
	2011 - 01	0.28	0.29	0.25	0.25		0.26				
	2011 - 02	0.29	0.29	0.26	0.25		0.26				
	2011 - 03	0.28	0.27	0.25	0.24		0.25				
	2011 - 04	0.25	0.23	0.22	0.24		0.23				
	2011 - 05	0.27	0.28	0.26	0.25		0.26				
	2011 - 06	0.27	0.29	0.28	0.26		0.27				
	2011 - 07	0.29	0.31	0.29	0.27		0.28				
	2011 - 08	0.25	0.27	0.27	0.24		0.27				
	2011 - 09	0.27	0.28	0.27	0.26		0.27				
	2011 - 10	0.27	0.29	0.28	0.26		0.27				
	2011 - 11	0.27	0.29	0.27	0.26		0.27				
	2011 - 12	0.27	0.29	0.27	0.25		0.26				
	2012 - 01	0.31	0.29	0.27	0.25		0.27				
	2012 - 02	0.31	0.29	0.27	0.25		0.27				
	2012 - 03	0.29	0.28	0.26	0.25		0.27				

（续）

采样点	时间 （年-月）	10 cm	20 cm	30 cm	40 cm	50 cm	60 cm	70 cm	80 cm	90 cm	100 cm
2号采样点 （YGAZH01CTS_01_02）	2012 – 04	0.26	0.26	0.24	0.25		0.27				
	2012 – 05	0.29	0.28	0.26	0.25		0.27				
	2012 – 06	0.31	0.29	0.28	0.26		0.27				
	2012 – 07	0.33	0.30	0.29	0.26		0.27				
	2012 – 08	0.28	0.27	0.27	0.25		0.27				
	2012 – 09	0.32	0.29	0.27	0.26		0.27				
	2012 – 10	0.34	0.27	0.28	0.30		0.28				
	2012 – 11	0.29	0.28	0.26	0.26		0.27				
	2012 – 12	0.28	0.28	0.26	0.25		0.27				
	2013 – 01	0.30	0.30	0.28	0.28		0.32				
	2013 – 02	0.25	0.27	0.26	0.27		0.32				
	2013 – 03	0.23	0.23	0.23	0.26		0.31				
	2013 – 04	0.18	0.20	0.18	0.24		0.30				
	2013 – 05	0.29	0.28	0.25	0.26		0.30				
	2013 – 06	0.31	0.31	0.32	0.30		0.34				
	2013 – 07	0.35	0.34	0.31	0.31		0.35				
	2013 – 08	0.33	0.31	0.29	0.29		0.34				
	2013 – 09	0.36	0.33	0.30	0.30		0.35				
	2013 – 10	0.31	0.30	0.28	0.29		0.33				
	2013 – 11	0.35	0.33	0.30	0.29		0.33				
	2013 – 12	0.30	0.30	0.28	0.28		0.32				
	2014 – 01	0.25	0.23	0.25	0.28		0.28				
	2014 – 02	0.25	0.22	0.24	0.26		0.27				
	2014 – 03	0.26	0.21	0.23	0.25		0.26				
3号采样点 （YGAZH01CTS_01_03）	2009 – 01	0.27	0.27	0.36	0.26		0.31				0.30
	2009 – 02	0.27	0.27	0.34	0.26		0.31				0.30
	2009 – 03	0.27	0.27	0.33	0.26		0.31				0.31
	2009 – 04	0.28	0.27	0.33	0.26		0.31				0.30
	2009 – 05	0.28	0.28	0.34	0.26		0.31				0.30
	2009 – 06	0.28	0.28	0.35	0.26		0.30				0.30
	2009 – 07	0.30	0.29	0.33	0.27		0.30				0.29
	2009 – 12	0.21	0.19	0.26	0.26		0.21				
	2010 – 01	0.26	0.24	0.28	0.26		0.24				
	2010 – 02	0.25	0.24	0.27	0.26		0.24				
	2010 – 03	0.24	0.24	0.23	0.25		0.24				
	2010 – 04	0.26	0.25	0.25	0.25		0.23				
	2010 – 05	0.24	0.24	0.23	0.23		0.23				
	2010 – 06	0.26	0.25	0.26	0.25		0.24				

（续）

采样点	时间 （年-月）	10 cm	20 cm	30 cm	40 cm	50 cm	60 cm	70 cm	80 cm	90 cm	100 cm
	2010 - 07	0.27	0.25	0.26	0.26		0.24				
	2010 - 08	0.25	0.25	0.25	0.25		0.24				
	2010 - 09	0.28	0.25	0.27	0.25		0.24				0.29
	2010 - 10	0.27	0.25	0.27	0.25		0.24				
	2010 - 11	0.26	0.25	0.26	0.25		0.25				
	2010 - 12	0.25	0.25	0.25	0.25		0.24				
	2011 - 01	0.28	0.29	0.25	0.25		0.26				
	2011 - 02	0.29	0.29	0.26	0.25		0.26				
	2011 - 03	0.28	0.27	0.25	0.24		0.25				
	2011 - 04	0.25	0.23	0.22	0.24		0.23				
	2011 - 05	0.27	0.28	0.26	0.25		0.26				
	2011 - 06	0.27	0.29	0.28	0.26		0.27				
	2011 - 07	0.29	0.31	0.29	0.27		0.28				
	2011 - 08	0.25	0.27	0.27	0.24		0.27				
	2011 - 09	0.27	0.28	0.27	0.26		0.27				
	2011 - 10	0.27	0.29	0.28	0.26		0.27				
	2011 - 11	0.27	0.29	0.27	0.26		0.27				
3 号采样点 （YGAZH01CTS_01_03）	2011 - 12	0.27	0.29	0.27	0.25		0.26				
	2012 - 01	0.26	0.27	0.25	0.25		0.27				
	2012 - 02	0.27	0.28	0.25	0.25		0.27				
	2012 - 03	0.23	0.26	0.23	0.25		0.27				
	2012 - 04	0.21	0.24	0.22	0.25		0.26				0.29
	2012 - 05	0.25	0.27	0.24	0.25		0.27				
	2012 - 06	0.27	0.28	0.25	0.25		0.27				
	2012 - 07	0.28	0.29	0.26	0.25		0.27				
	2012 - 08	0.26	0.27	0.25	0.25		0.27				
	2012 - 09	0.26	0.25	0.29	0.25		0.27				
	2012 - 10	0.27	0.32	0.29	0.27		0.27				
	2012 - 11	0.26	0.27	0.24	0.25		0.27				
	2012 - 12	0.26	0.27	0.24	0.25		0.27				
	2013 - 01	0.25	0.28	0.24	0.27		0.31				
	2013 - 02	0.22	0.26	0.23	0.27		0.31				
	2013 - 03	0.20	0.23	0.20	0.26		0.30				
	2013 - 04	0.15	0.20	0.18	0.23		0.28				
	2013 - 05	0.28	0.30	0.26	0.26		0.28				
	2013 - 06	0.28	0.30	0.28	0.28		0.30				
	2013 - 07	0.31	0.31	0.28	0.28		0.31				0.29
	2013 - 08	0.29	0.30	0.27	0.27		0.30				

（续）

采样点	时间（年-月）	10 cm	20 cm	30 cm	40 cm	50 cm	60 cm	70 cm	80 cm	90 cm	100 cm
3 号采样点 （YGAZH01CTS_01_03）	2013-09	0.32	0.32	0.28	0.28		0.31				
	2013-10	0.29	0.30	0.27	0.28		0.31				
	2013-11	0.31	0.31	0.28	0.28		0.31				
	2013-12	0.28	0.29	0.27	0.28		0.31				
	2014-03	0.22	0.22	0.21	0.25		0.25				
	2014-04	0.22	0.21	0.21	0.24		0.24				
	2014-05	0.23	0.21	0.20	0.24		0.23				
	2014-07	0.37	0.38	0.40	0.39	0.40	0.30	0.27	0.17	0.14	0.19
	2014-08	0.39	0.39	0.40	0.38	0.38	0.31	0.26	0.18	0.13	0.18
	2014-09	0.43	0.44	0.47	0.43	0.47	0.38	0.39	0.32	0.31	0.37
	2014-10	0.39	0.42	0.45	0.41	0.47	0.38	0.42	0.35	0.35	0.43
	2014-11	0.36	0.40	0.42	0.39	0.45	0.36	0.40	0.33	0.32	0.41
	2014-12	0.32	0.36	0.37	0.36	0.42	0.34	0.35	0.24	0.24	0.28
	2015-01	0.30	0.34	0.34	0.33	0.40	0.32	0.31	0.19	0.19	0.22
	2015-02	0.30	0.32	0.33	0.32	0.39	0.31	0.29	0.17	0.18	0.20
	2015-03	0.29	0.31	0.32	0.31	0.37	0.30	0.27	0.16	0.17	0.19
	2015-04	0.33	0.37	0.34	0.30	0.37	0.30	0.26	0.15	0.16	0.18
	2015-05	0.28	0.32	0.32	0.28	0.36	0.30	0.26	0.15	0.16	0.18
	2015-06	0.39	0.39	0.39	0.35		0.32	0.31	0.20	0.21	0.24
	2015-07	0.34	0.36	0.37	0.35		0.35	0.40	0.31	0.32	0.39
	2015-08	0.36	0.38	0.37	0.35		0.33	0.35	0.25	0.26	0.31
	2015-09	0.42	0.43	0.41	0.38		0.37	0.42	0.35	0.35	0.44
	2015-10	0.36	0.40	0.38	0.35		0.34	0.40	0.32	0.32	0.40
	2015-11	0.36	0.39	0.39	0.35		0.34	0.39	0.30	0.30	0.38
	2015-12	0.29	0.35	0.35	0.32		0.32	0.34	0.22	0.23	0.27
4 号采样点 （YGAZH01CTS_01_04）	2009-01	0.28	0.27	0.38	0.26		0.33				0.29
	2009-02	0.27	0.28	0.37	0.26		0.32				0.29
	2009-03	0.27	0.27	0.37	0.26		0.33				0.30
	2009-04	0.28	0.27	0.37	0.26		0.33				0.30
	2009-05	0.28	0.27	0.37	0.26		0.33				0.30
	2009-06	0.29	0.28	0.37	0.26		0.32				0.30
	2009-07	0.29	0.29	0.35	0.26		0.32				0.30
	2009-12	0.23	0.16	0.18	0.23		0.22				
	2010-01	0.26	0.24	0.25	0.25		0.24				
	2010-02	0.25	0.24	0.23	0.24		0.24				
	2010-03	0.24	0.24	0.22	0.23		0.23				
	2010-04	0.26	0.24	0.23	0.23		0.22				
	2010-05	0.25	0.24	0.22	0.22		0.22				

（续）

采样点	时间 （年-月）	10 cm	20 cm	30 cm	40 cm	50 cm	60 cm	70 cm	80 cm	90 cm	100 cm
	2010 - 06	0.25	0.24	0.25	0.24		0.23				0.29
	2010 - 07	0.27	0.25	0.25	0.24		0.25				
	2010 - 08	0.25	0.24	0.24	0.24		0.24				
	2010 - 09	0.28	0.25	0.26	0.24		0.24				
	2010 - 10	0.27	0.25	0.26	0.25		0.24				
	2010 - 11	0.25	0.25	0.25	0.24		0.24				
	2010 - 12	0.26	0.24	0.25	0.24		0.24				
	2011 - 01	0.25	0.25	0.23	0.23		0.24				
	2011 - 02	0.25	0.25	0.24	0.23		0.25				
	2011 - 03	0.23	0.20	0.23	0.23		0.24				
	2011 - 04	0.21	0.18	0.20	0.20		0.22				0.29
	2011 - 05	0.25	0.22	0.22	0.21		0.23				
	2011 - 06	0.24	0.23	0.24	0.23		0.24				
	2011 - 07	0.26	0.26	0.25	0.23		0.24				
	2011 - 08	0.21	0.20	0.22	0.21		0.24				
4 号采样点 （YGAZH01CTS_01_04）	2011 - 09	0.24	0.23	0.24	0.21		0.24				
	2011 - 10	0.25	0.24	0.24	0.22		0.24				
	2011 - 11	0.25	0.24	0.24	0.23		0.24				
	2011 - 12	0.24	0.24	0.24	0.23		0.25				
	2012 - 01	0.29	0.27	0.24	0.25		0.26				
	2012 - 02	0.29	0.27	0.25	0.25		0.27				
	2012 - 03	0.27	0.25	0.23	0.25		0.26				
	2012 - 04	0.23	0.23	0.20	0.24		0.26				
	2012 - 05	0.28	0.26	0.24	0.25		0.26				
	2012 - 06	0.30	0.27	0.26	0.25		0.26				
	2012 - 07	0.30	0.27	0.26	0.25		0.27				
	2012 - 08	0.25	0.23	0.21	0.24		0.26				
	2012 - 09	0.29	0.27	0.24	0.25		0.25				
	2012 - 10	0.31	0.31	0.28	0.27		0.27				
	2012 - 11	0.26	0.27	0.24	0.25		0.27				
	2012 - 12	0.25	0.25	0.24	0.25		0.27				
	2013 - 01	0.24	0.26	0.24	0.25		0.29				
	2013 - 02	0.23	0.23	0.23	0.25		0.29				
	2013 - 03	0.17	0.21	0.19	0.23		0.28				
	2013 - 04	0.14	0.19	0.16	0.21		0.27				
	2013 - 05	0.29	0.26	0.23	0.24		0.27				
	2013 - 06	0.29	0.29	0.27	0.26		0.29				
	2013 - 07	0.28	0.27	0.27	0.26		0.30				

（续）

采样点	时间 （年-月）	10 cm	20 cm	30 cm	40 cm	50 cm	60 cm	70 cm	80 cm	90 cm	100 cm
	2013 - 08	0.25	0.24	0.24	0.24		0.29				
	2013 - 09	0.32	0.29	0.27	0.26		0.30				
	2013 - 10	0.29	0.28	0.27	0.26		0.30				
	2013 - 11	0.31	0.30	0.26	0.26		0.30				
	2013 - 12	0.26	0.27	0.26	0.26		0.30				
	2014 - 07	0.33	0.42	0.33	0.39	0.40	0.43	0.33	0.37	0.21	0.25
	2014 - 08	0.36	0.41	0.32	0.37	0.36	0.41	0.32	0.35	0.16	0.21
	2014 - 09	0.38	0.45	0.41	0.43	0.44	0.47	0.42	0.43	0.35	0.42
	2014 - 10	0.33	0.42	0.43	0.42	0.42	0.45	0.43	0.43	0.38	0.44
	2014 - 11	0.27	0.40	0.41	0.41	0.41	0.44	0.41	0.41	0.34	0.39
	2014 - 12	0.20	0.36	0.37	0.37	0.37	0.41	0.38	0.37	0.26	0.29
	2014 - 01	0.19	0.33	0.35	0.35	0.35	0.39	0.36	0.35	0.20	0.24
	2014 - 02	0.18	0.33	0.34	0.34	0.34	0.38	0.35	0.33	0.18	0.22
	2014 - 03	0.16	0.31	0.33	0.34	0.33	0.37	0.35	0.33	0.17	0.21
	2014 - 04	0.25	0.31	0.35	0.33	0.31	0.37	0.35	0.32	0.16	0.21
4号采样点 （YGAZH01CTS_01_04）	2014 - 05	0.18	0.30	0.35	0.35	0.32	0.38	0.35	0.32	0.16	0.21
	2014 - 06	0.30	0.35	0.41	0.41	0.36	0.41	0.39	0.36	0.23	0.29
	2014 - 07	0.26	0.38	0.39	0.41	0.39	0.44	0.41	0.41	0.35	0.42
	2014 - 08	0.31	0.37	0.40	0.41	0.38	0.43	0.40	0.38	0.28	0.37
	2014 - 09	0.40	0.41	0.42	0.42	0.40	0.45	0.43	0.42	0.40	0.53
	2014 - 10	0.32	0.38	0.39	0.41	0.38	0.43	0.40	0.39	0.34	0.36
	2014 - 11	0.31	0.37	0.38	0.41	0.37	0.42	0.39	0.41	0.32	0.36
	2014 - 12	0.23	0.34	0.35	0.38	0.35	0.40	0.37	0.38	0.25	0.29
	2015 - 01	0.19	0.33	0.35	0.35	0.35	0.39	0.36	0.35	0.20	0.24
	2015 - 02	0.18	0.33	0.34	0.34	0.34	0.38	0.35	0.33	0.18	0.22
	2015 - 03	0.16	0.31	0.33	0.34	0.33	0.37	0.35	0.33	0.17	0.21
	2015 - 04	0.25	0.31	0.35	0.33	0.31	0.37	0.35	0.32	0.16	0.21
	2015 - 05	0.18	0.30	0.35	0.35	0.32	0.38	0.35	0.32	0.16	0.21
	2015 - 06	0.30	0.35	0.41	0.41	0.36	0.41	0.39	0.36	0.23	0.29
	2015 - 07	0.26	0.38	0.39	0.41	0.39	0.44	0.41	0.41	0.35	0.42
	2015 - 08	0.31	0.37	0.40	0.41	0.38	0.43	0.40	0.38	0.28	0.37
	2015 - 09	0.40	0.41	0.42	0.42	0.40	0.45	0.43	0.42	0.40	0.53
	2015 - 10	0.32	0.38	0.39	0.41	0.38	0.43	0.40	0.39	0.34	0.36
	2015 - 11	0.31	0.37	0.38	0.41	0.37	0.42	0.39	0.41	0.32	0.36
	2015 - 12	0.23	0.34	0.35	0.38	0.35	0.40	0.37	0.38	0.25	0.29

表 3-2　盐亭站综合气象要素观测场 FDR 水分采样地（YGAQX01CTS_01_01）不同土层深度土壤体积含水量

时间（年-月）	10 cm	20 cm	30 cm	40 cm	50 cm
2009 - 01	0.29	0.24	0.26	0.28	0.25
2009 - 02	0.26	0.19	0.23	0.24	0.27
2009 - 03	0.29	0.23	0.23	0.23	0.27
2009 - 04	0.29	0.26	0.27	0.27	0.24
2009 - 05	0.27	0.19	0.20	0.21	0.28
2009 - 06	0.28	0.23	0.25	0.26	0.21
2009 - 07	0.22	0.15	0.13	0.15	0.15
2009 - 08	0.20	0.15	0.11	0.15	0.16
2010 - 01	0.26	0.22	0.21	0.22	0.25
2010 - 02	0.26	0.21	0.21	0.21	0.25
2010 - 03	0.24	0.20	0.20	0.20	0.25
2010 - 04	0.28	0.22	0.21	0.21	0.24
2010 - 05	0.26	0.20	0.22	0.20	0.22
2010 - 06	0.25	0.24	0.23	0.22	0.23
2010 - 07	0.25	0.25	0.28	0.24	0.25
2010 - 08	0.24	0.24	0.28	0.26	0.24
2010 - 09	0.27	0.29	0.30	0.27	0.25
2010 - 10	0.27	0.29	0.30	0.27	0.25
2010 - 11	0.25	0.28	0.28	0.27	0.25
2010 - 12	0.24	0.27	0.27	0.26	0.24
2011 - 01	0.24	0.27	0.25	0.26	0.23
2011 - 02	0.25	0.27	0.26	0.27	0.25
2011 - 03	0.21	0.27	0.28	0.27	0.24
2011 - 04	0.17	0.23	0.25	0.23	0.21
2011 - 05	0.27	0.28	0.30	0.28	0.25
2011 - 06	0.27	0.25	0.26	0.25	0.24
2011 - 07	0.34	0.27	0.28	0.26	0.27
2011 - 08	0.22	0.20	0.22	0.22	0.25
2011 - 09	0.32	0.25	0.24	0.24	0.25
2011 - 10	0.34	0.27	0.26	0.26	0.26
2011 - 11	0.36	0.28	0.26	0.27	0.26
2011 - 12	0.36	0.28	0.25	0.27	0.26
2012 - 01	0.33	0.30	0.26	0.28	0.28
2012 - 02	0.33	0.30	0.26	0.29	0.28
2012 - 03	0.31	0.29	0.26	0.28	0.27
2012 - 04	0.27	0.21	0.23	0.22	0.24
2012 - 05	0.30	0.25	0.25	0.24	0.26
2012 - 06	0.31	0.29	0.27	0.28	0.28
2012 - 07	0.34	0.31	0.30	0.29	0.30

（续）

时间（年-月）	10 cm	20 cm	30 cm	40 cm	50 cm
2012 - 08	0.30	0.26	0.27	0.25	0.27
2012 - 09	0.31	0.26	0.26	0.28	0.24
2012 - 10	0.34	0.29	0.35	0.27	0.31
2012 - 11	0.29	0.27	0.26	0.26	0.26
2012 - 12	0.28	0.26	0.25	0.24	0.25
2013 - 01	0.32	0.28	0.26	0.27	0.27
2013 - 02	0.29	0.26	0.23	0.25	0.27
2013 - 03	0.28	0.23	0.21	0.22	0.26
2013 - 04	0.25	0.20	0.19	0.19	0.22
2013 - 05	0.32	0.29	0.25	0.24	0.23
2013 - 06	0.33	0.29	0.29	0.27	0.28
2013 - 07	0.34	0.30	0.31	0.28	0.28
2013 - 08	0.35	0.31	0.30	0.28	0.29
2013 - 09	0.36	0.32	0.31	0.28	0.30
2013 - 10	0.34	0.31	0.30	0.28	0.29
2013 - 11	0.35	0.32	0.31	0.28	0.30
2013 - 12	0.33	0.30	0.29	0.27	0.28

3.1.2　土壤含水量（质量含水量）

3.1.2.1　概述

　　本数据集包括盐亭站 2009—2015 年 3 个长期监测样地的月尺度观测数据，分别为：盐亭站农田综合观测场 FDR 水分采样地 YGAZH01CTS_01，4 个观测点位（YGAZH01CTS_01_01、YGAZH01CTS_01_02、YGAZH01CTS_01_03、YGAZH01CTS_01_04），观测频率为每 2 个月一次；盐亭站综合气象要素 FDR 观测场 YGAQX01CTS_01，1 个观测点位，观测频率为每 2 个月一次。

3.1.2.2　数据采集和处理方法

　　2 个观测样地质量含水量数据由人工烘干法测定，每月 20 日由观测工人用土钻取样，放入已知重量的铝盒，并称取带盒土壤鲜重，在烘箱 105℃ 条件下烘干至恒重后，称取带盒土壤干重。

　　土壤质量含水量＝（带盒土壤鲜重－带盒土壤干重）/（带盒土壤干重－铝盒重），土壤质量含水量的单位为 g/g。

3.1.2.3　数据质量控制与评估

　　（1）数据获取过程的质量控制

　　人工取样过程中，要求选取相同观测点位保证数据来源一致性，采集土壤样品尽快进行土壤鲜重称量以避免水分蒸发，烘干时间保证在 24 h 以上。所有观测数据都需要填写详细记录表，记录采样时间、样地信息和植被情况等。

　　（2）规范原始数据记录的质控措施

　　原始数据记录是异常数据的溯源查询依据，因此要求做到数据真实、记录规范、书写清晰、数据及辅助信息完整等。使用专用、规范印制的数据记录表和记录本，根据盐亭站调查任务定制年度工作调查记录本，按照调查内容和时间顺序依次排列，装订、定制成本。使用铅笔或黑色碳素笔规范整齐填写，原始数据不准删除或涂改，如记录或观测有误，需将原有数据轻画横线标记，并将审核后正确数据记录在原数据旁或备注栏，并签名或盖章。

（3）数据质量评估

烘干法测土壤含水量是经典方法，数据结果稳定可靠。

3.1.2.4　数据价值/数据使用方法和建议

土壤质量含水量是土壤中水分的重量与相应固相物质重量的比值，测定土壤含水量可掌握作物对水的需要情况，对农业生产有很重要的指导意义。但由于观测过程中需要对土壤进行破坏性取样，因此一般烘干法所测数据是作为自动传感器监测方法如中子法、γ-射线法等所测土壤体积含水数据的校准数据使用。

3.1.2.5　数据

盐亭站土壤质量含水量观测数据见表 3-3 和表 3-4。

表 3-3　盐亭站农田综合观测场 FDR 水分采样地不同土层深度土壤质量含水量

单位：g/g

采样点	时间 （年-月）	10 cm	20 cm	30 cm	40 cm	50 cm	60 cm	70 cm	80 cm	90 cm	100 cm
	2009-02	0.14	0.13	0.13	0.12		0.12				0.11
	2009-04	0.18	0.15	0.14	0.12		0.10				0.09
	2009-06	0.23	0.23	0.19	0.25		0.20				0.16
	2009-08	0.22	0.19	0.19	0.16		0.17				0.18
	2009-10	0.18	0.19	0.17	0.17		0.15				0.17
	2009-12	0.18	0.18	0.19	0.21		0.20				0.20
	2010-02	0.15	0.11	0.13	0.12		0.10				
	2010-04	0.21	0.13	0.15	0.15		0.13				
	2010-06	0.14	0.14	0.12	0.16		0.13				
1 号采样点 （YGAZH01CTS_01_01）	2010-08	0.19	0.14	0.14	0.15		0.15				
	2010-10	0.20	0.20	0.20	0.20		0.20				
	2010-12	0.17	0.16	0.16	0.15		0.16				
	2011-02	0.21	0.19	0.13	0.13		0.17				
	2011-04	0.16	0.16	0.14	0.13		0.11				
	2011-06	0.19	0.16	0.13	0.14		0.15				
	2011-08	0.13	0.12	0.13	0.12		0.15				
	2011-10	0.24	0.19	0.18	0.16		0.16				
	2011-12	0.18	0.16	0.17	0.16		0.16				
	2012-02	0.22	0.18	0.18	0.15		0.28				
	2012-04	0.17	0.13	0.11	0.12		0.11				
	2012-06	0.14	0.17	0.17	0.16		0.16				
	2012-08	0.22	0.19	0.16	0.18		0.19				
	2012-10	0.21	0.20	0.19	0.17		0.19				

（续）

采样点	时间 （年-月）	10 cm	20 cm	30 cm	40 cm	50 cm	60 cm	70 cm	80 cm	90 cm	100 cm
1号采样点 （YGAZH01CTS＿01＿01）	2012 - 12	0.19	0.18	0.16	0.16		0.16				
	2013 - 02	0.13	0.13	0.14	0.15		0.14				
	2013 - 04	0.16	0.15	0.12	0.15		0.16				
	2013 - 06	0.28	0.23	0.23	0.22		0.16				
	2013 - 08	0.19	0.15	0.14	0.09		0.18				
	2013 - 10	0.21	0.20	0.20	0.20		0.21				
	2013 - 12	0.18	0.20	0.22	0.20		0.22				
	2014 - 02	0.22	0.20	0.19	0.18		0.17				
	2014 - 04	0.25	0.22	0.20	0.20		0.17				
	2014 - 05	0.18	0.19	0.18	0.17		0.15				
	2014 - 06	0.16	0.17	0.16	0.15		0.14				
	2014 - 07	0.08	0.08	0.09	0.11	0.11	0.13	0.13	0.12		
	2014 - 08	0.19	0.17	0.17	0.16	0.12	0.12	0.14	0.14		
	2014 - 10	0.18	0.16	0.15	0.15	0.14	0.13	0.14	0.14		
	2014 - 12	0.14	0.18	0.1	0.18	0.19	0.18	0.18	0.19		
	2015 - 04	0.11	0.12	0.12	0.12	0.13	0.13	0.13	0.12		
	2015 - 06	0.15	0.14	0.13	0.13	0.13	0.11	0.10	0.13		
	2015 - 10	0.12	0.13	0.13	0.14	0.14	0.14		0.13		
	2015 - 12	0.16	0.18	0.17	0.17	0.17	0.17		0.17		
2号采样点 （YGAZH01CTS＿01＿02）	2009 - 02	0.16	0.16	0.02	0.13		0.13				0.13
	2009 - 04	0.14	0.12	0.12	0.08		0.07				0.07
	2009 - 06	0.25	0.21	0.20	0.21		0.17				0.18
	2009 - 08	0.24	0.19	0.18	0.18		0.18				0.17
	2009 - 10	0.19	0.19	0.17	0.18		0.19				0.18
	2009 - 12	0.19	0.18	0.18	0.19		0.20				0.19
	2010 - 02	0.16	0.13	0.14	0.11		0.14				
	2010 - 04	0.24	0.17	0.16	0.16		0.11				
	2010 - 06	0.13	0.13	0.13	0.16		0.17				
	2010 - 08	0.18	0.14	0.15	0.16		0.08				
	2010 - 10	0.23	0.20	0.19	0.20		0.21				
	2010 - 12	0.17	0.15	0.15	0.16		0.15				
	2011 - 02	0.21	0.22	0.18	0.18		0.17				
	2011 - 04	0.14	0.13	0.13	0.12		0.11				
	2011 - 06	0.17	0.16	0.18	0.18		0.18				
	2011 - 08	0.11	0.11	0.10	0.10		0.13				
	2011 - 10	0.20	0.18	0.16	0.16		0.15				
	2011 - 12	0.21	0.18	0.17	0.16		0.17				
	2012 - 02	0.18	0.19	0.14	0.16		0.17				

（续）

采样点	时间 （年-月）	10 cm	20 cm	30 cm	40 cm	50 cm	60 cm	70 cm	80 cm	90 cm	100 cm
2 号采样点 （YGAZH01CTS_01_02）	2012 – 04	0.19	0.17	0.13	0.11		0.12				
	2012 – 06	0.21	0.17	0.17	0.18		0.16				
	2012 – 08	0.23	0.19	0.18	0.13		0.15				
	2012 – 10	0.22	0.19	0.13	0.17		0.17				
	2012 – 12	0.20	0.147	0.14	0.16		0.15				
	2013 – 02	0.14	0.12	0.13	0.15		0.13				
	2013 – 04	0.16	0.10	0.10	0.15		0.14				
	2013 – 06	0.26	0.24	0.21	0.19		0.19				
	2013 – 08	0.23	0.16	0.17	0.14		0.16				
	2013 – 10	0.20	0.20	0.19	0.17		0.18				
	2013 – 12	0.21	0.20	0.19	0.18		0.20				
	2014 – 02	0.21	0.18	0.20	0.18		0.19				
	2014 – 04	0.25	0.18	0.16	0.17		0.16				
	2014 – 05	0.19	0.15	0.16	0.17		0.18				
	2014 – 06	0.11	0.15	0.13	0.12		0.10				
	2014 – 07	0.15	0.15	0.14	0.14	0.16	0.17	0.18	0.12		
	2014 – 08	0.18	0.17	0.15	0.14	0.13	0.13	0.13	0.10		
	2014 – 10	0.20	0.18	0.17	0.15	0.14	0.15	0.14	0.15		
	2014 – 12	0.19	0.18	0.16	0.17	0.17	0.16	0.15	0.15		
	2015 – 04	0.15	0.13	0.12	0.12	0.12	0.12	0.11	0.11		
	2015 – 06	0.16	0.13	0.14	0.14	0.12	0.12	0.11	0.09		
	2015 – 10	0.12	0.12	0.12	0.12	0.13	0.13		0.12		
	2015 – 12	0.18	0.16	0.18	0.16	0.15	0.16		0.16		
3 号采样点 （YGAZH01CTS_01_03）	2009 – 02	0.12	0.12	0.13	0.13		0.12				0.13
	2009 – 04	0.17	0.14	0.14	0.12		0.11				0.09
	2009 – 06	0.24	0.21	0.20	0.20		0.20				0.16
	2009 – 08	0.23	0.21	0.17	0.16		0.16				0.18
	2009 – 10	0.18	0.17	0.16	0.17		0.16				0.18
	2009 – 12	0.18	0.18	0.17	0.17		0.17				0.17
	2010 – 02	0.12	0.12	0.14	0.11		0.12				
	2010 – 04	0.21	0.17	0.16	0.14		0.14				
	2010 – 06	0.14	0.13	0.14	0.15		0.14				
	2010 – 08	0.19	0.12	0.16	0.15		0.13				
	2010 – 10	0.18	0.19	0.15	0.18		0.19				

（续）

采样点	时间 （年-月）	10 cm	20 cm	30 cm	40 cm	50 cm	60 cm	70 cm	80 cm	90 cm	100 cm
	2010 - 12	0.16	0.14	0.15	0.14		0.13				
	2011 - 02	0.21	0.18	0.17	0.16		0.16				
	2011 - 04	0.12	0.13	0.11	0.12		0.12				
	2011 - 06	0.16	0.17	0.16	0.16		0.16				
	2011 - 08	0.11	0.10	0.09	0.11		0.10				
	2011 - 10	0.17	0.16	0.18	0.15		0.15				
	2011 - 12	0.18	0.20	0.16	0.13		0.14				
	2012 - 02	0.19	0.17	0.21	0.14		0.14				
	2012 - 04	0.11	0.11	0.10	0.11		0.09				
	2012 - 06	0.14	0.19	0.10	0.15		0.16				
	2012 - 08	0.21	0.18	0.17	0.18		0.17				
	2012 - 10	0.13	0.15	0.15	0.14		0.15				
	2012 - 12	0.18	0.15	0.14	0.14		0.13				
	2013 - 02	0.12	0.11	0.12	0.12		0.12				
3 号采样点 （YGAZH01CTS _ 01 _ 03）	2013 - 04	0.13	0.11	0.12	0.11		0.11				
	2013 - 06	0.23	0.19	0.11	0.18		0.23				
	2013 - 08	0.17	0.16	0.15	0.14		0.14				
	2013 - 10	0.19	0.19	0.18	0.17		0.17				
	2013 - 12	0.14	0.16	0.15	0.17		0.19				
	2014 - 02	0.22	0.17	0.17	0.16		0.16				
	2014 - 04	0.19	0.18	0.18	0.17		0.15				
	2014 - 05	0.17	0.16	0.16	0.15		0.14				
	2014 - 06	0.17	0.17	0.15	0.15		0.12				
	2014 - 07	0.13	0.12	0.13	0.15	0.14	0.15	0.15	0.15		
	2014 - 08	0.17	0.16	0.15	0.14	0.13	0.12	0.13	0.10		
	2014 - 10	0.18	0.17	0.16	0.14	0.14	0.14	0.13	0.15		
	2014 - 12	0.19	0.18	0.17	0.17	0.17	0.15	0.17	0.15		
	2015 - 04	0.11	0.11	0.11	0.11	0.11	0.10	0.27	0.10		
	2015 - 06	0.15	0.13	0.12	0.13	0.06	0.12	0.11	0.10		
	2015 - 10	0.12	0.11	0.12	0.13	0.13	0.11				
	2015 - 12	0.19	0.18	0.16	0.17	0.14	0.13		0.15		

（续）

采样点	时间 （年-月）	10 cm	20 cm	30 cm	40 cm	50 cm	60 cm	70 cm	80 cm	90 cm	100 cm
	2009 - 02	0.11	0.13	0.08	0.13		0.14				0.14
	2009 - 04	0.15	0.13	0.10	0.09		0.10				0.11
	2009 - 06	0.23	0.22	0.17	0.20		0.19				0.20
	2009 - 08	0.21	0.20	0.18	0.18		0.18				0.30
	2009 - 10	0.19	0.18	0.19	0.17		0.18				0.17
	2009 - 12	0.19	0.19	0.18	0.17		0.18				0.18
	2010 - 02	0.14	0.12	0.12	0.13		0.11				
	2010 - 04	0.21	0.18	0.16	0.14		0.12				
	2010 - 06	0.14	0.14	0.14	0.14		0.15				
	2010 - 08	0.20	0.17	0.13	0.13		0.13				
	2010 - 10	0.22	0.17	0.20	0.19		0.20				
	2010 - 12	0.15	0.17	0.15	0.11		0.13				
	2011 - 02	0.16	0.19	0.17	0.17		0.15				
	2011 - 04	0.12	0.13	0.12	0.11		0.12				
4 号采样点 （YGAZH01CTS＿01＿04）	2011 - 06	0.12	0.16	0.17	0.16		0.16				
	2011 - 08	0.11	0.11	0.10	0.11		0.11				
	2011 - 10	0.15	0.16	0.16	0.16		0.15				
	2011 - 12	0.17	0.16	0.15	0.14		0.16				
	2012 - 02	0.17	0.16	0.15	0.14		0.14				
	2012 - 04	0.17	0.13	0.09	0.14		0.12				
	2012 - 06	0.18	0.16	0.15	0.16		0.16				
	2012 - 08	0.21	0.20	0.18	0.18		0.21				
	2012 - 10	0.20	0.19	0.17	0.17		0.13				
	2012 - 12	0.16	0.15	0.16	0.15		0.16				
	2013 - 02	0.12	0.13	0.11	0.12		0.13				
	2013 - 04	0.12	0.12	0.11	0.12		0.12				
	2013 - 06	0.23	0.19	0.20	0.23		0.19				
	2013 - 08	0.15	0.19	0.13	0.18		0.19				
	2013 - 10	0.21	0.21	0.19	0.18		0.17				
	2013 - 12	0.19	0.18	0.17	0.17		0.17				
	2014 - 02	0.18	0.22	0.18	0.15		0.15				
	2014 - 04	0.21	0.21	0.19	0.18		0.16				
	2014 - 05	0.13	0.15	0.15	0.15		0.13				
	2014 - 06	0.17	0.16	0.15	0.14		0.15				

表 3-4　盐亭站综合气象要素观测场水分 FDR 采样地（YGAQX01CTS _ 01 _ 01）不同土层深度土壤质量含水量

时间（年-月）	10 cm	20 cm	30 cm	40 cm	60 cm
2009 - 02	0.16	0.14	0.12	0.14	0.13
2009 - 04	0.17	0.15	0.15	0.15	0.15
2009 - 06	0.22	0.19	0.20	0.19	0.17
2009 - 08	0.21	0.17	0.14	0.16	0.16
2009 - 10	0.19	0.18	0.15	0.15	0.16
2009 - 12	0.16	0.13	0.19	0.18	0.19
2010 - 02	0.13	0.10	0.12	0.11	0.11
2010 - 04	0.20	0.18	0.16	0.17	0.15
2010 - 06	0.14	0.15	0.13	0.13	0.16
2010 - 08	0.13	0.11	0.12	0.12	0.13
2010 - 10	0.23	0.19	0.19	0.19	0.20
2010 - 12	0.17	0.15	0.15	0.13	0.12
2011 - 02	0.21	0.18	0.18	0.17	0.17
2011 - 04	0.19	0.16	0.17	0.16	0.15
2011 - 06	0.15	0.13	0.14	0.16	0.15
2011 - 08	0.13	0.12	0.11	0.11	0.13
2011 - 10	0.25	0.19	0.15	0.16	0.16
2011 - 12	0.26	0.20	0.19	0.17	0.15
2012 - 02	0.29	0.19	0.18	0.18	0.17
2012 - 04	0.18	0.16	0.14	0.14	0.15
2012 - 06	0.20	0.17	0.15	0.17	0.15
2012 - 08	0.19	0.19	0.17	0.16	0.18
2012 - 10	0.21	0.19	0.26	0.16	0.16
2012 - 12	0.16	0.14	0.15	0.14	0.14
2013 - 02	0.18	0.14	0.14	0.12	0.16
2013 - 04	0.18	0.14	0.10	0.12	0.13
2013 - 06	0.25	0.20	0.19	0.17	0.17
2013 - 08	0.19	0.17	0.15	0.14	0.14
2013 - 10	0.25	0.21	0.19	0.19	0.18
2013 - 12	0.24	0.19	0.19	0.18	0.18
2014 - 02	0.22	0.20	0.19	0.15	0.17
2014 - 04	0.25	0.18	0.20	0.19	0.20
2014 - 06	0.18	0.16	0.14	0.14	0.15
2014 - 08	0.13	0.22	0.14	0.13	0.14
2014 - 10	0.16	0.16	0.15	0.15	0.14
2014 - 12	0.17	0.18	0.17	0.16	0.17
2015 - 02	0.22	0.20	0.19	0.15	0.17
2015 - 04	0.25	0.18	0.20	0.19	0.20
2015 - 06	0.18	0.16	0.14	0.14	0.15

（续）

时间（年-月）	10 cm	20 cm	30 cm	40 cm	60 cm
2015 - 08	0.13	0.22	0.14	0.13	0.14
2015 - 10	0.16	0.16	0.15	0.15	0.14
2015 - 12	0.17	0.18	0.17	0.16	0.17

3.1.3　地表水、地下水水环境

3.1.3.1　概述

本数据集包括盐亭站 2009—2015 年 4 个地表水长期监测样地：盐亭站冬水田田面水观测点（YGAZQ02CDB_01）、盐亭站集水区出口地表水观测点（YGAFZ16CDB_01）、盐亭站排水沟地表水观测点（排水沟中游）（YGAFZ15CDB_01）、盐亭站堰塘地表水观测点（苏蓉塘）（YGAFZ14CDB_01），4 个地下水观测点位：盐亭站坡耕地地下水观测点（站观测场下井）（YGAFZ10CDX_01）、盐亭站池塘地下水观测点（苏蓉家井）（YGAFZ11CDX_01）、盐亭站农林复合地下水观测点（赵兴强家井）（YGAFZ12CDX_01）、居民点旁地下水观测点（张飞井）（YGAFZ13CDX_01）。样地具体信息见 2.2.8 至 2.2.16。

3.1.3.2　数据采集和处理方法

8 个观测点位每月观测一次，采样时间为每月 20 日，采用聚乙烯采样器采集样品，现场测定 pH，样品采集后带回实验室冰箱内 4 ℃ 保存。水质指标及分析方法：钙离子（Ca^{2+}）采用离子色谱法（HJ 812—2016）分光光度法（GB/T 8538—2008）、镁离子（Mg^{2+}）采用原子吸收分光光度法（GB/T 8538—2008）、钾离子（K^+）采用原子吸收分光光度法（GB/T 8538—2008）、钠离子（Na^+）采用原子吸收分光光度法（GB/T 8538—2008）碳酸根离子（CO_3^{2-}）和碳酸氢根离子（HCO_3^-）采用酸碱滴定法（GB/T 8538—2008）、氯离子（Cl^-）采用硝酸银滴定法（GB/T 8538—2008）、硫酸根离子（SO_4^{2-}）采用硫酸钡比浊法（GB/T 8538—2008）、磷酸根离子（PO_4^{3-}）采用磷钼蓝分光光度法（GB/T 8538—1995）、硝酸根离子紫外分光光度法（GB/T 8538—2008）、矿化度质量法（SL 79—1994）、总氮（TN）采用碱性过硫酸钾消解-紫外分光光度法（GB 11894—89）、总磷（TP）采用钼酸铵分光光度法（GB 11893—89）。水质监测指标除 pH 外，其他指标的单位均为 mg/L。

3.1.3.3　数据质量控制措施

（1）数据获取过程的质量控制

按照《中国生态系统研究网络（CERN）长期观测质量管理规范》丛书《陆地生态系统水环境观测质量保证与质量控制》的相关规定执行，样品采集和运输过程增加采样和运输，实验室分析测定时插入国家标准样品进行质控；八大离子加和法、阴阳离子平衡法、电导率校核、pH 校核等方法分析数据正确性。

（2）规范原始数据记录的质控措施

原始数据记录是保证各种数据问题的溯源查询依据，要求做到：数据真实、记录规范、书写清晰、数据及辅助信息完整等。使用专用、规范印制的数据记录表和记录本，根据本站调查任务制定年度工作调查记录本，按照调查内容和时间顺序依次排列，装订、定制成本。使用铅笔或黑色碳素笔规范整齐填写，原始数据不准删除或涂改，如记录或观测有误，需将原有数据轻画横线标记，并将审核后正确数据记录在原数据旁或备注栏，并签名或盖章。

3.1.3.4　数据价值/数据使用方法和建议

本数据集提供了 4 个地表水和 4 个地下水观测点长期水质数据，对于研究地表水和地下水组成特征，以及母岩风化特征具有重要意义。

3.1.3.5　数据

地表水、地下水水环境观测数据见表 3-5、表 3-6。

表 3 - 5　盐亭站地表水水环境数据

观测点	时间(年-月)	pH	Ca²⁺/(mg/L)	Mg²⁺/(mg/L)	K⁺/(mg/L)	Na⁺/(mg/L)	CO₃²⁻/(mg/L)	HCO₃⁻/(mg/L)	Cl⁻/(mg/L)	SO₄²⁻/(mg/L)	PO₄³⁻/(mg/L)	NO₃⁻/(mg/L)	矿化度/(mg/L)	TN/(mg/L)	TP/(mg/L)
冬水田田面水观测点(YG.AZQ02CDB_01)	2009 - 01	7.9	92.4	19.3	8.8	43.2	—	355.0	29.9	57.0	0.19	3.7	408	2.77	0.20
	2009 - 05	7.3	80.5	15.9	5.4	28.8	8.2	230.6	26.3	72.8	0.38	8.8	390	1.98	0.30
	2009 - 06	7.3	78.6	14.2	5.2	30.5	39.8	247.5	22.2	31.6	0.36	5.3	328	1.19	0.83
	2009 - 07	8.5	71.9	48.8	199.4	197.3	—	1 601.1	24.2	46.7	5.84	85.4	1 930	28.74	8.12
	2009 - 08	7.6	79.1	12.4	7.0	9.8	12.0	210.0	11.5	54.8	1.20	32.7	426	9.56	1.14
	2009 - 09	7.3	71.0	15.5	8.2	21.5	—	270.0	20.5	55.7	0.80	0.8	418	1.79	0.56
	2009 - 10	7.6	105.1	20.1	4.1	26.7	—	246.4	23.2	50.6	0.07	2.8	346	1.15	0.26
	2009 - 11	7.5	56.4	15.1	5.0	27.3	—	372.8	23.4	90.0	0.14	3.6	630	2.88	0.16
	2009 - 12	7.7	50.4	16.2	5.6	29.6	—	166.1	18.2	76.9	0.08	1.0	276	1.40	0.17
	2010 - 01	7.4	58.3	18.4	3.6	20.8	—	258.7	17.5	43.4	0.04	2.3	236	0.92	0.12
	2010 - 02	7.5	73.7	25.9	3.7	18.0	—	337.1	14.2	36.6	0.02	1.6	402	1.34	0.20
	2010 - 03	8.0	85.5	20.7	4.0	28.3	—	384.2	18.6	50.7	0.74	1.3	400	2.68	0.44
	2010 - 04	7.7	61.5	16.5	1.2	13.1	—	240.9	9.3	45.7	—	1.3	320	0.30	0.06
	2010 - 05	8.0	64.8	20.7	7.1	21.9	—	303.7	30.1	45.8	0.36	13.7	424	3.85	0.53
	2010 - 06	7.2	65.1	17.5	4.3	10.4	—	265.0	15.2	42	1.25	4.9	330	2.54	0.87
	2010 - 07	7.7	60.9	6.6	3.3	3.2	—	162.4	9.7	44.1	0.35	30.8	238	6.95	0.14
	2010 - 08	8.0	29.1	62.8	3.6	24.9	28.3	270.2	42.1	65.1	0.04	3.0	330	1.44	0.08
	2010 - 09	7.4	39.6	93.2	2.8	15.1	19.2	430.5	40.4	68.7	0.05	2.6	520	1.00	0.14
	2010 - 10	7.3	29.1	42.1	4.7	19.8	24.8	297.5	57	7.1	—	3.5	353	1.14	0.1
	2010 - 11	7.4	21.8	38.5	4.7	19.8	15.3	318.2	17.3	11.1	—	0.2	247	4.97	0.15
	2010 - 12	7.7	24.4	90.4	6.0	16.2	22.3	412.6	21.0	51.8	0.19	0.7	486	10.25	1.62
	2011 - 01	7.5	60.0	19.3	18.9	17.4	13.4	286.1	18.4	43.4	0.02	1.7	303	2.56	0.56
	2011 - 02	7.6	66.4	17.6	18.9	15.3	17.7	305.4	17.6	51.9	0.02	2.9	359	1.03	0.39
	2011 - 03	7.8	47.9	20.7	4.7	12.3	18.6	261.6	8.4	29.2	0.01	2.4	271	2.04	0.16
	2011 - 04	7.2	59.8	20.4	10.3	16.2	13.3	282.2	12.3	40.2	0.02	2.5	279	0.64	0.09
	2011 - 05	6.7	60.9	13.5	12.5	20.3	28.7	208.4	20.7	59.6	0.51	5.4	310	3.71	0.91

(续)

观测点	时间 (年-月)	pH	Ca²⁺/ (mg/L)	Mg²⁺/ (mg/L)	K⁺/ (mg/L)	Na⁺/ (mg/L)	CO₃²⁻/ (mg/L)	HCO₃⁻/ (mg/L)	Cl⁻/ (mg/L)	SO₄²⁻/ (mg/L)	PO₄³⁻/ (mg/L)	NO₃⁻/ (mg/L)	矿化度/ (mg/L)	TN/ (mg/L)	TP/ (mg/L)
	2011-06	7.5	72.9	13.7	6.0	17.5	29.5	253.0	21.0	56.3	0.11	4.4	393	2.4	0.30
	2011-07	7.1	90.0	13.1	7.4	13.1	25.1	246.7	12.3	47.0	0.12	2.0	323	2.22	0.18
	2011-08		88.7	13.9	9.7	24.5	34.5	361.6	17.1	36.7	0.76	3.9	419	6.54	2.23
	2011-09		51.2	13.9	4.0	17.8	3.7	171.6	16.3	69.3	—	9.3	257	4.01	0.04
	2011-10		55.3	16.1	5.7	26.3	11.5	223.9	21.2	90.0	0.07	18.4	330	4.40	0.24
	2011-12	7.1	90.1	16.1	6.4	21.5	15.0	323.0	16.7	56.9	0.01	3.0	364	2.72	1.39
	2012-01	7.4	83.3	17.8	6.1	16.6	16.4	311.4	15.1	39.5	0.05	23.1	359	6.06	0.37
	2012-03		76.1	16.4	7.7	26.6	14.7	289.1	13.3	45.4	0.01	30.9	387	7.23	0.06
	2012-05	6.6	67.3	16.5	10.1	40.4	16.8	352.0	24.9	40.6	0.35	7.4	374	7.31	0.53
	2012-06		69.0	10.5	8.2	50.7	49.7	322.8	44.4	15.9	1.49	1.1	346	9.17	0.83
	2012-07		62.1	13.8	0.7	9.7	20.7	194.3	9.8	34.2	0.10	0.9	227	2.89	0.58
	2012-08	8.2	79.0	21.1	10.2	15.3	23.3	281.8	22.3	22.6	0.01	4.1	295	2.95	0.69
冬水田田面水观测点 (YGAZQ02CDB_01)	2012-09		83.1	13.4	5.4	12.2	15.5	297.6	23.1	30.4	0.07	3.7	291	2.27	0.43
	2012-10		79.2	16.4	4.5	11.4	10.1	329.0	15.9	38.1	0.02	2.4	346	1.78	0.60
	2012-11		70.9	21.0	8.3	14.6	7.0	317.9	25.1	31.6	0.05	0.7	332	1.58	0.37
	2013-01	7.4	85.4	18.9	15.8	25.8	12.3	356.4	25.3	37.1	—	0.1	380	7.83	0.78
	2013-02	8.0	80.5	16.2	4.2	17.4	9.5	323.4	26.2	22.7	0.01	0.4	342	1.99	0.28
	2013-03	6.9	80.5	18.8	13.8	20.8	—	409.6	22.6	24.9	0.01	0.1	355	3.90	1.32
	2013-04	8.1	36.7	16.8	2.7	21.8	10.0	250.3	23.9	21.3	0.00	0.3	303	2.42	0.49
	2013-05	8.3	53.5	14.6	3.2	16.4	19.0	252.4	24.1	14.1	0.00	0.1	330	2.52	0.50
	2013-06	7.4	26.8	11.6	4.2	15.4	—	177.5	18.8	11.2	0.04	0.5	178	7.94	1.05
	2013-07	8.3	14.9	9.6	2.9	12.2	7.3	87.4	17.1	19.7	0.21	4.5	146	3.68	0.71
	2013-09	8.6	53.6	14.4	0.4	15.7	7.3	172.7	18.3	53.4	—	2.5	255	2.10	0.17
	2013-10	8.6	38.8	15.0	3.2	14.7	3.3	143.4	21.4	26.9	0.17	36.8	254	8.74	0.14
	2013-11	8.5	80.7	15.2	3.2	14.2	—	301.9	19.3	32.9	—	37.6	351	8.82	0.26

（续）

观测点	时间（年-月）	pH	Ca²⁺/(mg/L)	Mg²⁺/(mg/L)	K⁺/(mg/L)	Na⁺/(mg/L)	CO₃²⁻/(mg/L)	HCO₃⁻/(mg/L)	Cl⁻/(mg/L)	SO₄²⁻/(mg/L)	PO₄³⁻/(mg/L)	NO₃⁻/(mg/L)	矿化度/(mg/L)	TN/(mg/L)	TP/(mg/L)
	2013 - 12	8.4	74.6	15.9	2.7	15.7	—	224.6	32.0	91.4	0.01	0.3	401	2.05	0.37
	2014 - 01	8.4	53.1	19.8	11.4	26.8	5.6	297.4	31.3	59.5	0.06	72.6	476	3.78	0.74
	2014 - 02	8.5	41.1	19.4	6.2	24.0	9.2	193.0	30.5	58.7	0.05	7.3	262	3.98	1.16
	2014 - 03	8.3	56.5	18.9	20.6	22.3	12.3	232.7	22.6	68.7	0.06	0.1	380	2.90	0.56
	2014 - 04	8.4	49.5	13.0	0.8	36.3	7.8	283.8	25.6	92.3	0.03	4.2	342	5.15	0.29
	2014 - 05	7.6	61.7	14.8	3.6	15.6	—	527.9	24.9	—	0.02	—	582	2.71	0.34
	2014 - 06	8.7	68.3	13.5	3.4	13.5	12.3	207.2	16.7	—	0.14	3.1	312	2.45	0.20
	2014 - 07	8.3	47.9	16.1	2.4	31.6	7.8	233.8	23.6	103.6	0.00	19.5	516	3.97	0.14
	2014 - 08	8.8	106.1	16.8	11.7	27.5	—	337.7	25.4	56.9	0.82	31.6	542	21.31	2.31
冬水田田面水观测点（YGAZQ02CDB_01）	2014 - 10	8.9	110.0	20.6	1.5	33.0	13.4	380.0	19.5	103.6	0.02	19.5	454	1.19	0.06
	2014 - 11	8.5					2.2	219.9			0.00		298	3.26	0.03
	2014 - 12	8.5	78.3	18.3	1.2	20.5	1.7	340.0	29.6	65.5	1.43	7.9	468	2.85	0.03
	2015 - 01	7.6	38.3	18.3	6.6	26.7	6.6	114.8	34.2	171.7	0.16	19.4	256	10.79	0.13
	2015 - 02	7.7	45.0	18.6	3.0	24.7	—	128.3	30.2	200.0	0.06	15.4	274	3.71	0.08
	2015 - 03	8.3	74.2	21.6	7.7	25.4	22.8	283.3	35.4	96.7	1.26	0.2	320	1.97	1.54
	2015 - 05	7.6	61.7	14.8	3.6	15.6	—	527.9	24.9	—	0.02	—	344	2.71	0.34
	2015 - 08	8.4	41.2	7.7	2.6	9.1	13.3	297.2	1.9	12.8	0.00	34.7	310	21.31	0.42
	2015 - 09	8.6	100.5	10.6	2.9	17.4	13.7	153.2	29.9	43.1	0.06	2.2	300	2.83	1.63
	2015 - 10	8.0	97.6	20.9	6.3	30.2	59.9	444.1	43.1	79.2	0.14	4.8	346	3.07	0.21
	2015 - 11	8.4	94.3	20.9	5.9	29.8	26.6	432.3	42.9	74.0	0.00	4.2	384	3.86	0.08
	2015 - 12	8.0	75.9	16.8	1.4	19.3	—	229.6	28.4	127.6	0.01	7.3	468	2.85	0.11
集水区出口地表水观测点（YGAFZ16CDB_01）	2009 - 01	7.6	109.9	18.2	3.3	18.7	—	351.9	19.9	66.2	0.38	3.8	394	1.82	0.29
	2009 - 05	7.6	91.2	12.9	4.8	20.6	11.7	216.8	21.4	82.4	0.23	10.0	394	2.26	0.19
	2009 - 06	7.6	84.4	13.2	3.5	24.9	37.4	240.1	17.9	44.1	0.56	2.1	432	2.66	0.38

（续）

观测点	时间(年-月)	pH	Ca²⁺/(mg/L)	Mg²⁺/(mg/L)	K⁺/(mg/L)	Na⁺/(mg/L)	CO₃²⁻/(mg/L)	HCO₃⁻/(mg/L)	Cl⁻/(mg/L)	SO₄²⁻/(mg/L)	PO₄³⁻/(mg/L)	NO₃⁻/(mg/L)	矿化度/(mg/L)	TN/(mg/L)	TP/(mg/L)
	2009-07	8.5	77.6	13.5	3.6	19.8	13.8	238.7	18.4	55.6	0.42	5.0	440	1.62	0.32
	2009-08	8.0	76.5	9.7	4.1	9.7	10.5	204.3	12.5	47.0	0.29	21.4	406	5.50	0.19
	2009-09	7.8	91.4	14.8	2.9	13.2	—	284.9	18.5	68.0	0.19	13.9	468	3.13	0.13
	2009-10	8.1	122.2	17.0	2.7	23.2	—	263.6	29.2	82.4	0.16	11.4	550	2.58	0.12
	2009-11	7.9	61.9	16.2	2.9	24.9	—	386.0	28.2	96.5	0.19	13.2	508	2.97	0.10
	2009-12	7.8	118.4	17.3	2.8	25.6	—	362.7	21.6	78.7	0.09	4.9	496	1.43	0.09
	2010-01	7.6	91.0	17.5	3.4	19.7	—	323.6	24.7	69.5	0.09	3.8	320	0.86	0.12
	2010-02	7.5	85.9	14.7	19.4	29.2	—	442.4	34.0	48.0	0.01	2.5	550	18.40	1.03
	2010-03	7.7	87.0	20.3	4.4	29.1	—	391.4	20.5	46.5	0.58	1.6	372	2.69	0.47
	2010-04	7.8	88.5	16.4	3.0	18.0	—	311.7	18.1	61.0	0.33	2.0	438	0.90	0.26
	2010-05	8.3	72.7	17.4	4.6	18.3	—	300.8	26.1	42.6	0.53	6.5	354	2.73	0.57
	2010-06	7.9	84.5	13.9	1.6	6.0	—	263.9	18.4	41.1	0.10	1.8	248	1.07	0.17
	2010-07	8.2	98.6	13.6	2.1	6.1	9.1	255.6	19.8	78.9	0.14	32.4	402	7.32	0.09
集水区出口地表水观测点 (YGAFZ16CDB_01)	2010-08	8.1	20.1	57.4	0.7	7.4	22.1	237.2	38.7	52.6	0.03	—	303	1.90	0.08
	2010-09	7.7	41.5	50.8	2.8	17.3	28.3	302.6	53.2	56.8	0.06	4.7	336	1.69	0.11
	2010-10	7.9	55.8	44.7	1.9	19.1	18.6	323.9	53.2	20.5	0.00	7.1	422	1.70	0.10
	2010-11	7.8	20.9	42.1	1.9	19.1	9.9	315.9	19.3	9.3	0.00	2.3	258	1.53	0.10
	2010-12	8.0	21.8	92.9	2.2	14.7	34.8	391.3	24.0	58.8	0.04	2.9	412	1.22	0.50
	2011-01	7.6	66.5	19.2	22.6	18.1	22.1	317.7	18.4	47.6	0.01	5.4	329	2.87	0.14
	2011-02	7.8	59.5	16.9	28.4	15.0	26.1	259.5	18.4	48.0	0.01	2.1	332	1.00	0.15
	2011-03	7.4	50.5	26.8	6.6	17.4	17.5	307.4	11.7	33.1	0.03	2.9	274	1.69	0.16
	2011-04	7.1	54.9	19.2	4.4	28.2	14.6	285.1	13.0	30.2	0.04	2.8	271	1.60	0.33
	2011-05	6.7	55.9	12.9	7.7	48.4	31.2	288.8	18.1	70.0	0.34	14.5	330	3.40	0.32
	2011-06	7.3	85.9	14.6	7.4	19.6	29.1	322.1	19.6	52.4	0.01	11.6	421	2.67	0.32
	2011-07	7.7	60.9	12.2	1.6	11.6	11.0	192.6	13.2	46.1	0.01	5.7	258	1.35	0.07

（续）

观测点	时间（年-月）	pH	Ca²⁺/(mg/L)	Mg²⁺/(mg/L)	K⁺/(mg/L)	Na⁺/(mg/L)	CO₃²⁻/(mg/L)	HCO₃⁻/(mg/L)	Cl⁻/(mg/L)	SO₄²⁻/(mg/L)	PO₄³⁻/(mg/L)	NO₃⁻/(mg/L)	矿化度/(mg/L)	TN/(mg/L)	TP/(mg/L)
	2011-08		108.9	12.8	1.1	13.6	5.4	305.5	20.3	67.6	0.01	5.2	365	1.37	0.14
	2011-09		72.9	14.5	1.9	14.2	6.8	203.6	17.3	63.3		11.4	260	2.65	0.56
	2011-10		48.6	15.4	2.1	20.0	4.3	160.0	22.4	68.1	0.05	11.7	231	2.69	0.09
	2011-12	7.8	114.5	14.3	1.7	16.8	7.6	339.8	21.9	72.6	0.07	8.0	418	2.74	0.11
	2012-01	7.9	72.9	15.9	1.8	15.0	9.8	212.1	21.9	72.3	0.02	10.1	304	2.29	0.11
	2012-03		97.6	15.6	2.9	17.4	9.8	339.4	24.4	49.6	0.07	3.7	413	2.62	0.02
	2012-05	7.6	40.2	6.9	4.3	17.0	8.5	74.2	23.8	82.0	—	0.8	213	3.02	0.26
	2012-06		28.8	27.2	1.1	12.6	12.9	133.8	16.3	59.8	0.26	5.0	242	1.84	0.45
	2012-07		37.3	16.6	0.7	10.1	23.8	94.3	13.0	50.2	0.03	0.5	195	2.58	0.35
	2012-08	8.2	50.9	11.4	12.1	11.8	11.5	191.9	14.3	40.8	0.01	3.6	228	4.16	0.23
	2012-09		82.9	15.5	2.0	15.4	5.6	292.6	18.0	57.1	0.01	5.6	313	2.59	0.24
集水区出口地表水观测点（YGAFZ16CDB_01）	2012-10		94.7	15.7	2.0	9.8	15.8	285.8	15.8	55.2	0.01	8.3	308	3.40	0.05
	2012-11		96.1	16.8	1.3	9.8	—	270.4	18.5	69.0	—	3.6	325	3.10	0.23
	2013-01	7.1	23.5	15.4	6.7	18.5	0.6	218.3	21.5	11.2	0.01	2.0	221	1.17	0.17
	2013-02	7.0	77.0	28.9	6.2	19.5	—	404.4	24.8	23.4	—	0.1	430	5.57	0.74
	2013-03	8.6	33.9	14.1	5.2	33.9	16.7	253.7	18.1	51.6	0.02	0.1	346	1.30	0.21
	2013-04	7.9	72.3	12.1	12.8	24.8	8.9	324.8	30.2	22.0	0.06	1.2	362	6.53	0.38
	2013-05	8.5	54.5	11.0	3.2	14.4	15.6	214.2	31.6	18.4	0.08	1.8	294	1.82	0.24
	2013-06	7.4	45.5	11.7	1.7	13.4	8.4	217.7	22.0	13.3	0.04	4.4	225	4.30	0.18
	2013-07	8.2	43.8	11.4	0.4	11.7	1.7	162.3	18.3	41.4	0.05	13.1	254	4.03	0.04
	2013-09	8.4	27.3	13.5	0.7	14.7	2.2	130.5	8.1	57.0	0.02	13.0	216	3.66	0.02
	2013-10	8.5	67.9	14.2	1.2	13.2	2.2	265.5	20.8	48.0	—	1.4	322	2.44	0.08
	2013-11	8.5	72.2	14.2	0.9	13.2	—	212.8	22.9	69.1	0.20	2.6	360	2.39	0.12
	2013-12	8.4	67.5	14.4	2.2	14.2	—	216.9	23.0	80.5	0.01	2.2	366	1.15	0.07
	2014-01	8.4	35.9	15.5	2.3	31.6	2.2	112.4	33.9	122.5	0.01	9.8	238	3.09	0.16

（续）

观测点	时间（年-月）	pH	Ca²⁺/(mg/L)	Mg²⁺/(mg/L)	K⁺/(mg/L)	Na⁺/(mg/L)	CO₃²⁻/(mg/L)	HCO₃⁻/(mg/L)	Cl⁻/(mg/L)	SO₄²⁻/(mg/L)	PO₄³⁻/(mg/L)	NO₃⁻/(mg/L)	矿化度/(mg/L)	TN/(mg/L)	TP/(mg/L)
	2014-02	8.4	34.3	15.9	2.7	21.1	2.2	135.1	32.0	83.1	0.47	4.2	208	0.99	1.17
	2014-03	8.5	36.7	19.8	21.2	25.8	32.4	326.4	30.7	114.9	0.06	2.4	650	16.72	6.21
	2014-04	8.4	37.5	14.6	3.2	21.8	6.6	189.0	30.5	46.4	2.10	6.9	238	1.53	0.13
	2014-05	8.6	61.3	12.0	4.9	12.2	3.6	191.3	17.7	—	0.24	1.2	284	1.99	0.21
	2014-06	8.6	63.5	11.3	4.1	13.0	1.1	373.5	17.1	0.1	0.08	0.7	266	1.38	0.10
	2014-07	8.4	43.4	12.5	0.5	16.2	13.4	265.6	26.5	51.1	0.10	2.3	284	1.23	0.09
	2014-08	8.5	112.9	14.8	3.5	19.1	—	296.3	26.0	44.7	—	10.1	368	4.54	0.08
	2014-09	8.4	73.8	15.5	1.8	18.0	—	255.4	35.5	72.2	0.14	19.8	338	3.84	0.07
	2014-10	8.5	106.5	16.7	1.6	16.8	5.9	315.0	17.7	45.6	0.06	1.2	390	2.27	0.12
集水区出口地表水观测点（YGAFZ16CDB_01）	2014-11	8.3	44.5	17.5	0.9	19.4	2.2	374.3	24.9	51.3	0.04	3.0	430	1.50	—
	2014-12	8.1	77.3	19.4	1.2	15.4	2.2	393.9	16.2	51.1	—	12.2	472	1.47	0.01
	2015-01	7.5	33.1	16.0	16.6	26.2	6.6	101.3	55.5	220.8	1.35	11.7	280	6.84	0.09
	2015-02	7.7	45.2	16.3	3.3	19.9	—	135.1	35.2	163.9	0.09	9.7	310	2.44	0.08
	2015-03	7.8	42.4	12.8	2.3	18.3	—	104.5	30.3	154.8	0.03	2.0	334	2.72	10.33
	2015-04	8.2	32.6	18.6	2.0	23.1	13.3	189.1	29.2	158.3	0.18	1.7	326	2.55	0.25
	2015-05	8.0	43.2	11.8	3.9	19.4	—	108.1	30.9	178.7	0.06	1.2	170	1.99	0.21
	2015-06	8.2	71.5	5.5	3.9	8.3	3.6	191.3	21.8	71.6	0.08	1.2	238	1.38	0.10
	2015-07	8.0	30.9	11.9	1.0	14.0	—	104.5	25.0	75.7	0.09	—	294	1.23	0.09
	2015-08	8.2	46.1	12.3	2.6	15.3	6.6	148.6	28.0	108.1	0.06	12.7	336	4.54	0.05
	2015-09	8.3	51.2	13.2	2.5	15.8	6.9	76.6	30.4	111.8	0.14	17.7	316	4.74	0.10
	2015-10	8.1	108.1	11.4	2.7	17.5	—	104.5	36.2	116.1	0.01	10.5	448	2.64	0.11
	2015-11	8.5	121.5	12.1	2.7	21.9	19.9	398.5	44.5	119.3	0.13	15.1	382	3.90	0.08
	2015-12	8.2	64.3	14.6	2.0	19.5	6.6	256.7	40.8	151.1	0.13	7.8	472	2.65	0.16
排水沟地表水观测点（排水沟中游）（YGAFZ15CDB_01）	2009-01	7.7	142.9	18.4	4.1	21.6	—	394.2	27.6	99.6	0.12	4.0	528	1.20	0.16
	2009-05	7.7	89.3	12.6	4.4	19.4	14.5	212.7	20.0	79.6	0.22	8.6	470	1.93	0.18

（续）

观测点	时间（年-月）	pH	Ca²⁺/(mg/L)	Mg²⁺/(mg/L)	K⁺/(mg/L)	Na⁺/(mg/L)	CO₃²⁻/(mg/L)	HCO₃⁻/(mg/L)	Cl⁻/(mg/L)	SO₄²⁻/(mg/L)	PO₄³⁻/(mg/L)	NO₃⁻/(mg/L)	矿化度/(mg/L)	TN/(mg/L)	TP/(mg/L)
	2009-06	7.6	87.4	12.8	2.2	20.2	31.1	230.8	15.6	54.1	0.29	2.0	502	0.81	0.18
	2009-07	8.5	70.5	13.0	2.6	17.8	6.8	218.9	16.4	54.8	0.28	3.3	432	0.92	0.16
	2009-08	8.1	92.0	12.0	4.6	13.6	15.6	237.6	19.8	61.4	0.25	28.5	440	6.88	0.17
	2009-09	8.2	90.2	15.2	2.8	13.9			19.6	69.0	0.21	16.4		3.70	0.13
	2009-10	8.0	120.4	17.2	2.8	25.6	—	375.0	28.7	86.3	0.12	10.1	522	2.28	0.10
	2009-11	7.9	82.8	16.8	5.4	23.5	—	379.8	32.5	104.1	0.39	19.0	458	5.62	0.27
	2009-12	7.8	124.4	17.9	1.7	23.8	—	381.6	21.9	82.9	0.03	3.4	510	0.86	0.02
	2010-01	7.7	133.6	16.5	1.6	16.5	—	420.4	28.5	102.4	0.05	3.6	468	0.82	0.04
	2010-02	7.8	129.9	19.0	3.3	19.0	—	406.2	28.8	108.6	—	2.7	556	1.23	0.10
	2010-03	7.7	150.3	21.0	5.6	29.1	—	185.3	33.1	405.3	0.08	1.3	692	0.88	0.09
	2010-04	7.8	102.8	15.7	3.0	18.4	—	369.7	23.9	85.8	—	1.4	418	0.31	0.08
排水沟地表水观测点（排水沟中游）（YGAFZ15CDB_01）	2010-05	8.2	119.3	17.7	3.9	15.5	23.3	340.7	24.0	130.3	0.21	2.8	530	0.64	0.26
	2010-06	7.9	86.2	14.5	1.5	5.8	—	262.2	16.2	55.4	0.23	2.7	338	0.90	0.16
	2010-07	8.1	97.3	14.2	2.3	7.6	6.8	256.9	22.4	85.3	0.15	34.6	420	7.81	0.09
	2010-08				1.6	14.4	—				0.03	8.8		1.85	0.09
	2010-09	7.5	52.4	44.8	3.8	18.7	18.0	326.6	54.5	87.8	0.08	3.8	353	1.79	0.19
	2010-10	8.0	23.2	43.2	1.9	19.8	23.3	311.9	40.4	16.1	—	7.7	368	1.83	0.14
	2010-11	8.0	21.6	95.5	1.9	19.8	—	317.0	20.3	9.3	—	0.6	235	0.24	0.02
	2010-12	8.1	58.8	16.9	0.2	15.5	16.1	411.1	23.8	79.1	0.02	1.0	398	0.81	2.91
	2011-01	8.0	68.3	15.8	7.5	15.5	13.7	210.4	21.2	67.1	0.04	1.4	279	0.35	0.01
	2011-02	8.2	76.2	28.1	14.2	14.0	13.7	240.8	20.4	63.5	0.07	0.4	272	0.30	0.05
	2011-03	8.0	46.5	18.0	3.8	16.3	3.3	256.2	21.5	96.9	0.04	0.9	326	0.79	0.05
	2011-04	7.4	54.9	15.6	2.1	14.6	12.6	137.8	22.7	60.7	0.06	1.8	239	0.67	0.06
	2011-05	7.6			3.2	30.3	17.0	190.9	16.9	97.0	0.04	4.4	363	1.65	0.18
	2011-06	7.7	68.7	12.4	4.5	12.7	23.0	215.2	18.8	53.3	—	8.1	368	3.72	0.08

（续）

观测点	时间 （年-月）	pH	Ca²⁺ (mg/L)	Mg²⁺ (mg/L)	K⁺ (mg/L)	Na⁺ (mg/L)	CO₃²⁻ (mg/L)	HCO₃⁻ (mg/L)	Cl⁻ (mg/L)	SO₄²⁻ (mg/L)	PO₄³⁻ (mg/L)	NO₃⁻ (mg/L)	矿化度 (mg/L)	TN (mg/L)	TP (mg/L)
	2011-07	7.6	74.4	12.1	1.2	11.2	11.0	208.9	12.7	43.7	—	5.7	244	1.46	0.03
	2011-08		123.1	14.7	0.5	13.4	7.9	358.1	20.8	67.0	0.01	2.6	437	0.67	0.14
	2011-09		44.0	16.4	1.9	20.8	—	158.4	22.4	77.4	—	8.8	255	5.54	0.06
	2011-10		52.5	16.1	2.7	18.2	4.3	135.1	26.1	77.3	0.04	21.8	273	4.99	0.10
	2011-12	7.8	102.9	14.5	2.2	18.1	6.4	293.2	23.4	78.2	0.03	7.9	390	2.19	0.15
	2012-01	8.1	68.4	15.5	0.6	13.0	5.2	201.4	19.0	64.1	0.01	2.4	332	1.16	0.06
	2012-05	7.7	35.3	15.5	1.1	14.2	—	113.7	18.8	79.2	0.04	7.5	191	4.83	0.29
	2012-06		42.5	16.9	0.9	13.0	7.3	141.1	16.3	53.8	—	6.0	188	1.48	0.36
	2012-07		40.9	16.9	0.4	12.2	18.6	141.1	13.7	50.4	0.25	8.8	247	3.90	0.11
	2012-08	8.1	50.9	12.4	0.6	10.4	2.8	198.0	13.4	40.4	0.03	3.2	266	3.50	0.19
	2012-09		73.4	17.0	2.0	18.0	15.5	254.7	22.5	74.9	—	8.4	337	4.39	0.50
	2012-10		94.7	15.7	1.3	13.8	10.3	261.1	23.3	59.4	—	7.2	313	3.29	0.04
	2012-11		154.2	17.2	0.6	9.8	—	436.3	23.3	72.7	—	2.0	428	1.99	0.26
排水沟地表水观测点 （排水沟中游） （YGAFZ15CDB_01）	2013-01	7.4	39.3	13.9	1.7	23.8	55.8	143.3	25.8	27.8	—	5.0	302	1.47	0.06
	2013-02	8.2	62.9	12.9	1.7	15.9	11.2	233.3	26.0	37.9	—	0.4	308	2.26	0.22
	2013-03	8.4	81.4	15.0	8.2	31.9	10.9	168.0	39.6	151.2	0.01	6.0	503	4.44	0.2
	2013-05	8.3	48.3	11.9	2.7	14.4	7.8	197.0	32.9	31.4	—	0.2	238	1.22	0.32
	2013-06	7.3	37.7	12.2	0.7	13.4	5.6	167.1	21.9	17.7	—	7.2	214	4.51	0.11
	2013-07	8.4	40.7	12.2	0.2	12.2	1.7	136.2	18.9	46.2	0.01	14.5	226	4.62	0.02
	2013-09	8.3	27.7	13.2	0.4	15.2	1.1	148.3	8.4	45.6	0.01	15.7	192	4.37	—
	2013-10	8.5	69.0	14.3	0.4	12.2	2.2	241.0	20.3	46.2	0.05	0.1	318	4.22	0.05
	2013-11	8.4	70.4	14.0	0.4	12.7	1.7	252.8	22.7	67.9	0.02	0.2	372	2.59	0.08
	2013-12	8.4	63.7	13.8	0.4	13.2	6.7	164.4	22.2	81.7	—	3.2	316	1.01	0.01
	2014-01	8.4	50.3	14.0	0.8	68.9	2.2	109.5	33.4	256.5	0.16	17.2	312	2.83	0.18
	2014-02	8.5	59.0	13.5	0.6	17.5	4.5	132.8	32.5	113.8	—	16.6	308	1.51	1.07

（续）

观测点	时间（年-月）	pH	Ca²⁺/(mg/L)	Mg²⁺/(mg/L)	K⁺/(mg/L)	Na⁺/(mg/L)	CO₃²⁻/(mg/L)	HCO₃⁻/(mg/L)	Cl⁻/(mg/L)	SO₄²⁻/(mg/L)	PO₄³⁻/(mg/L)	NO₃⁻/(mg/L)	矿化度/(mg/L)	TN/(mg/L)	TP/(mg/L)
	2014-03	8.2	45.6	21.3	0.8	17.7	4.5	202.1	24.1	78.2	—	—	348	1.03	0.30
	2014-04	8.2	46.7	12.5	0.6	35.8	—	122.5	35.8	166.0	0.05	2.1	262	1.22	0.16
	2014-05	8.6	57.6	10.7	5.6	10.9	5.9	182.8	12.9	—	—	1.2	288	1.69	0.26
	2014-06	8.6	55.6	10.1	4.2	12.1	6.1	181.6	16.1	—	0.06	0.1	238	1.12	0.05
	2014-07	8.3	49.3	12.6	0.8	19.7	12.0	265.1	27.3	62.3	0.01	1.7	242	1.21	0.08
	2014-08	8.4	100.6	14.2	1.1	16.6	1.1	357.6	24.3	46.2	0.14	1.6	342	0.96	0.07
	2014-09	8.4	57.2	13	0.8	14.4	—	227.6	25.9	58.8	0.06	13.0	274	2.86	0.12
	2014-10	8.4	100.4	15.5	1.9	17.1	5.6	296.3	26.8	54.8	—	—	390	3.82	0.06
排水沟地表水观测点（排水沟中游）（YGAFZ15CDB_01）	2014-11	8.3	53.5	13.3	0.7	17.2	3.3	329.2	31.9	76.2	0.01	3.3	384	1.92	—
	2014-12	8.4	93.4	18.4	1.7	22.5	2.2	305.4	30.1	70.2	0.01	15.2	484	0.40	—
	2015-01	7.4	48.5	16.3	2.3	25.3	—	87.8	42.1	260.3	0.05		342	—	0.11
	2015-02	7.6	45.6	14.9	1.4	22.6	—	114.8	45.8	201.2	—	2.4	340	1.37	0.25
	2015-03	7.7	43.8	13.2	3.2	19.4	—	69.7	41.8	164.8	0.11	0.3	414	0.87	—
	2015-07	7.9	28.1	19.5	0.9	41.2	—	95.8	27.5	92.5	—		364	2.71	0.12
	2015-08	8.1	46.1	12.0	2.2	14.4	—	148.6	25.4	104.9	0.03		310	—	0.14
	2015-09	8.4	57.3	14.6	2.5	21.6	6.9	125.4	32.8	142.8	0.01	25.9	386	6.60	0.10
	2015-10	8.3	63.9	13.9	2.0	16.6	—	252.5	33.1	126.5	—	12.4	410	3.07	0.11
	2015-11	8.0	75.0	14.4	2.2	22.0	—	378.2	48.5	129.3	0.14	17.8	416	4.31	0.35
	2015-12	8.5	116.9	12.0	4.4	33.7	3.3	303.9	61.0	153.0	0.02	30.9	484	8.43	0.10
堰塘地表水观测点（苏蓉塘）（YGAFZ14CDB_01）	2009-01	8.0	79.6	16.4	2.7	13.9	—	243.3	17.4	75.1	0.04	5.6	336	1.51	0.20
	2009-05	7.6	58.1	14.4	4.3	23.1	6.6	169.4	21.5	62.7	0.07	4.4	274	0.99	0.16
	2009-06	7.6	63.5	12.5	3.5	20.3	16.4	166.3	16.3	55.5	0.06	2.0	332	0.86	0.16
	2009-07	8.2	52.0	11.8	2.9	18.3	7.0	164.2	14.7	43.3	—	0.8	302	1.64	0.16
	2009-08	8.2	71.9	12.9	3.1	10.7	13.9	201.6	14.5	62.5	0.04	16.5	430	4.52	0.07
	2009-09	7.7	75.0	13.2	2.2	10.1	—	227.0	12.2	62.1	0.07	16.8	420	4.29	

（续）

观测点	时间（年-月）	pH	Ca²⁺/(mg/L)	Mg²⁺/(mg/L)	K⁺/(mg/L)	Na⁺/(mg/L)	CO₃²⁻/(mg/L)	HCO₃⁻/(mg/L)	Cl⁻/(mg/L)	SO₄²⁻/(mg/L)	PO₄³⁻/(mg/L)	NO₃⁻/(mg/L)	矿化度/(mg/L)	TN/(mg/L)	TP/(mg/L)
	2009-10	7.9	79.3	15.2	2.4	19.2	—	228.9	18.3	78.9	0.04	13.5	386	3.06	0.07
	2009-11	7.9	61.7	14.1	2.4	17.8	—	243.2	20.4	85.4	0.10	18.3	342	4.13	0.07
	2009-12	8.0	86.1	16.6	2.1	20.1	—	249.1	16.0	67.6	—	13.8	422	4.00	0.06
	2010-01	7.8	76.8	15.9	2.8	13.7	—	238.8	21.1	81.8	0.03	14.8	324	3.95	0.11
	2010-02	7.9	61.6	17.8	2.5	13.1	—	196.6	17.0	66.6	—	7.5	332	2.39	0.13
	2010-03	7.8	50.0	15.2	1.9	14.0	—	153.4	19.7	80.7	0.11	2.1	268	1.53	0.14
	2010-04	7.7	42.8	14.8	2.3	12.7	—	140.1	15.5	63.6	—	—	236	0.97	0.14
	2010-05	8.2	40.5	15.4	2.3	8.1	—	158.5	22.4	57.5	0.03	2.1	258	1.43	0.26
	2010-06	7.7	40.6	15.7	2.5	7.2	—	131.5	16.5	55.8	0.02	1.3	222	1.28	0.10
	2010-07	8.0	72.5	9.9	2.2	3.6	4.5	185.9	10.8	56.6	0.06	26.2	274	5.92	0.04
堰塘地表水观测点（苏蓉塘）（YGAFZ14CDB_01）	2010-08	8.4	22.1	48.9	1.6	10.9	7.1	189.7	41.3	91.0	0.03	5.7	294	1.83	0.10
	2010-09	7.8	40.2	64.9	1.9	13.6	10.3	322.1	42.1	49.0	—	3.2	362	1.77	0.07
	2010-10	8.2	47.4	52.0	1.9	15.1	7.7	325.4	45.1	23.8	—	1.0	340	1.22	0.06
	2010-11	7.8	22.5	50.0	1.9	15.1	8.9	290.0	18.1	28.4	—	2.1	337	2.48	0.07
	2010-12	8.4	19.5	56.6	1.2	11.7	17.2	242.9	17.2	60.8	—	2.1	305	1.05	0.06
	2011-01	8.5	53.4	16.3	7.5	12.1	13.7	179.7	17.2	56.9	—	4.7	244	1.38	0.03
	2011-02	8.3	53.3	14.9	8.9	11.2	10.1	168.7	16.3	48.8	—	4.7	266	2.25	0.04
	2011-03	8.5	52.5	12.8	4.7	11.6	9.0	163.4	10.9	48.5	0.01	2.3	212	1.28	0.08
	2011-04	7.8	37.6	19.4	4.7	17.8	11.5	194.2	16.4	50.6	0.01	2.3	235	0.93	0.11
	2011-05	6.9	39.1	14.7	4.9	12.6	2.8	156.0	15.4	62.2	0.00	15.1	218	3.48	0.17
	2011-06	8.6	42.8	12.9	5.4	16.0	9.7	119.9	17.9	60.5	0.00	16.8	204	4.57	0.01
	2011-07	8.2	56.4	13.4	4.9	12.7	7.0	148.3	15.5	66.2	0.00	13.3	250	3.38	0.03
	2011-08		78.2	12.8	2.6	11.3	11.5	205.1	14.0	62.5	0.00	15.2	325	4.27	0.11
	2011-09		31.9	13.6	2.1	11.9	—	137.6	13.0	57.7	0.05	11.8	217	3.30	0.05
	2011-10		48.0	14.5	2.1	13.1	2.7	135.7	13.8	69.3	0.03	15.3	209	3.54	0.10

（续）

观测点	时间（年-月）	pH	Ca²⁺/(mg/L)	Mg²⁺/(mg/L)	K⁺/(mg/L)	Na⁺/(mg/L)	CO₃²⁻/(mg/L)	HCO₃⁻/(mg/L)	Cl⁻/(mg/L)	SO₄²⁻/(mg/L)	PO₄³⁻/(mg/L)	NO₃⁻/(mg/L)	矿化度/(mg/L)	TN/(mg/L)	TP/(mg/L)
	2011 - 12	7.9	67.2	13.2	1.9	12.2	12.3	195.5	14.8	64.2	0.02	9.5	271	2.21	0.05
	2012 - 01	8.1	66.9	15.6	1.6	12.0	2.6	190.7	13.3	72.5	0.03	7.7	281	2.41	0.09
	2012 - 03		57.8	13.7	1.7	12.0	3.9	187.4	13.4	53.8	0.00	6.5	265	2.31	0.09
	2012 - 05	7.8	33.0	18.4	3.1	14.5	16.6	111.6	12.3	67.9	0.03	0.8	189	1.93	0.04
	2012 - 06		33.7	19.5	2.6	14.2	10.4	116.9	14.1	75.4	0.01	1.8	236	1.69	0.06
	2012 - 07		34.0	15.9	1.6	8.0	3.4	92.7	9.0	61.3	—	18.7	215	5.54	0.02
	2012 - 08	8.4	30.1	11.2	1.7	8.8	10.6	60.0	14.3	75.0	—	12.1	216	3.83	0.11
	2012 - 09		75.8	11.2	2.8	9.1	7.3	191.4	12.7	58.6	—	10.4	249	2.89	0.01
	2012 - 10		78.1	17.2	2.8	7.6	9.8	216.3	9.2	49.4	—	21.1	256	5.92	0.04
	2012 - 11		78.9	14.6	2.0	8.3	11.3	201.7	16.3	53.6	0.01	8.4	258	3.07	0.01
	2013 - 01	7.6	28.3	12.1	1.7	14.4	4.5	160.7	15.2	20.5	—	8.2	196	2.20	0.02
	2013 - 02	8.4	27.8	11.8	1.7	13.9	3.6	114.7	16.0	44.4	0.02	6.2	163	3.46	0.23
	2013 - 03	8.5	30.0	11.8	2.2	13.9	7.8	107.4	16.0	70.4	0.01	3.2	217	1.86	0.08
	2013 - 04	8.2	37.8	11.6	2.7	23.8	4.5	198.3	16.4	29.2	—	0.4	230	2.22	0.07
	2013 - 05	8.6	35.4	10.5	2.2	12.9	4.5	115.8	16.1	71.1	—	0.1	254	1.49	0.14
	2013 - 06	7.4	31.2	12.5	2.7	10.4	2.8	149.5	14.4	13.3	0.01	11.4	174	6.06	0.12
	2013 - 07	8.4	63.6	10.4	1.2	8.6	3.3	208.9	12.0	40.8	0.02	21.7	262	6.65	0.01
	2013 - 09	8.3	40.5	10.1	1.7	9.1	2.2	139.8	11.3	43.8	—	10.2	202	3.50	0.04
堰塘地表水观测点（苏蓉塘）（YGAFZ14CDB_01）	2013 - 10	8.5	68.1	11.6	1.4	10.1	—	258.6	14.5	44.4	0.02	2.0	326	3.22	0.05
	2013 - 11	8.5	60.4	11.4	1.4	10.1	—	215.8	14.7	50.4	—	0.1	306	2.76	0.06
	2013 - 12	8.5	58.5	12.5	1.4	10.7	—	218.6	15.4	50.4	0.01	7.0	310	2.30	0.03
	2014 - 01	8.4	38.3	13.9	1.4	21.9	1.7	122.6	20.9	94.3	0.11	10.6	208	2.95	0.11
	2014 - 02	8.5	43.4	14.4	2.7	15.5	2.2	119.2	21.9	80.9	0.10	8.6	146	2.17	0.62
	2014 - 03	8.4	38.1	18.6	0.7	21.8	6.4	162.3	21.2	54.3	—	35.2	218	1.54	0.17
	2014 - 04	8.5	35.5	12.4	2.9	14.7	5.9	164.6	21.2	71.8	0.20	3.7	200	1.38	0.08

（续）

观测点	时间（年-月）	pH	Ca^{2+}/(mg/L)	Mg^{2+}/(mg/L)	K^+/(mg/L)	Na^+/(mg/L)	CO_3^{2-}/(mg/L)	HCO_3^-/(mg/L)	Cl^-/(mg/L)	SO_4^{2-}/(mg/L)	PO_4^{3-}/(mg/L)	NO_3^-/(mg/L)	矿化度/(mg/L)	TN/(mg/L)	TP/(mg/L)
	2014-05	8.6	45.5	12.8	5.3	14.2	—	177.1	13.7	—	0.01	0.1	236	2.50	0.25
	2014-06	8.4	43.7	11.4	4.3	13.2	—	131.1	14.3	—	0.01	0.4	214	2.68	0.12
	2014-07	8.5	48.0	11.6	3.0	16.6	—	147.0	21.3	73.9	0.01	5.8	164	2.71	0.21
	2014-08	8.4	39.7	11.5	2.8	18.1	—	136.2	15.4	52.2	0.00	0.5	214	1.95	0.08
	2014-09	8.6	78.3	12.1	2.2	14.3	—	225.9	19.2	73.9	0.01	31.9	530	5.46	0.06
	2014-10	8.7	107.1	23.4	1.1	24.8	3.9	224.8	20.9	94.3	0.01	10.6	366	5.23	0.04
	2014-11	8.4	50.7	12.6	1.4	13.2	—	240.7	21.2	70.3	—	18.3	352	5.16	0.05
	2014-12	8.5	86.2	18.5	1.7	19.8	2.2	223.6	29.9	61.9	0.21	13.0	328	1.37	0.01
	2015-01	7.5	35.1	13.7	3.6	22.6	6.6	82.4	22.3	269.9	0.01	10.7	298	3.36	0.02
堰塘地表水观测点（苏蓉塘）（YGAFZ14CDB_01）	2015-02	7.5	34.8	13.9	2.9	18.0	—	114.8	25.1	162.8	0.04	10.9	280	3.37	0.08
	2015-03	7.9	33.9	13.2	2.3	14.7	—	120.7	19.8	134.0	0.16	2.6	442	1.89	0.11
	2015-04	8.0	68.7	15.4	3.8	22.3	—	81.0	37.3	97.8	0.06	1.2	140	2.89	0.08
	2015-05	8.1	42.3	10.0	3.7	23.1	—	95.9	38.2	134.0	0.01	—	172	2.50	0.25
	2015-06	8.1	48.8	5.8	2.6	9.9	—	177.1	13.1	93.5	0.01	—	242	2.68	0.12
	2015-07	8.2	33.4	11.1	3.0	12.7	—	69.7	20.2	124.5	0.19	—	180	—	0.21
	2015-08	8.0	44.6	8.1	2.6	9.7	—	155.3	12.5	82.2	0.12	0.8	218	1.95	0.09
	2015-09	8.4	78.5	9.3	2.0	11.8	—	153.2	15.2	108.7	0.11	19.9	376	5.23	0.13
	2015-10	8.5	61.5	12.1	1.4	12.3	17.1	139.3	16.7	114.3	0.20	16.4	292	4.00	0.07
	2015-11	8.5	63.4	12.6	2.0	16.2	—	222.9	18.0	138.5	—	10.7	320	2.62	0.07
	2015-12	8.1	58.4	12.8	1.7	12.5	—	155.3	18.2	122.1	0.05	8.0	328	3.24	0.13

表 3-6 盐亭站地下水水环境数据

观测点	时间（年-月）	pH	Ca²⁺/(mg/L)	Mg²⁺/(mg/L)	K⁺/(mg/L)	Na⁺/(mg/L)	CO₃⁻/(mg/L)	HCO₃⁻/(mg/L)	Cl⁻/(mg/L)	SO₄²⁻/(mg/L)	PO₄³⁻/(mg/L)	NO₃⁻/(mg/L)	矿化度/(mg/L)	TN/(mg/L)	TP/(mg/L)
	2009-01	7.2	153.4	18.7	1.1	36.9	—	503.5	32.5	30.5	0.03	17.7	528	4.00	0.04
	2009-05	7.0	155.1	17.9	1.6	36.8	44.2	471.2	36.9	29.3	0.08	20.0	586	4.53	0.05
	2009-06	7.1	138.8	16.8	1.7	40.0	17.6	366.9	34.2	26.6	0.12	17.8	632	4.96	0.06
	2009-07	8.1	60.6	18.0	1.5	37.6	—	464.5	47.1	28.3	0.14	26.5	598	6.41	0.13
	2009-08	7.7	118.7	18.3	1.8	39.6	19.3	441.6	38.9	23.9	0.09	23.6	616	5.33	0.07
	2009-09	7.3	155.7	20.9	1.3	44.3	—	518.3	73.9	40.6	0.12	61.2	752	13.83	0.08
	2009-10	7.5	156.6	19.6	1.5	38.1	—	528.6	78.1	38.6	0.11	54.1	704	12.22	0.08
	2009-11	7.3	44.4	19.5	1.2	38.6	—	514.8	77.9	45.2	0.15	50.3	652	11.37	0.08
	2009-12	7.4	148.2	20.3	1.2	36.8	—	516.1	50.2	28.9	0.08	30.4	670	6.87	0.04
	2010-01	7.3	145.2	18.3	1.5	36.7	—	514.6	60.4	36.2	0.05	37.1	522	8.38	0.05
	2010-02	7.4	142.5	23.2	1.4	36.6	—	513.8	51.3	31.6	—	31.7	672	7.15	0.05
居民点旁地下水观测点（张飞井）（YGAFZI3CDX_01）	2010-03	7.9	120.3	18.2	1.4	35.5	4.8	482.3	47.5	34.1	0.36	29.0	480	6.55	0.13
	2010-04	7.5	108.1	18.2	1.4	28.4	10.3	515.9	39.5	27.8	—	20.9	522	5.45	0.06
	2010-05	7.9	104.7	20.1	2.9	21.2	1.2	461.9	38.1	28.6	0.04	22.9	518	5.33	0.07
	2010-06	7.0	146.9	19.3	1.0	19.0	10.6	520.3	7.5	60.8	0.07	19.9	572	5.25	0.03
	2010-07	7.7	93.4	18.6	1.2	25.4	4.8	289.6	71.7	43.7	0.05	44.8	414	13.62	0.04
	2010-08	7.0	35.6	48.2	0.7	29.6	10.3	316.1	87.7	34.0	—	35.8	357	9.41	0.03
	2010-09	6.9	43.6	47.5	1.9	29.0	1.2	321.5	75.4	43.1	0.02	47.5	486	11.23	0.03
	2010-10	7.0	56.4	67.8	1.9	33.5	10.6	373.5	89.0	45.9	—	46.5	595	11.03	0.01
	2010-11	8.1	58.8	66.2	0.9	24.1	—	400.1	65.5	42.2	—	44.3	420	11.09	0.03
	2010-12	7.1	25.4	79.7	—	23.5	—	501.7	44.9	27.4	—	28.9	383	9.28	0.03
	2011-01	7.0	68.6	19.5	3.8	24.5	6.4	300.9	40.6	25.5	—	27.0	312	6.60	0.02
	2011-02	7.1	64.2	18.0	9.5	22.1	1.6	306.8	39.6	24.9	—	29.2	355	6.90	0.03
	2011-03	7.1	69.2	21.9	11.8	25.2	—	307.7	36.1	20.3	—	28.9	312	6.55	0.05
	2011-04	7.0	24.8	27.1	0.2	46.8	7.6	293.7	38.6	20.2	0.02	31.5	313	7.55	0.04
	2011-05	7.3	26.2	25.7	1.3	13.8	17.0	132.9	37.3	37.3	0.01	27.3	226	6.18	0.02

（续）

观测点	时间（年-月）	pH	Ca^{2+}（mg/L）	Mg^{2+}（mg/L）	K^+（mg/L）	Na^+（mg/L）	CO_3^{2-}（mg/L）	HCO_3^-（mg/L）	Cl^-（mg/L）	SO_4^{2-}（mg/L）	PO_4^{3-}（mg/L）	NO_3^-（mg/L）	矿化度（mg/L）	TN（mg/L）	TP（mg/L）
	2011-06	7.3	29.5	17.2	1.3	49.5	10.2	219.2	51.9	37.5	—	32.9	346	12.04	0.01
	2011-07	7.1	59.7	21.7	1.4	47.7	8.1	277.5	57.9	32.6	—	57.2	407	13.13	0.02
	2011-08		130.1	23.0	1.3	16.6	2.8	210.3	101.3	60.8	—	113.4	509	27.87	0.09
	2011-09		62.6	24.9	1.7	77.2	2.2	250.8	124.1	65.5	—	103.6	553	26.36	0.14
	2011-10		56.5	20.0	1.1	54.2	1.6	238.6	99.1	50.5	—	91.8	453	20.75	0.03
	2011-12	7.0	123.7	17.9	1.0	34.3	2.5	339.8	66.9	39.0	0.09	81.9	532	23.11	0.09
	2012-01	7.2	55.5	18.7	1.0	31.3	7.9	253.4	62.0	27.7	0.04	51.6	372	14.30	0.05
	2012-03		142.1	18.1	0.8	31.3	1.6	473.5	54.4	31.5	0.01	47.7	504	11.08	0.16
	2012-05	6.9	30.7	16.1	0.9	30.7	14.2	123.2	45.5	41.7	—	40.0	284	10.30	0.03
	2012-06		44.1	21.8	0.7	32.2	12.4	182.2	53.4	33.4	—	37.7	337	9.80	0.27
居民点旁地下水观测点（张飞井）（YGAFZ13CDX_01）	2012-07		36.3	9.1	0.2	103.4	17.6	210.6	112.3	72.0	0.02	89.3	598	21.27	0.08
	2012-08	8.3	141.1	3.1	0.9	51.6	—	454.0	72.4	36.6	0.04	78.3	526	21.66	0.07
	2012-09	8.4	96.3	22.8	0.6	28.0	4.9	294.0	69.5	44.8	0.02	99.0	534	22.36	0.02
	2012-10	8.2	110.6	13.2	0.6	24.2	1.4	331.2	68.3	45.0	—	48.7	405	18.47	0.03
	2012-11		113.2	22.4	0.6	19.7	—	327.2	60.5	37.1	—	36.8	406	16.41	0.37
	2013-01	7.4	30.7	18.7	0.7	33.9	4.7	168.9	63.6	8.3	0.02	55.4	308	12.66	0.04
	2013-02	8.3	26.4	18.3	0.2	29.9	6.7	96.5	59.9	24.2	—	55.3	311	14.33	0.26
	2013-03	8.4	23.6	17.2	0.7	31.6	1.1	102.1	56.5	37.2	0.01	47.9	254	12.40	0.04
	2013-05	8.2	27.3	16.5	0.7	28.8	6.7	161.9	47.4	9.7	—	36.2	305	9.71	0.36
	2013-06	6.8	33.4	17.3	1.2	29.9	—	196.8	48.6	6.1	0.02	43.9	333	12.43	0.09
	2013-07	8.2	34.8	7.6	0.2	31.7	—	64.7	71.1	78.1	—	39.9	336	18.31	0.02
	2013-09	8.2	38.2	19.0	0.4	34.5	—	104.4	79.9	69.1	0.01	79.9	417	20.06	0.03
	2013-10	8.4	51.6	19.6	0.4	30.4	—	153.2	80.3	33.5	0.02	75.0	410	26.06	0.16
	2013-11	8.4	53.5	18.5	0.7	27.4	—	193.0	72.7	29.9	0.01	58.8	367	18.54	0.05
	2013-12	8.2	77.1	19.0	0.4	26.4	—	242.2	61.4	28.1	0.01	58.4	379	14.45	—

（续）

观测点	时间（年-月）	pH	Ca²⁺/(mg/L)	Mg²⁺/(mg/L)	K⁺/(mg/L)	Na⁺/(mg/L)	CO₃²⁻/(mg/L)	HCO₃⁻/(mg/L)	Cl⁻/(mg/L)	SO₄²⁻/(mg/L)	PO₄³⁻/(mg/L)	NO₃⁻/(mg/L)	矿化度/(mg/L)	TN/(mg/L)	TP/(mg/L)
居民点旁地下水观测点（张飞井）(YGAFZ13CDX_01)	2014-01	8.3	34.3	20.2	0.9	40.6	1.1	101.3	81.9	56.3	0.46	82.4	346	14.94	0.21
	2014-02	8.4	37.4	20.9	0.8	40.4	2.2	99.9	83.6	50.6	—	87.5	350	13.80	0.46
	2014-03	8.4	3.2	—	1.7	36.1	2.2	144.2	56.2	31.7	—	59.9	372	13.80	0.18
	2014-04	8.4	34.2	20.2	0.7	59.6	2.1	112.4	70.9	106.2	0.02	69.5	328	11.68	0.06
	2014-05	8.3	81.1	20.6	3.2	33.0	1.7	141.0	46.7	—	0.04	46.7	352	11.93	0.09
	2014-06	8.0	86.7	22.2	3.8	35.9	—	416.6	44.8	0.1	0.09	39.2	578	10.1	0.04
	2014-07	8.3	30.2	21.8	0.8	34.9	2.2	224.8	61.5	36.4	—	53.8	338	8.85	0.08
	2014-08	8.5	136.1	21.6	0.6	39.5	—	171.4	42.8	29.6	—	39.9	316	9.24	0.02
	2014-09	7.9	90.8	20.1	0.6	35.8	—	533.5	60.2	40.1	—	63.8	534	10.43	0.01
	2014-10	8.5	70.0	12.5	2.6	12.5	—	174.3	60.2	40.1	—	63.8	332	9.50	0.01
	2014-11	8.3	74.6	20.1	1.8	33.8	—	437.0	73.1	42.7	—	83.2	532	14.54	0.01
	2014-12	7.9	70.9	17.6	1.5	18.8	1.1	518.2	27.4	58.9	0.01	9.1	640	3.86	—
	2015-01	7.7	45.2	15.1	2.3	42.5	6.6	94.6	50.0	238.5	0.11	45.2	194	10.56	0.00
	2015-02	7.7	33.6	18.3	1.7	35.7	—	121.6	58.9	105.9	0.00	47.6	224	10.82	0.17
	2015-03	7.9	29.4	16.7	2.8	29.9	1.4	82.2	50.4	69.6	0.05	42.7	240	11.27	—
	2015-04	8.0	37.0	12.5	1.3	17.4	—	101.3	20.2	185.1	—	38.0	156	10.70	0.01
	2015-05	7.9	39.4	17.0	2.4	28.3	—	101.3	42.7	167.6	—	49.8	270	11.93	0.09
	2015-06	7.9	32.0	12.0	1.9	18.7	1.7	141.0	32.4	104.2	0.05	39.3	172	10.10	0.04
	2015-07	8.2	31.4	20.7	1.4	34.6	17.1	87.1	58.8	58.7	0.01	34.7	214	8.85	0.08
	2015-08	8.1	44.1	14.8	1.9	50.1	—	87.8	57.7	128.3	—	39.4	128	9.24	0.04
	2015-09	8.2	57.1	15.0	1.3	40.6	—	125.4	63.9	88.1	—	57.6	392	13.27	0.09
	2015-10	7.8	109.0	12.0	2.6	20.1	—	156.7	39.3	110.1	0.04	50.4	308	12.72	0.08
	2015-11	7.8	63.8	18.2	0.8	34.9	—	351.2	62.4	70.8	0.03	46.6	356	11.80	—
	2015-12	7.5	52.4	17.6	0.8	33.8	—	263.4	58.3	74.1	0.02	42.4	640	10.47	0.09

（续）

观测点	时间 （年-月）	pH	Ca^{2+}/ (mg/L)	Mg^{2+}/ (mg/L)	K^{+}/ (mg/L)	Na^{+}/ (mg/L)	CO_3^{2-}/ (mg/L)	HCO_3^{-}/ (mg/L)	Cl^{-}/ (mg/L)	SO_4^{2-}/ (mg/L)	PO_4^{3-}/ (mg/L)	NO_3^{-}/ (mg/L)	矿化度/ (mg/L)	TN/ (mg/L)	TP/ (mg/L)
	2009 - 01	7.7	102.7	20.8	1.4	17.7	—	336.5	18.6	57.4	—	28.1	390	6.36	0.02
	2009 - 05	7.8	92.8	18.9	1.9	25.6	19.2	266.5	26.6	62.5	0.04	30.7	456	6.94	0.30
	2009 - 06	7.8	102.6	18.1	1.9	26.5	13.6	229.9	28.9	77.1	0.08	35.7	454	8.07	0.03
	2009 - 07	8.1	64.1	19.8	1.6	24.9	13.3	272.0	28.4	72.8	0.02	37.6	472	9.07	0.02
	2009 - 08	8.0	108.2	20.1	2.0	19.0	12.0	275.0	35.1	107.9	0.04	46.4	566	10.49	0.06
	2009 - 09	7.8	110.5	20.3	1.4	18.1	—	314.8	31.3	89.8	0.04	47.6	622	10.76	0.03
	2009 - 10	7.9	106.7	20.4	1.6	24.6	—	330.8	37.2	94.5	0.03	51.5	580	11.64	0.04
	2009 - 11	7.5	66.3	20.1	1.4	23.9	—	336.8	32.7	95.2	0.09	53.0	538	11.98	0.03
	2009 - 12	7.8	107.3	21.7	1.7	24.8	—	327.3	23.9	67.9	0.05	39.8	560	9.90	0.04
	2010 - 01	7.7	103.1	20.3	1.5	17.7	—	330.1	27.7	76.9	0.02	45.4	424	10.25	0.05
	2010 - 02	7.8	94.6	25.0	1.8	17.3	—	326.2	20.8	61.0	—	31.3	470	7.07	0.05
	2010 - 03	7.8	93.0	19.3	1.6	23.7	—	327.9	21.1	62.9	0.07	30.3	316	6.84	0.02
	2010 - 04	7.7	85.2	19.9	1.5	16.5	—	328.6	17.6	52.1	—	24.5	402	5.54	0.02
	2010 - 05	8.0	79.9	21.8	1.9	15.1	—	322.6	23.2	58.8	0.04	31.9	374	7.93	0.07
	2010 - 06	7.8	112.3	24.5	1.7	9.9	—	311.4	34.0	71.9	0.03	44.6	410	10.07	0.01
	2010 - 07	8.0	106.9	21.3	1.2	15.8	20.6	248.9	38.2	136.7	0.04	41.1	474	9.29	0.02
池塘地下水观测点（苏蓉家井）（YGAFZ11CDX_01）	2010 - 08	8.2		62.9	0.7	18.3	8.6	171.7	65.6	40.1	0.01	42.3	183	10.22	0.01
	2010 - 09	7.8	34.1	51.7	1.9	19.5	7.4	272.0	59.2	43.4	—	45.9	388	10.52	—
	2010 - 10	7.6	56.6	51.1	0.9	23.4	5.9	343.1	57.5	42.4	—	35.7	465	8.49	0.03
	2010 - 11	7.8	28.8	71.3	1.9	24.1	11.8	282.4	28.7	40.8	—	36.5	297	9.59	0.05
	2010 - 12	7.6	28.3	21.8	0.2	18.5	18.1	280.7	31.2	62.7	—	38.7	344	10.00	0.12
	2011 - 01	7.5	48.3	19.9	7.5	17.4	9.4	222.5	29.7	56.5	—	31.5	313	8.94	0.02
	2011 - 02	7.5	55.5	32.4	9.5	16.7	8.0	196.3	25.5	52.7	—	35.0	310	8.12	0.01
	2011 - 03	7.5	38.8	22.8	1.9	17.4	8.2	265.4	19.5	48.7	0.01	34.9	291	8.09	0.03
	2011 - 04	7.6	45.8		0.2	25.0	21.4	160.5	26.3	40.6	0.02	49.8	272	11.26	0.04

（续）

观测点	时间 (年-月)	pH	Ca²⁺/ (mg/L)	Mg²⁺/ (mg/L)	K⁺/ (mg/L)	Na⁺/ (mg/L)	CO_3^{2-}/ (mg/L)	HCO_3^-/ (mg/L)	Cl^-/ (mg/L)	SO_4^{2-}/ (mg/L)	PO_4^{3-}/ (mg/L)	NO_3^-/ (mg/L)	矿化度/ (mg/L)	TN/ (mg/L)	TP/ (mg/L)
	2011-05	7.7	54.2	19.3	1.1	20.4	9.9	161.0	30.3	68.4	—	41.8	337	9.65	0.10
	2011-06	7.7	57.1	19.7	1.4	22.2	9.9	160.3	37.3	61.8	—	39.0	294	13.10	—
	2011-07	7.7	86.0	22.7	1.1	17.9	6.0	195.4	39.6	84.4	—	51.8	362	12.37	—
	2011-08		93.2	18.9	1.2	15.0	4.5	182.7	33.6	96.2	—	50.4	349	12.65	0.09
	2011-09		52.7	20.4	3.1	22.6	—	105.7	42.0	95.3	—	51.4	344	11.97	0.15
	2011-10		50.3	19.4	0.8	21.0	—	117.1	33.2	79.3	0.03	52.4	304	11.93	0.03
	2011-12	7.4	88.6	17.8	1.0	18.1	12.3	265.4	30.4	70.9	0.01	46.7	358	10.93	0.02
	2012-01	8.1	64.3	17.8	0.8	22.0	17.6	232.1	31.7	62.3	0.05	37.3	363	10.6	0.06
	2012-03	7.6	86.4	18.7	0.8	17.1	13.8	283.7	26.8	66.9	0.01	38.7	391	9.80	0.05
	2012-05		63.7	26.4	1.1	26.9	5.7	243.8	45.1	109.1	0.04	37.5	408	10.44	0.05
	2012-06		57.2	17.6	1.1	32.2	5.2	190.4	46.2	98.0	0.02	51.5	449	13.68	0.06
池塘地下水观测点（苏蓉家井） (YGAFZ11CDX_01)	2012-07		66.4	12.3	1.1	26.5	22.0	190.1	26.7	95.2	0.00	42.5	382	11.39	0.03
	2012-08	8.3	74.7	37.2	0.9	19.8	1.3	312.0	30.4	72.1	0.01	40.0	417	9.29	0.12
	2012-09	8.3	93.9	22.1	0.6	15.4	3.8	254.8	27.4	76.9	0.00	26.3	364	10.59	0.01
	2012-10	8.1	96.1	10.1	0.6	13.0	2.1	262.1	24.6	76.4	0.00	24.1	365	10.31	1.02
	2012-11	8.1	101.2	11.6	0.6	13.0	5.6	244.9	23.9	68.2	0.01	22.5	317	11.18	0.55
	2013-01	7.4	32.5	17.3	0.7	29.9	4.5	149	27.6	80.5	—	31.3	359	7.21	0.04
	2013-02	8.1	28.2	17.5	1.2	17.4	3.3	103.3	25.7	60.3	0.01	28.9	246	7.89	0.20
	2013-03	8.3	27.5	17.4	1.2	35.9	3.3	132.8	23.3	120.2	0.00	27.7	350	7.57	0.03
	2013-04	8.1	33.4	17.2	0.7	17.4	2.8	107.3	27.1	61.7	—	42.4	262	9.79	1.17
	2013-05	8.1	37.9	17.3	0.7	18	7.3	144.7	34.1	20.5	—	41.0	303	9.28	0.06
	2013-06	6.7	43.2	19.0	0.2	18.5	22.3	113.3	37.5	21.3	0.01	52.3	286	13.76	0.06
	2013-07	8.2	86.0	18.0	0.2	15.2	1.7	204.2	34.6	73.3	0.01	62.0	400	14.44	0.02
	2013-09	8.3	41.6	18.6	0.2	15.7	—	107.3	31.6	78.7	—	66.7	318	15.17	0.03
	2013-10	8.3	63.8	19.0	0.2	15.7	—	152.9	41.5	66.1	0.01	50.1	357	14.54	0.05

（续）

观测点	时间 （年 - 月）	pH	Ca²⁺/ (mg/L)	Mg²⁺/ (mg/L)	K⁺/ (mg/L)	Na⁺/ (mg/L)	CO₃²⁻/ (mg/L)	HCO₃⁻/ (mg/L)	Cl⁻/ (mg/L)	SO₄²⁻/ (mg/L)	PO₄³⁻/ (mg/L)	NO₃⁻/ (mg/L)	矿化度/ (mg/L)	TN/ (mg/L)	TP/ (mg/L)
	2013 - 11	8.4	77.6	20.1	0.4	15.7	1.1	246.8	30.4	64.3	—	50.4	425	11.47	0.02
	2013 - 12	8.4	71.4	19.3	0.2	15.2	—	248.5	29.6	64.9	0.01	42.6	401	10.24	0.14
	2014 - 01	8.4	33.8	20.4	1.1	31.8	—	120.9	35.0	105.3	0.91	45.5	266	8.97	0.05
	2014 - 02	8.4	33.0	20.5	0.7	31.1	2.2	128.3	32.2	104.5	0.37	43.2	244	6.98	1.12
	2014 - 03	8.4	28.8	28.6	3.2	24.2	2.0	117.2	19.9	41.6	0.00	41.5	252	7.20	0.10
	2014 - 04	8.5	36.1	20.8	1.0	28.7	7.8	215.6	36.8	95.7	0.00	41.3	370	7.30	0.05
	2014 - 05	8.3	60.3	21.1	4.2	20.5	—	144.2	24.8	0.0	0.06	32.1	332	9.44	0.09
	2014 - 06		44.4	21.9	3.7	23.1			29.0	0.0	0.00	33.6		7.75	0.04
	2014 - 07	8.1	44.9	22.5	1.0	27.3	—	238.4	51.1	102.1	0.00	55.4	424	10.28	0.05
	2014 - 08	8.5	87.9	22.8	0.9	24.6	—	138.5	34.1	68.7	0.01	34.8	344	8.36	0.00
	2014 - 09	8.3	73.6	22.2	0.4	24.7	—	224.2	56.3	101.2	0.00	72.5	420	11.93	0.01
	2014 - 10	8.1	120.9	9.4	4.8	17.3	—	373.2	19.9	41.6	0.08	41.5	510	13.13	0.01
	2014 - 11	8.3	65.4	20.0	0.7	22.1	—	240.1	46.9	95.1	0.00	68.1	454	12.63	0.01
	2014 - 12	8.3	1.8	—	4.7	1.7	—	286.1	11.2	50.7	0.08	29.6	582	3.72	0.00
池塘地下水观测点（苏蓉家井） （YGAFZ11CDX_01）	2015 - 01	7.6	48.9	18.6	2.2	24.3	3.3	121.6	31.5	190.5	0.00	35.7	262	8.44	0.03
	2015 - 02	7.7	31.2	16.6	2.0	29.2	—	87.8	44.7	94.0	0.00	31.7	268	7.72	0.05
	2015 - 03	7.6	66.9	14.8	8.7	63.4	11.4	46.4	35.1	452.9	0.00	21.6	334	5.48	0.13
	2015 - 04	8.1	44.8	14.3	2.3	18.8	6.6	74.3	26.9	163.3	0.00	43.3	222	10.90	0.02
	2015 - 05	8.1	39.5	15.2	4.2	72.3	—	87.8	49.0	390.5	0.06	36.7	290	9.44	0.09
	2015 - 06	7.9	45.8	16.5	2.1	52.2	—	144.2	39.4	284.2	0.00	32.9	242	7.75	0.04
	2015 - 07	8.2	42.5	20.3	1.2	24.3	—	69.7	46.9	170.5	0.12	37.9	208	10.28	0.05
	2015 - 08	8.1	67.4	6.3	2.6	9.1	—	141.8	10.4	150.5	0.05	34.4	286	8.36	0.04
	2015 - 09	8.2	51.7	20.5	0.7	23.0	—	153.2	52.8	179.0	0.00	56.6	322	13.14	0.01
	2015 - 10	8.2	61.2	20.1	0.8	23.4	—	52.2	45.6	170.1	0.11	49.0	430	11.42	0.05
	2015 - 11	8.0	58.7	19.5	0.8	22.8	—	256.7	41.5	163.1	0.00	47.3	506	10.71	0.01
	2015 - 12	7.8	89.2	19.2	0.8	22.8	—	270.2	39.1	158.2	0.02	39.9	582	9.67	0.15

（续）

观测点	时间 (年-月)	pH	Ca²⁺/ (mg/L)	Mg²⁺/ (mg/L)	K⁺/ (mg/L)	Na⁺/ (mg/L)	CO₃²⁻/ (mg/L)	HCO₃⁻/ (mg/L)	Cl⁻/ (mg/L)	SO₄²⁻/ (mg/L)	PO₄³⁻/ (mg/L)	NO₃⁻/ (mg/L)	矿化度/ (mg/L)	TN/ (mg/L)	TP/ (mg/L)
	2009-01	8.0	140.8	13.2	1.7	13.2	—	378.5	15.8	61.9	0.06	39.9	440	9.02	0.08
	2009-05	7.4	156.5	14.0	2.1	24.8	25.3	365.0	23.5	80.6	0.13	55.4	618	12.52	0.08
	2009-07	8.1	71.1	13.5	2.1	25.6	6.6	386.0	21.2	86.8	0.04	55.4	700	12.52	0.02
	2009-08	8.0	132.1	10.1	1.9	19.6	26.8	286.2	16.4	116.4	0.17	50.9	556	11.50	0.10
	2009-09	7.7	133.9	10.1	1.0	13.9	—	330.3	19.0	102.5	0.10	35.7	562	8.06	0.07
	2009-10	7.8	145.9	10.8	2.2	21.9	—	385.1	21.8	127.4	0.19	42.7	638	9.65	0.11
	2009-11	7.8	109.8	10.6	3.1	21.0	—	378.8	21.8	131.1	0.29	42.8	578	9.68	0.15
	2009-12	7.8	141.0	12.2	1.8	20.9	—	387.0	15.1	82.6	0.21	34.7	524	8.44	0.11
	2010-01	7.8	135.0	12.4	1.9	13.3	—	392.2	19.0	84.6	0.15	48.1	444	10.86	0.12
	2010-02	7.9	130.1	15.3	1.9	13.4	—	394.8	18.4	67.9	0.09	52.2	534	11.79	0.12
	2010-03	7.8	130.2	13.6	1.8	22.4	—	394.3	20.1	75.2	0.20	59.5	414	13.45	0.11
农林复合地下水观测点 （赵兴强家井） （YGAFZ12CDX_01）	2010-04	7.8	122.2	14.1	1.7	15.9	—	389.0	18.4	71.4	0.12	55.6	510	12.57	0.08
	2010-05	7.9	103.3	14.4	1.9	12.8	—	326.1	19.0	66.1	0.13	48.3	390	13.00	0.12
	2010-06	7.5	147.3	15.7	1.3	8.4	—	391.4	20.3	75.3	0.10	62.5	466	14.13	0.07
	2010-07	8.0	98.8	17.9	0.9	12.2	17.2	254.6	18.9	113.1	0.04	26.6	340	6.49	0.02
	2010-08	7.4			1.6	16.4	7.1	272.3	41.7	32.5	0.03	35.8	243	8.68	0.02
	2010-09	7.3	20.2	66.0	1.9	17.6	6.2	329.6	26.0	51.8	0.01	31.3	410	7.40	0.05
	2010-10	7.6	37.7	64.3	0.9	19.8	6.2	297.5	49.0	50.5	0.00	30.9	457	7.37	0.01
	2010-11	7.9	15.6	60.8	0.0	16.9	10.6	299.1	17.8	50.8	0.00	31.2	302	7.93	0.06
	2010-12	8.0	16.2	102.4	0.2	10.9	22.8	395.7	17.0	56.1	0.00	41.6	374	10.36	0.08
	2011-01	7.8	58.0	11.9	3.8	14.0	1.6	176.3	15.5	47.9	0.02	34.8	276	11.06	0.35
	2011-02	7.6	52.0	19.4	9.5	14.6	4.0	205.2	16.6	57.7	0.01	57.2	351	12.93	0.02
	2011-03	7.7	66.7	17.9	1.9	15.3	5.6	209.4	11.7	54.0	0.02	40.7	303	12.60	0.05
	2011-04	7.6	54.6	17.6	0.2	17.8	7.9	178.3	16.4	50.7	0.01	61.9	383	14.09	0.04

（续）

观测点	时间(年-月)	pH	Ca²⁺/(mg/L)	Mg²⁺/(mg/L)	K⁺/(mg/L)	Na⁺/(mg/L)	CO₃²⁻/(mg/L)	HCO₃⁻/(mg/L)	Cl⁻/(mg/L)	SO₄²⁻/(mg/L)	PO₄³⁻/(mg/L)	NO₃⁻/(mg/L)	矿化度/(mg/L)	TN/(mg/L)	TP/(mg/L)
	2011-05	7.4	51.2	13.2	2.4	20.0	4.3	93.9	17.4	85.0	0.00	58.6	245	13.44	0.02
	2011-06	7.4	91.8	10.4	1.5	20.3	7.4	235.4	14.3	73.7	—	61.0	390	14.41	0.03
	2011-07	7.4	98.7	10.4	1.5	16.1	5.0	202.6	14.3	127.1	0.00	36.8	363	13.05	0.02
	2011-08		124.0	8.7	1.0	16.6	2.6	317.0	13.6	102.3	—	37.1	425	9.01	0.11
	2011-09		59.8	11.3	1.0	29.2	—	213.0	5.6	116.3	—	44.3	370	10.13	0.11
	2011-10		63.2	11.1	1.0	15.4	2.7	154.5	4.1	99.1	0.16	45.6	312	10.47	0.08
	2011-12	7.7	103.0	11.3	1.9	13.6	12.6	270.4	9.8	67.3	0.05	40.3	382	9.14	0.06
	2012-01	7.5	71.3	12.5	1.2	13.0	3.0	192.7	10.7	63.4	0.03	44.1	315	11.31	0.08
	2012-03		115.5	13.4	1.4	13.7	3.7	363.0	13.1	58.3	0.03	51.0	436	12.13	0.40
农林复合地下水观测点(赵兴强家井)(YGAFZ12CDX_01)	2012-05		37.6	35.1	1.6	25.4	13.5	149.5	18.1	107.6	0.00	49.1	317	13.11	0.05
	2012-06		36.0	31.9	1.1	21.5	3.9	157.2	17.7	104	0.04	50.2	308	12.56	0.10
	2012-07		90.2	17.8	0.2	11.9	9.1	217.7	9.8	77.3	0.01	50.2	347	12.14	0.07
	2012-08	8.2	115.8	15.6	1.3	14.5	0.6	353.5	12.3	64.9	0.00	58.9	413	16.85	0.09
	2012-09		119.5	9.6	0.6	14.6	3.5	309.7	8.1	71.8	0.00	41.5	409	9.39	0.04
	2012-10		119.4	23.6	0.6	11.4	17.6	303.3	8.6	72.8	0.00	51.3	405	12.96	0.04
	2012-11		101.5	10.0	1.3	12.2	6.3	227.5	14.3	82.3	0.00	22.3	372	9.87	0.84
	2013-01	7.5	35.8	10.6	1.2	15.4	1.1	84.6	14.2	52.3	0.02	47.4	224	10.75	0.03
	2013-02	8.1	34.9	11.6	0.7	13.9	2.2	89.9	14.9	66.8	0.01	50.5	233	13.48	0.20
	2013-03	8.4	33.8	11.3	1.2	13.9	1.7	88.0	15.7	69.6	0.00	48.7	234	13.44	0.08
	2013-04	8.2	36.1	12.1	1.2	13.9	3.3	78.3	16.6	41.5	—	69.8	259	16.38	0.14
	2013-05	8.1	36.9	11.9	0.7	14.4	4.5	137.9	17.6	16.2	—	49.1	248	12.38	0.05
	2013-06	6.8	44.4	10.3	1.2	14.4	—	159.9	16.3	21.3	—	52.0	259	14.98	0.09
	2013-07	8.2	41.4	21.5	0.4	12.4	1.1	152.2	10.9	85.3	0.03	49.4	330	12.03	0.09
	2013-09	8.2	42.3	7.4	0.2	12.2	—	92.5	9.8	51.6	0.02	46.2	236	11.54	—
	2013-10	8.3	87.8	8.7	0.4	10.7	—	166.0	10.1	78.1	—	52.4	304	20.86	0.05

（续）

观测点	时间（年-月）	pH	Ca²⁺/（mg/L）	Mg²⁺/（mg/L）	K⁺/（mg/L）	Na⁺/（mg/L）	CO₃²⁻/（mg/L）	HCO₃⁻/（mg/L）	Cl⁻/（mg/L）	SO₄²⁻/（mg/L）	PO₄³⁻/（mg/L）	NO₃⁻/（mg/L）	矿化度/（mg/L）	TN/（mg/L）	TP/（mg/L）
	2013 - 11	8.3	61.7	10.0	0.4	11.2	5.6	155.5	10.5	70.3	0.08	43.3	271	11.03	0.06
	2013 - 12	8.3	74.2	10.8	0.7	11.7	3.3	174.6	13.2	72.1	—	47.0	297	11.42	0.03
	2014 - 01	8.3	42.8	13	1.2	19.4	—	84.6	20.5	98.7	0.02	71.0	304	13.04	0.05
	2014 - 02	8.3	52.3	15.1	1.4	17.9	2.2	128.3	24.0	97.6	0.22	83.3	330	13.86	0.80
	2014 - 03	8.3	50.1	24.5	1.9	16.1	—	87.4	17.0	65.0	0.04	55.7	288	12.47	0.15
	2014 - 04										0.05			13.31	0.08
	2014 - 05	8.3	82.6	14.9	4.4	15.5	2.2	143.3	15.3	0.1	0.02	50.5	376	14.03	0.08
	2014 - 06	8.0	46.0	10.8	4.5	12.8	—	368.9	14.7	0.0	0.02	29.0	596	2.57	0.39
	2014 - 07	8.0	50.6	14.3	1.2	19.9	—	375.2	27.3	102.5	0.07	79.2	526	14.34	0.23
	2014 - 08	8.2	133.0	14.2	0.8	25.4	—	222.5	19.2	78.8	0.00	51.8	380	12.62	0.18
	2014 - 09	8.3	105.1	8.2	1.4	17.8	—	303.7	17.6	139.9	0.00	63.7	506	10.40	0.05
	2014 - 10	8.3	123.1	10.7	2.3	13.1	—	220.2	17.0	65.0	0.02	55.7	436	11.11	0.02
	2014 - 11	8.2	74.6	8.2	0.7	15.9	—	342.3	17.0	—	0.03	62.6	496	11.75	0.01
	2014 - 12	8.2	110.5	15.5	1.6	17.4	4.5	366.1	40.2	90.0	0.00	15.8	550	4.29	0.00
	2015 - 01	7.5	48.9	42.5	3.1	31.2	—	108.1	21.2	288.6	0.24	50.6	110	11.98	0.02
	2015 - 02	7.5	49.1	12.7	2.4	20.1	—	101.3	22.2	207.7	0.04	57.7	280	13.59	0.05
	2015 - 03	7.8	39.6	13.4	2.6	17.5	—	80.1	21.9	153.8	0.02	60.3	318	13.83	1.86
农林复合地下水观测点（赵兴强家井）（YGAFZH2CDX_01）	2015 - 04	7.6	32.2	16.4	2.3	29.3	6.6	81.0	45.4	96.3	0.05	60.9	166	16.81	0.04
	2015 - 05	7.3	43.3	10.7	3.1	28.8	—	81.0	31.8	172.4	0.00	57.8	170	14.03	0.08
	2015 - 06	7.8	87.3	10.0	2.3	39.7	2.2	143.3	42.2	324.3	0.02	1.6	238	2.57	0.39
	2015 - 07	8.2	47.7	12.9	1.1	16.3	—	52.2	23.4	160.7	0.07	53.5	180	14.34	0.23
	2015 - 08	8.0	82.2	8.9	2.2	21.1	—	108.1	31.0	202.0	0.07	50.3	214	12.62	0.07
	2015 - 09	8.2	70.2	5.9	0.9	20.3	—	90.6	20.9	200.1	0.08	70.6	390	16.57	0.07
	2015 - 10	8.3	67.4	6.6	1.8	17.3	—	52.2	22.5	185.8	0.03	60.5	366	15.05	0.09
	2015 - 11	7.9	92.9	9.1	2.0	21.3	—	378.2	20.7	172.0	0.11	57.8	402	13.64	0.05
	2015 - 12	8.1	103.6	8.1	1.1	14.6	6.6	276.9	19.8	165.7	0.00	56.7	550	14.06	0.15

（续）

观测点	时间 （年-月）	pH	Ca²⁺/ (mg/L)	Mg²⁺/ (mg/L)	K⁺/ (mg/L)	Na⁺/ (mg/L)	CO₃²⁻/ (mg/L)	HCO₃⁻/ (mg/L)	Cl⁻/ (mg/L)	SO₄²⁻/ (mg/L)	PO₄³⁻/ (mg/L)	NO₃⁻/ (mg/L)	矿化度/ (mg/L)	TN/ (mg/L)	TP/ (mg/L)
	2009-01	8.0	96.0	15.0	0.7	10.2	—	243.8	8.9	88.8	0.05	34.0	364	7.68	0.05
	2009-05	7.6	111.6	12.0	2.2	17.5	16.4	235.1	8.5	96.9	—	32.0	466	7.22	0.04
	2009-06	7.5	104.3	13.5	2.6	19.6	28.1	221.3	10.2	86.1	0.08	34.6	464	7.82	0.06
	2009-07	8.4	91.8	14.6	1.8	17.7	0.7	266.0	10.0	84.9	0.09	33.8	476	7.63	0.10
	2009-08	8.1	145.8	13.4	1.9	11.5	—	337.2	12.8	159.6	0.06	20.4	738	4.62	0.11
	2009-09	7.4	146.7	13.5	1.2	9.0	—	298.3	11.2	139.1	0.10	9.9	674	2.24	0.07
	2009-10	7.9	133.2	13.5	1.8	14.9	—	360.2	14.2	143.3	0.09	20.5	622	4.62	0.08
	2009-11	8.0	82.7	15.5	0.9	16.0	—	347.7	12.4	158.6	0.15	17.1	472	3.86	0.07
坡耕地地下水观测点 （站观测场下井） （YGAFZ10CDX_01）	2009-12	7.9	125.1	14.6	1.0	15.8	—	304.2	9.4	120.6	0.04	15.8	560	4.37	0.04
	2010-01	8.0	116.1	13.7	1.5	9.4	—	264.9	13.0	140.3	0.08	22.8	400	5.15	0.05
	2010-02	8.0	98.5	14.7	1.1	9.6	—	257.4	11.9	124.1	—	22.9	462	5.16	0.10
	2010-03	8.1	95.3	12.8	1.1	16.2	—	249.1	11.4	121.5	0.10	23.4	358	5.28	0.04
	2010-04	8.0	98.9	13.3	1.0	9.5	—	261.9	10.1	104.8	—	22.9	412	5.18	0.07
	2010-05	8.2	88.9	15.6	0.9	5.6	—	266.0	9.6	75.6	0.05	29.1	404	6.58	0.08
	2010-06	7.9	103.0	14.1	0.9	5.2	—	275.6	8.1	62.0	0.04	25.2	404	5.90	0.04
	2010-07	7.7	125.5	9.1	0.6	6.1	5.9	258.1	9.7	133.1	0.06	43.5	426	10.45	0.04
	2010-08	7.9	30.2	63.2	0.7	12.1	9.2	230.6	70.7	23.5	0.03	19.7	202	5.55	0.04
	2010-09	7.4			0.9	12.1	12.5	262.5	38.7	66.0	0.03	23.4	429	5.77	0.07
	2010-10	7.7			0.9	14.8	20.4	260.9	39.4	25.8	0.01	18.9	268	4.52	0.10
	2010-11	8.1	22.3	70.1	0.0	16.6	15.3	443.4	9.7	24.7	0.00	21.6	452	5.93	0.06
	2010-12	8.2	16.4	101.8	0.0	10.9	25.6	360.0	9.0	108.6	0.01	20.6	372	5.46	0.09
	2011-01	8.2	76.2	14.0	3.8	10.2	1.1	219.8	9.6	64.9	0.05	23.3	318	5.29	0.09
	2011-02	8.2	80.0	13.6	4.7	9.5	0.7	204.1	9.1	71.1	0.01	23.6	310	5.40	0.04
	2011-03	8.2	80.3	16.9	3.9	10.9	3.3	217.1	7.1	78.5	0.04	23.4	287	5.30	0.08

（续）

观测点	时间（年-月）	pH	Ca²⁺/(mg/L)	Mg²⁺/(mg/L)	K⁺/(mg/L)	Na⁺/(mg/L)	CO₃²⁻/(mg/L)	HCO₃⁻/(mg/L)	Cl⁻/(mg/L)	SO₄²⁻/(mg/L)	PO₄³⁻/(mg/L)	NO₃⁻/(mg/L)	矿化度/(mg/L)	TN/(mg/L)	TP/(mg/L)
	2011-04	7.8	60.8	11.1	3.2	10.4	7.9	138.3	9.2	70.9	0.02	39.1	237	9.23	0.09
	2011-05	7.4	99.1	11.7	2.2	11.4	27.7	212.3	7.8	109.9	0.01	29.0	480	6.97	0.07
	2011-06	7.3	75.7	12.0	1.9	16.8	7.4	193.5	20.4	76.2	0.00	28.3	339	9.81	0.05
	2011-07	7.3	112.4	12.4	1.1	10.8	9.8	210.3	16.4	133.8	0.00	35.1	403	7.93	0.01
	2011-08		118.1	10.4	0.9	9.4	12.5	205.6	8.0	134.8	—	24.3	361	6.60	0.11
	2011-09		70.9	12.4	1.1	9.0	—	98.7	8.4	161.3	0.04	17.0	333	4.54	0.15
	2011-10		68.7	12.9	1.0	9.7	1.0	128.3	8.0	111.9	0.06	17.0	303	3.89	0.09
	2011-12	7.9	112.3	12.4	2.1	12.5	16.6	280.7	8.6	94.0	0.01	17.6	387	4.05	0.13
	2012-01	8.0	89.6	12.6	1.4	9.1	9.4	237.8	3.1	73.5	0.01	16.8	284	4.77	0.07
	2012-03		98.7	12.5	0.3	8.3	1.3	248.7	6.7	77.4	0.00	15.6	370	4.45	0.05
坡耕地地下水观测点（站观测场下井）(YGAFZ10CDX_01)	2012-05	8.0	58.8	24.2	2.6	13.0	24.1	107.7	7.2	127.9	0.03	16.7	274	5.01	0.04
	2012-06		62.1	29.9	0.9	11.9	12.4	221.7	3.6	120.8	0.02	23.5	330	6.59	0.12
	2012-07		65.7	28.2	0.2	8.0	12.4	180.1	12.3	129.8	0.02	33.2	340	9.28	0.04
	2012-08	8.5	134.3	16.6	0.9	9.7	—	309.6	13.6	103.4	0.02	38.3	404	11.89	0.12
	2012-09		119.8	13.7	0.6	12.2	2.8	259.7	22.2	122.9	0.02	12.6	384	5.05	0.08
	2012-10		89.3	21.3	0.6	6.8	4.5	255.5	14.8	106.1	0.03	10.4	385	4.33	0.03
	2012-11		118.8	14.1	0.6	8.3	8.7	263.0	12.6	95.9	0.01	11.1	384	5.36	0.03
	2013-01	7.5	49.4	10.8	0.2	11.9	—	79.8	11.8	135.3	—	21.7	315	4.96	0.05
	2013-02	8.1	42.3	11.1	0.2	14.9	2.2	101.6	10.6	79.0	0.00	22.5	261	6.87	0.22
	2013-03	8.4	38.0	11.5	0.2	10.9	2.2	63.9	13.6	107.9	0.01	22.8	270	7.22	0.05
	2013-04	7.8	50.7	10.9	0.7	11.9	6.1	71.9	11.2	124.5	—	33.5	308	7.66	0.37
	2013-05	8.4	89.7	9.5	1.2	9.4	11.2	268.3	12.4	24.2	0.01	20.0	308	6.00	0.05
	2013-06	6.6	100.7	11.4	0.2	10.9	—	283.8	21.5	48.0	0.04	45.1	416	12.73	0.10
	2013-07	8.3	71.9	7.6	0.0	6.1	3.3	146.6	7.9	81.1	0.01	23.7	311	6.52	0.46

（续）

观测点	时间 (年-月)	pH	Ca²⁺/ (mg/L)	Mg²⁺/ (mg/L)	K⁺/ (mg/L)	Na⁺/ (mg/L)	CO₃²⁻/ (mg/L)	HCO₃⁻/ (mg/L)	Cl⁻/ (mg/L)	SO₄²⁻/ (mg/L)	PO₄³⁻/ (mg/L)	NO₃⁻/ (mg/L)	矿化度/ (mg/L)	TN/ (mg/L)	TP/ (mg/L)
	2013-09	8.3	45.4	8.0	0.1	6.1	1.7	116.9	6.4	68.5	—	12.3	218	3.60	—
	2013-10	8.3	69.3	10.5	0.1	7.1	—	145.0	7.8	95.0	0.03	4.8	236	9.82	0.07
	2013-11	8.6	90.4	11.4	0.1	8.1	8.4	212.0	8.5	98.0	—	9.0	382	3.38	0.05
	2013-12	8.5	83.8	11.2	0.1	7.6	1.7	216.7	9.5	102.2	0.02	15.7	353	4.43	0.03
	2014-01	8.3	46.5	11.2	0.2	16.2	—	85.1	13.3	164.6	0.03	25.6	258	4.86	0.03
	2014-02	8.4	54.9	12.5	0.4	12.6	1.7	102.7	12.1	129.3	0.20	27.8	280	4.64	0.61
	2014-03	8.5	40.2	15.0	6.4	10.4	2.2	119.2	8.6	92.7	0.02	21.6	298	5.32	1.40
	2014-04	8.3	57.1	12.3	0.6	29.2	5.5	139.6	12.4	174.7	0.01	33.4	326	5.80	0.06
	2014-05	8.3	67.3	12.8	4.1	11.3	—	114.1	7.9	0.0	0.02	22.3	292	6.87	0.12
	2014-06		90.3	11.6	3.9	11.4			9.8	0.0	0.04	23.4		6.25	0.03
	2014-07	8.4	60.2	12.0	0.6	15.7	5.6	258.3	14.2	127.2	0.04	33.2	374	6.14	0.06
	2014-08	8.6	79.0	9.1	1.9	11.1	—	197.0	8.5	65.1	0.17	19.1	344	5.15	0.06
	2014-09	8.3	88.3	13.2	0.4	13.3	—	193.8	23.1	155.0	0.01	39.6	418	5.49	0.02
	2014-10	8.3	93.4	15.4	4.5	16.8	3.3	326.1	35.0	105.3	0.05	45.5	438	4.00	0.02
	2014-11	8.3	77.1	9.7	0.2	10.3	3.6	324.4	11.1	116.6	0.00	17.8	464	5.28	0.01
	2014-12	8.4	41.0	2.0	4.1	7.7	5.6	297.4	11.1	112.6	0.14	62.0	474	1.69	0.00
坡耕地地下水观测点 （站观测场下井） （YGAFZ10CDX_01）	2015-01	7.5	54.4	10.5	1.4	24.8	—	81.0	13.6	330.2	0.00	18.0	166	4.47	0.01
	2015-02	7.6	55.1	12.0	1.8	15.9	—	101.3	15.7	235.0	0.02	19.8	206	5.07	0.05
	2015-03	7.9	72.5	21.1	7.2	25.6	—	58.0	34.8	110.7	0.05	29.5	346	7.40	0.49
	2015-04	7.9	43.9	11.7	2.7	15.1	2.7	78.3	20.6	140.1	0.02	22.5	282	7.77	0.02
	2015-05	7.9	43.0	13.5	2.9	18.3	—	77.7	41.9	162.1	0.02	24.9	272	6.87	0.12
	2015-06	7.9	44.6	10.6	1.1	18.4	—	114.1	12.7	207.9	0.04	23.1	1570	6.25	0.03
	2015-07	8.1	45.0	10.9	1.1	11.0	—	69.7	11.6	183.6	0.02	22.5	200	6.14	0.06
	2015-08	8.1	59.9	12.3	1.8	14.1	—	186.4	25.1	163.9	0.09	19.4	186	5.15	0.10
	2015-09	8.3	70.3	7.6	0.6	9.5	—	111.5	9.8	223.0	0.09	15.3	248	4.16	0.04
	2015-10	8.2	86.5	8.8	0.3	10.2	—	156.7	11.6	238.3	0.11	12.7	230	4.04	0.10
	2015-11	8.0	101.8	9.3	0.4	10.0	—	351.2	12.2	230.8	0.00	16.1	380	4.25	0.07
	2015-12	8.1	71.0	8.7	0.3	9.7	—	177.6	11.6	114.4	0.09	18.2	278	5.52	0.12

3.1.4 雨水水质

3.1.4.1 概述

本数据集包括盐亭站 2009—2015 年 1 个雨水长期监测样地：盐亭站综合气象要素观测场（YGAQX01），样地具体信息见 2.2.2。

3.1.4.2 数据采集和处理方法

雨水样品采集于盐亭站综合气象要素观测场，样品为每月多次降水（每场次降雨）混合样品，每月一份，即每年 12 份混合水样，水质分析为 CERN 水分中心统一完成，数据返回站填报。

指标单位：电导率为 μS/cm，其他除 pH 外，均为 mg/L。

3.1.4.3 数据质量控制措施

数据获取过程的质量控制。按照《中国生态系统研究网络（CERN）长期观测质量管理规范》丛书《陆地生态系统水环境观测质量保证与质量控制》的相关规定执行，样品采集和运输过程增加采样和运输，实验室分析测定时插入国家标准样品进行质控。

3.1.4.4 数据价值/数据使用方法和建议

本数据集提供了盐亭站长期水质数据，对于研究川中丘陵区降雨氮、硫沉降受季节性季风气候影响和人为活动影响具有重要意义。

3.1.4.5 数据

盐亭站雨水水质观测数据见表 3-7。

表 3-7 盐亭站综合气象要素观测场（YGAQX01）雨水水质数据

时间（年-月）	pH	矿化度	硫酸根/（mg/L）	非溶性物质总含量/（mg/L）	电导率/（μS/cm）
2009-01	7.1	86.0	47.4	痕迹	171
2009-02	7.2	48.0	23.4	痕迹	339
2009-04	6.7	56.0	7.6	痕迹	196
2009-05	8.3	56.0	13.8	痕迹	127
2009-05	5.6	58.0	9.1	痕迹	72
2009-06	6.9	4.0	3.4	痕迹	
2009-07	6.7	50.0	1.9	痕迹	73
2009-08	5.2	44.0	5.2	痕迹	24
2009-08	6.7	60.0	24.0	痕迹	42
2009-09	7.0	60.0	20.7	痕迹	
2009-10	7.1	102.0	33.2	痕迹	
2010-03	7.4	216.0	29.9	—	335
2010-04	7.3	126.0	19.0	—	167
2010-05	7.2	76.0	7.8	—	122
2010-06	8.3	90.0	8.9	—	154
2010-07	7.1	60.0	6.1	—	91
2010-08	7.9	54.0	48.7	—	77
2010-09	7.7	33.4	50.9	—	56
2010-10	7.5	48.8	33.4	—	68
2010-11	7.6	79.9	77.7	—	116

（续）

时间（年-月）	pH	矿化度	硫酸根/ （mg/L）	非溶性物质总含量/ （mg/L）	电导率/ （μS/cm）
2011 - 01	6.9	52.5	26.8	—	90
2011 - 02	7.5	53.3	14.8	—	77
2011 - 03	7.3	48.4	13.4	—	80
2011 - 04	7.1	51.7	23.2	—	79
2011 - 05	7.0	31.5	29	—	
2011 - 06	7.1	18.7	11.1	—	
2011 - 07	7.3	20.5	25.8	—	
2011 - 08		22.4	10.9	—	
2011 - 09		16.8	5.1	—	
2011 - 10		19.2	18.0	—	
2011 - 11		5.6	5.7	—	
2012 - 01	8.0	26.7	113.1	—	45
2012 - 02		26.5	30.8	—	42
2012 - 04	7.6	24.8	15.5	—	41
2012 - 05		19.7	18.2	—	
2012 - 07		20.2	7.1	—	
2012 - 08		11.3	9.6	—	18
2012 - 09		11.9	4.4	—	
2012 - 10		19.3	32.7	—	
2013 - 01	6.1	99.1	36.2	74.8	152
2013 - 02	5.1	94.6	19.4	148.8	145
2013 - 03	6.8	64.7	25.1	167.8	99
2013 - 04	8.0	165.3	57.1	19.8	247
2013 - 05	6.6	18.5	5.8	217.8	29
2013 - 06	5.0	19.6	6.8	93.8	30
2013 - 07	7.5	46.5	9.2	96.1	71
2013 - 08	7.5	66.6	10.8	260.8	102
2013 - 09	5.5	17.7	6.2	127.8	27
2013 - 10	7.2	36.0	12.6	75.3	55
2013 - 11	4.3	46.1	376.7	96.1	71
2014 - 01	6.3	272.3	109.7	93.9	94
2014 - 02	5.8	257.1	119	242.9	243
2014 - 03	6.2	64.8	26.7	184.9	185
2014 - 04	6.9	141.7	36.3	287.9	288
2014 - 05	6.5	65.2	16.1	75.9	76
2014 - 06	6.2	41.7	8.3	49.7	50
2014 - 07	6.5	44.7	7.5	58.7	59
2014 - 08	4.8	10.6	2.8	97.7	98

(续)

时间（年-月）	pH	矿化度	硫酸根/ (mg/L)	非溶性物质总含量/ (mg/L)	电导率/ (μS/cm)
2014 - 09	6.5	21.5	3.1	47.3	47
2014 - 10	4.7	29.2	8.7	97.7	98
2014 - 11	6.0	42.0	12.4	34.1	34
2015 - 02	4.5	104.1		33.6	160
2015 - 03	4.4	61.4		139.6	95
2015 - 04	6.7	35.0		121.6	54
2015 - 05	7.0	118.8		141.6	182
2015 - 06	7.1	298.6		101.6	432
2015 - 07	7.2	43.9		7.6	69
2015 - 08	7.1	31.8		533.6	50
2015 - 09	6.1	27.3		124.0	43
2015 - 10	6.6	27.8		197.8	44
2015 - 11	6.7	95.7		81.6	150
2015 - 12	6.9	62.7		242.0	98
2016 - 02	8.1	51.6	11.0	306.7	80

3.1.5 土壤水力学特征参数

3.1.5.1 概述

$\theta = (\theta_s - \theta_r) [1 + (\alpha h)^n]^{-m} + \theta_{res}$，$m = 1 \sim 1/n$，该模型为水分特征曲线 Van Genuchten 模型，其中 θ 为体积含水量（cm^3/cm^3）θ_r 土壤残留体积含水量（cm^3/cm^3），θ_s 为饱和体积含水量（cm^3/cm^3），h（hH_2O）为负压（cm），α、n、m 为表示土壤水分特征曲线形状的参数。

本数据集在 2013 年和 2017 年分别对长期观测样地盐亭站大型坡地排水采集器（YGAFZ08ABC_01）和盐亭站养分平衡长期试验长期采样地（YGAFZ04ABC_01）进行了土壤水力学特征参数的测定，监测指标包括：土壤类型、土壤质地、土壤完全持水量（%）、土壤田间持水量（%）、土壤凋萎含水量（%）、土壤孔隙度（%）、容重（g/cm^3）、土壤水分特征曲线。土壤类型均为石灰性紫色土。

3.1.5.2 数据采集和处理方法

样品分别于 2013 年、2017 年采集于盐亭站大型坡地排水采集器（YGAFZ08ABC_01）和盐亭站养分平衡长期试验长期采样地（YGAFZ04ABC_01），土壤完全持水量是指土壤完全为水所饱和时的含水量，以占干土壤的百分率表示，采用环刀法测定；土壤田间持水量是指土壤中悬着毛管水达到最大量时的土壤含水量，是土壤不受地下水影响所能保持水量的最大值，采用室内环刀法测定；土壤凋萎含水量是指植物开始永久凋萎时的土壤水分含量，是土壤中植物能利用的水分下限，采用环刀法测定；土壤孔隙度是指土壤孔隙容积占土体容积的百分比，采用环刀法进行测定；容重是指田间自然垒结状态下单位容积土体（包括土粒和孔隙）的质量或重量（g/cm^3 或 t/m^3）与同容积水重量比值，土壤水分特征曲线方程是非饱状态下，土壤水分含量与土壤基质势之间的关系曲线，反映了非饱和状态下土壤水的数量和能量之间的关系，采用压力膜仪法测定。

3.1.5.3 数据质量控制措施

实验室测定时为避免样品的变异性，采取 5 个重复，实验结果变异系数达到 5%，数据分析结果准确可靠。本数据集提供了盐亭站两个长期观测样地的土壤水力学参数，对于水文过程研究、植物水分利用效率以及水文模型的应用提供基础数据支撑。

3.1.5.4　数据

盐亭站土壤水力学参数见表 3-8、表 3-9。

表 3-8　2013 年大型坡地排水采集器（YGAFZ08ABC_01）土壤水力学特征参数

采样层次/cm	土壤类型	土壤质地	土壤完全持水量/%	土壤田间持水量/%	土壤凋萎含水量/%	土壤孔隙度/%	容重/(g/cm³)
0～10	石灰性紫色土	壤土	18.2	29.99	25.69	47.07	1.4
10～20	石灰性紫色土	壤土	11.38	33.76	30.68	42.00	1.54
20～30	石灰性紫色土	壤土	11.8	29.41	25.52	37.58	1.65

表 3-9　2017 年养分平衡长期试验长期采样地（YGAFZ04ABC_01）土壤水力学特征参数

采样层次/cm	土壤质地	土壤完全持水量/%	土壤田间持水量/%	土壤凋萎含水量/%	土壤孔隙度/%	容重/(g/cm³)	θ_r	θ_s	α	n	R^2
0～10	壤土	0.33	0.20	0.13	43.74	1.33					
0～10	壤土	0.29	0.18	0.14	40.29	1.41	0.088 70	0.329 62	0.006 34	1.274 84	0.996 333
0～10	壤土	0.31	0.18	0.13	42.75	1.36					
0～10	壤土	0.33	0.24	0.18	43.8	1.32					
0～10	壤土	0.37	0.22	0.15	45.61	1.24	0.118 68	0.331 18	0.007 97	1.225 69	0.997 043
0～10	壤土	0.30	0.21	0.15	41.26	1.37					
0～10	壤土	0.37	0.22	0.17	48.49	1.29					
0～10	壤土	0.38	0.20	0.13	46.81	1.22	0.115 14	0.379 86	0.011 96	1.296 73	0.998 58
0～10	壤土	0.38	0.21	0.13	50.99	1.35					
0～10	壤土	0.37	0.24	0.17	46.96	1.27					
0～10	壤土	0.29	0.23	0.17	40.73	1.39	0.080 07	0.343 24	0.020 19	1.124 62	0.997 551
0～10	壤土	0.37	0.25	0.18	47.28	1.29					
0～10	壤土	0.39	0.23	0.18	46.91	1.21					
0～10	壤土	0.35	0.26	0.18	45.71	1.31	0.155 62	0.392 14	0.392 14	1.261 62	0.999 273
0～10	壤土	0.44	0.24	0.19	50.23	1.14					

3.1.6　地下水位

3.1.6.1　概述

本数据集提供 2009—2015 年 4 个地下水观测点位的地下水位变化数据，观测点位分别为：盐亭站池塘地下水观测点（苏蓉家井）（YGAFZ11CDX_01），地面高程 404 m；居民点旁地下水观测点（张飞井）（YGAFZ13CDX_01），地面高程 392 m；盐亭站农林复合地下水观测点（赵兴强家井）（YGAFZ12CDX_01），地面高程 395 m；盐亭站坡耕地地下水观测点（站观测场下井）（YGAFZ10CDX_01），地面高程 412 m，地下水观测点除了坡耕地地下水观测点（站观测场下井）（YGAFZ10CDX_01）外，其他三个点均为农户家水井。样地信息详见 2.2.8 至 2.2.11。

3.1.6.2　数据采集和处理方法

数据采用人工观测方法，每月 20 日对各个观测点进行人工测量地下水位数据，并做好原始记录。水位指标为地下水埋深，单位 m。

3.1.6.3 数据质量控制措施

数据为人工定期观测，使用铅笔或黑色碳素笔规范整齐填写于纸质表格，原始数据不准涂改，如记录或观测有误，需将原有数据轻画横线标记，并将审核后正确数据记录在原数据旁或备注栏，并签名或盖章，数据准确可靠。

3.1.6.4 数据

盐亭站地下水位观测数据见表3-10。

表3-10　盐亭站地下水观测点地下水位数据

单位：m

时间（年-月）	坡耕地地下水观测点（站观测场下井）（YGAFZ10CDX_01）	池塘地下水观测点（苏蓉家井）（YGAFZ11CDX_01）	农林复合地下水观测点（赵兴强家井）（YGAFZ12CDX_01）	居民点旁地下水观测点（张飞井）（YGAFZ13CDX_01）
2009-01	1.62	1.44	1.72	4.52
2009-02	1.56	2.08	2.02	4.41
2009-03	1.56	2.03	2.00	4.41
2009-04	1.56	2.22	2.08	4.4
2009-05	1.60	2.49	1.92	4.51
2009-06	1.61	2.42	1.83	4.56
2009-07	1.61	1.24	1.35	4.12
2009-08	1.63	1.20	1.01	4.17
2009-09	1.63	1.26	1.07	4.20
2009-10	1.64	2.02	1.87	4.82
2009-11	1.63	1.97	1.87	4.77
2009-12	1.61	1.93	1.83	4.75
2010-01	1.67	2.02	1.89	4.64
2010-02	1.63	2.20	2.04	4.49
2010-03	1.65	2.49	2.18	4.54
2010-04	1.65	2.52	2.08	4.53
2010-05	1.63	2.41	2.19	4.64
2010-06	1.56	2.24	1.92	4.38
2010-07	1.49	1.83	1.92	4.35
2010-08	1.54	1.56	1.42	4.24
2010-09	1.53	1.7	0.98	4.18
2010-10	1.60	1.35	1.59	4.29
2010-11	1.61	1.77	1.86	4.52
2010-12	1.65	2.00	1.99	4.93
2011-01	1.62	2.32	1.93	4.84
2011-02	1.64	3.4	2.06	4.61
2011-03	1.65	2.39	2.17	4.50
2011-04	1.63	2.54	2.25	4.38
2011-05	1.65	2.57	2.39	4.35
2011-06	1.6	2.14	1.75	4.28
2011-07	1.59	1.51	1.19	4.17

（续）

时间 （年-月）	坡耕地地下水观测点 （站观测场下井） （YGAFZ10CDX_01）	池塘地下水观测点 （苏蓉家井） （YGAFZ11CDX_01）	农林复合地下水观测点 （赵兴强家井） （YGAFZ12CDX_01）	居民点旁地下水观测点 （张飞井） （YGAFZ13CDX_01）
2011 - 08	1.47	1.09	0.86	4.03
2011 - 09	1.62	1.63	1.72	4.69
2011 - 10	1.55	0.92	1.31	4.30
2011 - 11	1.18	1.28	1.62	4.44
2011 - 12	1.16	1.3	1.73	4.45
2012 - 01	1.38	1.53	1.82	4.48
2012 - 02	1.38	1.66	1.92	4.47
2012 - 03	1.46	1.80	1.98	4.52
2012 - 04	1.43	1.87	1.99	4.53
2012 - 05	1.58	2.12	2.34	4.52
2012 - 06	0.39	1.62	1.66	4.5
2012 - 07	0.22	1.26	1.35	4.31
2012 - 08	0.22	1.32	0.93	4.2
2012 - 09	0.23	1.51	0.95	4.19
2012 - 10	0.43	1.09	1.34	4.47
2012 - 11	0.40	1.01	1.08	4.43
2012 - 12	0.41	1.17	1.55	4.48
2013 - 01	1.37	1.58	1.85	4.49
2013 - 02	1.44	1.71	1.92	4.46
2013 - 03	1.41	1.82	2.01	4.56
2013 - 04	0.93	1.94	2.24	4.71
2013 - 05	0.93	2.02	2.19	4.75
2013 - 06	1.05	1.93	1.87	4.49
2013 - 07	0.40	0.73	1.06	4.63
2013 - 08	0.40	0.85	1.12	4.61
2013 - 09	0.41	1.06	1.35	4.67
2013 - 10	0.39	1.07	1.46	4.73
2013 - 11	0.59	1.46	1.53	4.71
2013 - 12	1.13	1.48	1.86	4.85
2014 - 01	1.16	1.73	2.17	4.86
2014 - 02	1.17	1.89	2.31	4.83
2014 - 03	1.15	1.95	2.01	4.76
2014 - 04	1.14	2.00	2.15	4.54
2014 - 05	1.26	2.48	2.00	4.43
2014 - 06	1.24	2.66	2.03	4.44
2014 - 07	1.45	1.80	1.96	4.64
2014 - 08	1.01	1.74	1.95	4.54

（续）

时间 （年-月）	坡耕地地下水观测点 （站观测场下井） （YGAFZ10CDX _ 01）	池塘地下水观测点 （苏蓉家井） （YGAFZ11CDX _ 01）	农林复合地下水观测点 （赵兴强家井） （YGAFZ12CDX _ 01）	居民点旁地下水观测点 （张飞井） （YGAFZ13CDX _ 01）
2014 - 09	1.03	1.78	1.98	4.56
2014 - 10	1.03	1.61	1.86	4.56
2014 - 11	1.04	1.38	1.72	4.56
2014 - 12	0.48	1.50	1.79	4.46
2015 - 01	0.39	1.70	2.81	3.67
2015 - 02	2.36	1.87	2.88	0.98
2015 - 03	0.62	2.01	2.00	4.54
2015 - 04	0.57	2.05	1.44	4.52
2015 - 05	0.61	2.01	2.04	4.53
2015 - 06	0.64	1.68	1.86	4.38
2015 - 07	0.44	0.84	1.30	3.55
2015 - 08	0.34	0.63	0.55	4.24
2015 - 09	0.30	0.51	0.50	4.09
2015 - 10	0.71	0.95	1.68	4.40
2015 - 11	0.71	1.42	1.73	4.44
2015 - 12	0.71	1.42	1.92	4.44

3.2　土壤观测数据

3.2.1　土壤观测数据概述

3.2.1.1　监测样地

土壤观测数据涉及 9 个监测样地，包括：盐亭站农田综合观测场土壤生物采样地（YGAZH01ABC _ 01）、盐亭站农田土壤要素辅助长期观测采样地（CK）（YGAFZ01B00 _ 01）、盐亭站轮作制度与秸秆还田长期观测采样地（R＋NPK）（YGAFZ02B00 _ 01）、盐亭台地农田辅助观测场土壤生物采样地（YGAFZ05ABC _ 01）、盐亭站人工桤柏混交林林地辅助观测场土壤生物长期采样地（YGAFZ06ABC _ 01）、盐亭站人工改造两季田辅助观测场土壤生物长期采样地（YG-AFZ07ABO _ 01）、盐亭站沟底两季稻田站区调查点土壤生物采样地（YGAZQ01ABC _ 01）、盐亭站冬水田站区调查点土壤生物采样地（YGAZQ02ABC _ 01）和盐亭站高台位旱坡地站区调查点土壤生物长期采样地（YGAZQ03AB0 _ 01）。样地详细信息见 2.2。

YGAZQ01 采样地，2010 年开始计划重新修葺该样地，2010 年和 2011 年水稻季未种植作物，2012 年样地开始修葺，停止采样，2014 年样地重建完毕，2015 年重新开始采样。YGAZQ02 样地还原条件较强，水稻坐蔸严重，产量低下，从 2011 年开始停止种植水稻，同时停止采集土壤样品。

3.2.1.2　样品采集与制备

各作物生长季作物收获后，在各采样地放线划定当年采样小区，在各采样小区按照反 S 型或 X 型多点采样混合法采集目标小区耕层土壤（0～15 cm）；用铁铲先清理采样点表面作物残茬（如无，则忽略该步骤），然后垂直铲出耕层土壤采样面，之后使用自制竹刀清理采样面上与铁铲接触的部分并使用竹刀采集土样，采集量 1.0～1.5 kg，采集后装入自封袋（因长期样地在台站附近，可及时风干所采样品，无须使用棉布袋），并放入提前打印好并用防水袋封装的标签（两枚），采样后回填采样坑洞，所采集样品送回台站土壤样品风干室，平铺于干净牛皮纸上风干，将大块土样掰碎成小块土样，并捡除肉眼可见作物根系和石子，风干后样品使用四分法分取适量，使用陶瓷研钵研磨，通过 2mm 尼龙筛，过筛后的样品再使用四分法分取适量再次研磨，过 0.15 mm 尼龙筛，样品分别装入样品分析袋，放入标签，并在样品袋上标注编号，备用。

采集剖面样品时，预留向阳面为观察面，挖掘剖面时注意避免破坏观察面地表植被，同时禁止踩踏观察面地表，在剖面点挖取长 120 cm，宽 90 cm，深 50～80 cm（根据样地情况确定挖取深度）的土壤剖面，挖出土壤按不同层次分别堆放于剖面两侧，剖面挖好后，1/3 修为毛面，剩余 2/3 修为光面，观察、拍照并记录剖面特征，然后使用自制竹刀清理与铁铲接触的部分并采集土样，采样时注意由下层土样逐层向上采集，每层土样采集量 1.0～1.5 kg，采集后装入自封袋并放入标签，采样完毕后分层回填剖面坑，所采集样品处理方法同耕层土壤。

3.2.1.3　数据质量控制

每一组试验批次样品（约 20 个）加入 2 个国家标准样品和 2 个试剂样进行测试；每一个测试样品进行 3 次平行测定并对比数据；使用校验软件检查所有监测数据是否超出相同土壤类型和采样深度历史数据阈值范围、每个样地阳离子交换量（CEC）均值是否超出该样地相同深度历史数据均值或样地空间变异调查的 2 倍标准差，对于超出范围的数据进行核查并分析原因，同时进行再次测定。

3.2.2　土壤交换量

3.2.2.1　概述

本数据集为盐亭站 8 个长期监测样地 2010 年和 2015 年耕层土壤（0～15 cm）阳离子交换量（CEC）数据。分析方法，2010 和 2015 年 CEC 均采用乙酸铵交换-蒸馏滴定法进行测定。指标单位：阳离子交换量单位为 mmol/kg。

3.2.2.2　数据

盐亭站采样地耕层土壤阳离子交换量见表 3-11。

表 3-11　盐亭站采样地耕层土壤阳离子交换量

时间（年-月）	观测场代码	作物	阳离子交换量/（mmol/kg）	
			平均值	标准差
2010-09	YGAZH01	玉米	189.72	9.46
2015-09	YGAZH01	玉米	222.85	17.06
2010-09	YGAFZ01	玉米	222.13	28.42
2015-09	YGAFZ01	玉米	265.71	30.44
2010-09	YGAFZ02	玉米	210.47	41.77
2015-09	YGAFZ02	玉米	211.18	35.19
2010-09	YGAFZ05	玉米	204.73	11.16
2015-09	YGAFZ05	玉米	203.99	7.21
2010-09	YGAFZ06	柏木及林下灌草	291.23	46.50
2015-09	YGAFZ06	柏木及林下灌草	295.13	76.81
2010-09	YGAFZ07	水稻	226.10	11.24
2015-09	YGAFZ07	水稻	267.51	51.33
2010-09	YGAZQ01	水稻	192.59	22.50
2015-09	YGAZQ01	水稻	186.03	11.67

（续）

时间（年-月）	观测场代码	作物	阳离子交换量/（mmol/kg）	
			平均值	标准差
2010 - 09	YGAZQ03	玉米	187.90	14.49
2015 - 09	YGAZQ03	玉米	194.19	16.18

注：沟底两季稻田站区调查点（YGAZQ01），2015年重新修建，表层土壤回填过，扰动较大，数据不具有连续性。

3.2.3　土壤养分

3.2.3.1　概述

本数据集为盐亭站9个长期监测样地2009—2015年耕层土壤（0～15 cm）以及2010年和2015年剖面土壤（深度根据各样地土壤发生层实际情况划分）的土壤养分数据，包括有机质、全氮、全磷、全钾、碱解氮、有效磷、有效钾和水溶液提取pH值9个指标。

分析方法：2010年和2015年有机质采用硫酸-重铬酸钾氧化-容量法测定，2010年全氮采用半微量凯氏法测定，全磷采用碱熔-钼锑抗比色法测定，全钾采用碱熔-火焰光度法测定，碱解氮采用碱解扩散法测定，有效磷采用碳酸氢钠浸提-钼锑抗比色法测定，有效钾采用乙酸铵浸提-火焰光度法测定，水提pH采用点位法测定。

养分全量指标的单位为：有机质（g/kg）、全氮（g/kg）、全磷（g/kg）、全钾（g/kg）、速效氮（mg/kg）、有效磷（mg/kg）、速效钾（mg/kg）、缓效钾（mg/kg）。

3.2.3.2　数据

盐亭站土壤养分观测数据见表3-12、表3-13、表3-14。

表3-12　盐亭站土壤采样地耕层土壤养分全量

采样地	年份	作物	有机质/（g/kg）		全氮/（g/kg）		全磷/（g/kg）		全钾/（g/kg）		水提 pH	
			均值	标准差	均值	标准差	均值	标准差	均值	标准差	均值	标准差
农田综合观测场土壤生物采样地（YGAZH01ABC_01）	2009	小麦	12.96	2.78	0.87	0.17	0.79	0.10	20.64	0.38	7.98	0.04
	2009	玉米	12.61	1.16	0.80	0.09	0.71	0.07	21.01	0.73	8.42	0.11
	2010	小麦	13.65	0.90	0.99	0.05	0.79	0.03	23.11	0.54	8.03	0.09
	2010	玉米	13.47	2.26	0.98	0.09	—	—	—	—	8.51	0.07
	2011	玉米	—	—	1.00	0.11	—	—	—	—	—	—
	2012	小麦	13.70	2.43	—	—	—	—	—	—	—	—
	2012	玉米	13.26	1.72	1.03	0.01	—	—	—	—	8.20	0.04
	2013	小麦	11.89	1.56	1.22	0.46	—	—	—	—	8.45	0.12
	2013	玉米	13.31	1.38	0.98	0.13	—	—	—	—	8.27	0.07
	2014	玉米	15.40	1.08	—	—	—	—	—	—	—	—
	2015	小麦	14.39	2.03	1.04	0.06	—	—	—	—	8.23	0.10
	2015	玉米	15.69	2.13	1.14	0.12	0.95	0.10	21.42	0.99	8.42	0.07
农田土壤要素辅助长期观测采样地（CK）（YGAFZ01B00_01）	2009	小麦	8.32	1.30	0.64	0.05	0.66	0.03	23.08	1.56	8.32	0.09
	2009	油菜	10.27	1.52	0.85	0.11	0.77	0.04	22.64	0.90	8.23	0.07
	2009	玉米	10.36	1.46	0.72	0.01	0.68	0.08	22.64	1.18	8.59	0.15
	2010	小麦	9.60	1.14	0.76	0.05	0.68	0.04	23.75	1.18	8.25	0.05

（续）

采样地	年份	作物	有机质/（g/kg）		全氮/（g/kg）		全磷/（g/kg）		全钾/（g/kg）		水提 pH	
			均值	标准差	均值	标准差	均值	标准差	均值	标准差	均值	标准差
农田土壤要素辅助长期观测采样地（CK）（YGAFZ01B00_01）	2010	油菜	11.99	1.52	0.91	0.10	0.79	0.08	24.07	1.14	8.09	0.05
	2010	玉米	10.20	0.99	0.77	0.08	—	—	—	—	8.63	0.07
	2011	玉米	—	—	0.84	0.15	—	—	—	—	—	—
	2012	小麦	8.64	0.37	—	—	—	—	—	—	—	—
	2012	油菜	10.23	1.45	—	—	—	—	—	—	—	—
	2012	玉米	9.49	1.47	1.04	0.01	—	—	—	—	8.49	0.13
	2013	小麦	9.36	0.76	0.61	0.06	—	—	—	—	8.59	0.03
	2013	油菜	10.48	1.65	0.69	0.10	—	—	—	—	8.58	0.01
	2013	玉米	8.48	1.34	0.72	0.12	—	—	—	—	8.54	0.06
	2014	玉米	10.19	1.65	—	—	—	—	—	—	—	—
	2015	小麦	7.19	1.37	0.60	0.08	0.63	0.03	23.12	0.91	8.42	0.03
	2015	油菜	8.86	1.15	0.71	0.07	0.64	0.04	22.20	0.11	8.32	0.03
	2015	玉米	9.02	1.59	0.74	0.09	—	—	—	—	8.53	0.03
轮作制度与秸秆还田长期观测采样地（R+NPK）（YGAFZ02B00_01）	2009	小麦	12.92	0.65	0.91	0.10	0.93	0.08	20.93	1.27	8.12	0.05
	2009	玉米	14.95	0.91	0.95	0.08	0.85	0.11	21.34	1.52	8.36	0.24
	2010	小麦	14.39	1.47	0.93	0.09	0.93	0.07	22.45	0.90	8.05	0.03
	2010	玉米	14.58	1.04	1.00	0.10	—	—	—	—	8.29	0.21
	2012	小麦	15.69	0.64	—	—	—	—	—	—	—	—
	2012	玉米	15.22	1.58	1.04	0.01	—	—	—	—	8.40	0.13
	2013	小麦	14.54	0.91	0.89	0.02	—	—	—	—	8.40	0.01
	2013	玉米	14.42	0.71	1.01	0.07	—	—	—	—	8.33	0.06
	2014	玉米	14.49	1.74	—	—	—	—	—	—	—	—
	2015	小麦	14.68	1.64	1.00	0.05	1.01	0.14	21.20	2.12	7.99	0.06
	2015	玉米	15.75	0.34	1.10	0.05	—	—	—	—	8.31	0.05
台地农田辅助观测场土壤生物采样地（YGAFZ05ABC_01）	2009	油菜	16.5	0.47	1.19	0.02	1.09	0.06	20.94	0.36	8.04	0.03
	2009	玉米	15.77	1.38	1.05	0.08	0.94	0.08	21.86	0.68	8.33	0.12
	2010	油菜	18.76	0.75	1.20	0.05	1.03	0.09	21.56	1.28	8.06	0.04
	2010	玉米	16.42	0.89	1.14	0.06	—	—	—	—	8.05	0.03
	2011	玉米	—	—	1.15	0.23	—	—	—	—	—	—
	2012	油菜	19.50	0.79	—	—	—	—	—	—	—	—
	2012	玉米	17.10	0.85	1.04	0.01	—	—	—	—	8.27	0.04
	2013	油菜	18.06	0.74	1.13	0.07	—	—	—	—	8.53	0.05
	2013	玉米	17.30	1.04	1.24	0.07	—	—	—	—	8.28	0.03
	2014	玉米	18.59	1.07	—	—	—	—	—	—	—	—
	2015	油菜	16.87	4.38	1.12	0.23	0.96	0.06	20.49	0.70	8.13	0.12
	2015	玉米	19.51	1.29	1.38	0.08	—	—	—	—	8.35	0.04

（续）

采样地	年份	作物	有机质/（g/kg）		全氮/（g/kg）		全磷/（g/kg）		全钾/（g/kg）		水提 pH	
			均值	标准差	均值	标准差	均值	标准差	均值	标准差	均值	标准差
人工桤柏混交林林地辅助观测场土壤生物长期采样地（YGAFZ06ABC_01）	2009	林地	29.63	5.87	1.33	0.27	0.45	0.05	18.56	1.95	7.95	0.29
	2010	林地	41.33	11.79	1.84	0.50	0.48	0.05	20.18	1.77	7.86	0.10
	2011	林地	—	—	1.66	0.47						
	2012	林地	45.1	13.9	1.05	0.01				—	8.06	0.07
	2013	林地	32.14	5.62	1.42	0.27					8.41	0.03
	2015	林地	36.12	7.02	1.70	0.33	0.48	0.03	16.52	1.61	8.14	0.20
人工改造两季田辅助观测场长期土壤生物长期采样地（YGAFZ07AB0_01）	2009	小麦	9.55	0.49	0.75	0.04	0.74	0.04	21.24	0.15	8.03	0.02
	2009	油菜	11.11	0.38	0.84	0.03	0.79	0.10	22.81	0.44	7.92	0.06
	2009	水稻	10.36	1.31	0.77	0.06	0.73	0.06	23.15	0.93	8.26	0.09
	2010	小麦	10.66	0.34	0.83	0.04	0.81	0.05	22.26	0.83	8.02	0.04
	2010	油菜	11.36	0.29	0.85	0.02	0.76	0.05	23.02	1.33	8.07	0.02
	2010	水稻	12.09	0.98	0.86	0.04	—	—	—	—	7.91	0.01
	2011	水稻	—	—	0.97	0.14						
	2012	小麦	13.8	0.64	—	—						
	2012	油菜	14.9	0.88	—	—						
	2012	水稻	13.80	1.06	1.04	0.01					8.10	0.07
	2013	小麦	12.60	0.61	0.86	0.06					8.34	0.02
	2013	油菜	14.33	1.01	1.08	0.13					8.32	0.07
	2013	水稻	13.20	1.59	1.02	0.14					8.21	0.04
	2014	水稻	15.60	1.64	—	—						
	2015	小麦	14.43	0.79	0.99	0.03			—	—	7.99	0.07
	2015	油菜	14.69	0.93	1.05	0.03			—	—	8.10	0.06
	2015	水稻	15.29	1.39	1.20	0.14			—	—	8.24	0.05
沟底两季稻田站区调查点土壤生物采样地（YGAZQ01ABC_01）	2009	水稻	18.67	0.40	1.17	0.05	0.85	0.06	20.82	1.21	7.97	0.19
	2010	油菜	19.06	1.27	1.16	0.09	0.81	0.02	19.25	0.73	8.00	0.05
	2010	休闲	20.64	0.87	1.29	0.04	—	—	—	—	7.89	0.04
	2011	休闲	1.33	0.07	—	—						
	2014	水稻	12.74	1.29	—	—						
	2015	油菜	12.17	1.66	0.83	0.08			—	—	8.15	0.12
	2015	水稻	13.18	1.17	0.93	0.07			—	—	8.31	0.12
冬水田站区调查点土壤生物采样地（YGAZQ02ABC_01）	2009	休闲	30.75	0.78	1.79	0.80	0.80	0.03	19.32	1.17	7.48	0.02
	2009	水稻	25.72	6.06	1.41	0.33	0.71	0.01	20.07	1.30	7.79	0.08
	2010	休闲	32.85	2.36	1.88	0.11	0.77	0.03	20.67	0.84	7.64	0.08
	2010	莲藕	39.05	6.53	2.11	0.24	0.76	0.07	18.09	0.81	—	—
高台位旱坡地站区调查点土壤生物长期采样地（YGAZQ03AB0_010）	2009	油菜	14.58	0.86	1.01	0.09	0.81	0.02	18.56	1.40	7.85	0.05
	2010	玉米	13.84	1.57	0.96	0.09	—	—	—	—	8.01	0.04
	2011	玉米	—	—	1.07	0.09						

（续）

采样地	年份	作物	有机质/（g/kg）		全氮/（g/kg）		全磷/（g/kg）		全钾/（g/kg）		水提 pH	
			均值	标准差	均值	标准差	均值	标准差	均值	标准差	均值	标准差
高台位旱坡地站区调查点土壤生物长期采样地（YGAZQ03AB0_01）	2012	油菜	14.09	1.20	—	—	—	—	—	—	—	—
	2012	玉米	15.12	1.68	1.03	0.01	—	—	—	—	8.23	0.02
	2013	油菜	12.88	0.11	0.94	0.11	—	—	—	—	8.40	0.04
	2013	玉米	13.44	0.80	1.02	0.06	—	—	—	—	8.29	0.02
	2014	玉米	15.02	0.97	—	—	—	—	—	—	—	—
	2015	小麦	14.26	0.89	1.07	0.08	—	—	—	—	8.02	0.10

表 3 - 13　盐亭站土壤采样地耕层土壤有效养分

单位：mg/kg

采样地	年份	作物	速效氮		有效磷		速效钾		缓效钾	
			均值	标准差	均值	标准差	均值	标准差	均值	标准差
农田综合观测场土壤生物采样地（YGAZH01ABC_01）	2009	小麦	64.15	15.84	11.72	3.02	152.25	38.01	560.88	101.60
	2009	玉米	59.77	8.65	9.47	2.38	132.33	25.92	577.44	83.43
	2010	小麦	53.70	4.10	10.33	2.12	139.44	10.14	556.00	63.12
	2010	玉米	64.16	11.42	10.02	3.17	127.30	20.89	638.08	67.93
	2011	小麦	59.92	7.19	10.71	1.78	139.30	14.56	—	—
	2011	玉米	52.71	15.39	11.72	3.46	148.81	21.53	—	—
	2012	小麦	67.11	11.65	10.04	2.51	133.63	38.06	—	—
	2012	玉米	72.68	7.85	8.67	1.89	196.75	19.80	—	—
	2013	小麦	64.22	11.07	9.96	2.96	119.26	3.82	556.25	39.34
	2013	玉米	72.73	9.20	10.38	1.72	163.44	23.09	525.19	97.75
	2014	小麦	74.13	17.18	18.58	6.63	109.45	10.90	—	—
	2014	玉米	83.09	8.16	12.32	3.46	146.33	31.96	—	—
	2015	小麦	63.51	12.12	11.99	1.48	119.48	25.54	647.18	115.76
	2015	玉米	73.54	8.70	14.71	5.55	153.04	52.66	795.29	74.35
农田土壤要素辅助长期观测采样地（CK）（YGAFZ01B00_01）	2009	小麦	36.65	8.11	3.28	0.42	140.96	13.59	487.07	55.02
	2009	油菜	54.24	8.36	7.09	1.38	139.91	7.90	467.86	47.14
	2009	玉米	41.70	8.15	4.54	2.19	119.59	9.01	511.72	31.47
	2010	小麦	43.33	7.90	3.79	2.83	139.06	15.19	568.64	33.42
	2010	油菜	52.51	4.49	5.80	1.79	128.30	8.03	514.46	38.79
	2010	玉米	42.51	7.85	5.01	1.42	109.91	10.14	571.05	37.02
	2011	小麦	46.16	7.06	2.60	1.02	134.01	2.95	—	—
	2011	油菜	50.98	7.92	5.04	0.71	128.39	4.46	—	—
	2011	玉米	44.10	13.18	5.42	2.04	124.72	11.27	—	—
	2012	小麦	32.88	4.02	3.07	0.25	110.05	16.32	—	—
	2012	油菜	48.99	9.81	3.79	0.80	90.08	17.67	—	—

（续）

采样地	年份	作物	速效氮		有效磷		速效钾		缓效钾	
			均值	标准差	均值	标准差	均值	标准差	均值	标准差
农田土壤要素辅助长期观测采样地（CK）（YGAFZ01B00_01）	2012	玉米	54.91	8.84	5.03	1.10	161.38	10.18	—	—
	2013	小麦	43.93	10.47	1.44	1.18	92.81	5.84	532.37	45.55
	2013	油菜	50.68	6.55	1.96	1.16	84.57	8.22	469.94	42.50
	2013	玉米	36.76	6.95	5.37	0.34	133.17	10.42	510.40	44.90
	2014	小麦	65.21	8.70	6.67	1.43	99.03	11.82	—	—
	2014	油菜	51.57	8.66	4.18	0.58	92.93	13.68	—	—
	2014	玉米	45.59	9.13	4.97	0.81	113.12	7.12	—	—
	2015	小麦	38.33	6.91	5.00	2.78	105.52	5.32	646.00	99.88
	2015	油菜	48.24	11.83	8.36	4.09	94.93	14.67	578.81	135.81
	2015	玉米	43.31	4.68	3.77	0.62	127.25	11.08	796.06	74.95
轮作制度与秸秆还田长期观测采样地（R+NPK）（YGAFZ02B00_01）	2009	小麦	68.60	4.44	13.21	1.35	184.33	31.03	604.13	106.08
	2009	玉米	66.79	9.63	12.86	2.01	164.81	20.51	630.77	46.60
	2010	玉米	73.85	9.98	12.10	0.11	145.12	21.51	625.85	33.00
	2011	玉米	75.82	3.41	13.32	1.30	168.69	5.54	—	—
	2012	小麦	76.68	3.09	11.96	3.31	160.28	27.55	—	—
	2012	玉米	78.32	1.53	12.99	1.09	212.11	25.44	8.40	0.13
	2013	小麦	81.18	1.65	15.25	0.20	106.64	6.55	511.12	38.25
	2013	玉米	69.86	5.23	17.59	1.65	179.57	26.45	614.61	71.48
	2014	小麦	110.56	13.67	23.66	2.41	165.79	39.72	—	—
	2014	玉米	89.44	2.57	16.58	2.94	153.33	8.86	—	—
	2015	小麦	81.34	3.55	20.21	3.70	122.80	1.81	585.60	53.92
	2015	玉米	78.79	4.61	20.38	2.40	172.93	42.70	736.03	34.23
台地农田辅助观测场土壤生物采样地（YGAFZ05ABC_01）	2009	油菜	86.49	4.91	19.93	2.28	191.28	57.87	606.45	131.81
	2009	玉米	82.93	5.60	15.10	3.76	176.09	115.99	705.13	153.02
	2010	油菜	85.90	5.86	16.99	2.77	206.24	109.07	679.43	87.67
	2010	玉米	78.11	3.36	11.01	2.00	145.49	74.55	715.97	91.07
	2011	油菜	88.73	3.11	13.13	1.51	220.84	77.22	—	—
	2011	玉米	71.37	7.62	12.58	2.84	125.40	32.42	—	—
	2012	油菜	90.44	8.25	11.09	2.24	203.15	89.72	—	—
	2012	玉米	93.19	9.89	9.73	2.01	199.46	60.03	8.27	0.04
	2013	油菜	95.02	4.53	11.86	2.15	146.31	38.20	562.07	70.67
	2013	玉米	91.93	4.15	11.01	1.94	204.44	83.34	669.25	114.95
	2014	油菜	103.77	4.63	15.65	6.70	149.66	23.20	—	—
	2014	玉米	103.36	4.91	9.47	1.31	172.78	53.67	—	—
	2015	油菜	84.16	24.33	11.62	4.48	131.10	35.32	650.06	70.81
	2015	玉米	94.63	6.92	10.96	1.09	197.39	64.22	796.92	50.72

（续）

采样地	年份	作物	速效氮		有效磷		速效钾		缓效钾	
			均值	标准差	均值	标准差	均值	标准差	均值	标准差
人工桤柏混交林林地辅助观测场土壤生物长期采样地（YGAFZ06ABC_01）	2009	林地	89.77	18.36	4.85	1.15	136.73	42.08	427.70	95.67
	2010	林地	134.92	42.00	7.14	1.93	152.12	39.66	405.26	90.22
	2011	林地	90.13	31.20	4.73	0.94	144.51	33.60	—	—
	2012	林地	142.38	38.97	5.55	1.34	161.85	46.26	—	—
	2013	林地	120.75	19.36	2.00	0.43	98.79	33.60	370.34	98.39
	2014	林地	137.94	25.90	8.75	4.78	139.03	29.86		
	2015	林地	126.54	26.06	5.27	0.73	111.48	30.84	464.63	90.72
人工改造两季田辅助观测场长期土壤生物长期采样地（YGAFZ07AB0_01）	2009	小麦	43.36	3.04	16.50	4.83	124.41	14.50	494.12	41.17
	2009	油菜	55.69	8.43	18.67	3.14	142.91	43.00	545.05	68.20
	2009	水稻	46.38	10.67	20.08	5.36	108.50	15.59	605.89	28.55
	2010	小麦	50.57	3.03	23.11	1.62	126.25	6.22	558.20	24.69
	2010	油菜	53.26	4.77	16.68	5.25	136.91	26.72	534.69	67.54
	2010	水稻	55.05	4.45	16.64	2.20	107.73	11.17	628.63	42.27
	2011	小麦	61.01	3.89	19.48	3.36	128.07	7.84	—	—
	2011	油菜	62.89	6.20	14.30	1.79	144.17	12.57	—	—
	2011	水稻	52.98	10.21	20.48	3.33	140.27	12.09	—	—
	2012	小麦	67.22	1.87	18.82	2.11	127.81	22.14	—	—
	2012	油菜	69.77	4.52	13.64	2.09	130.50	18.58	—	—
	2012	水稻	68.54	3.36	18.21	3.19	185.79	21.54	—	—
	2013	小麦	73.01	6.86	23.39	4.73	103.47	16.48	512.26	35.07
	2013	油菜	86.36	4.25	23.18	2.40	125.09	37.86	552.73	37.97
	2013	水稻	64.20	11.02	19.29	3.93	150.04	27.57	537.46	83.19
	2014	小麦	88.52	7.50	30.13	5.37	129.53	18.54	—	—
	2014	油菜	102.72	10.92	29.65	3.11	129.11	34.78	—	—
	2014	水稻	95.05	23.04	22.62	7.32	128.77	17.35	—	—
	2015	小麦	69.95	5.79	26.63	4.66	112.31	12.19	659.10	55.49
	2015	油菜	70.66	4.32	19.93	1.12	110.56	16.73	675.86	40.66
	2015	水稻	68.23	7.75	27.89	3.30	122.03	13.41	758.79	60.48
沟底两季稻田站区调查点土壤生物采样地（YGAZQ01ABC_01）	2009	水稻	85.84	3.85	21.72	2.28	78.88	2.54	471.57	35.22
	2010	油菜	80.14	5.77	19.00	3.12	89.53	4.92	437.09	39.54
	2010	休闲	92.16	6.49	15.95	1.40	73.01	3.72	500.60	20.58
	2011	油菜	100.52	4.16	15.69	1.27	107.78	6.12	—	—
	2011	休闲	78.11	22.79	12.91	1.55	100.79	6.05	—	—
	2014	油菜	62.20	8.56	12.81	2.30	80.15	13.70		
	2014	水稻	66.72	8.81	10.99	2.71	93.90	12.96	—	—
	2015	油菜	63.41	11.16	10.96	2.58	82.54	13.96	505.66	29.40
	2015	水稻	61.97	5.33	12.59	1.83	84.29	10.94	628.95	24.72

（续）

采样地	年份	作物	速效氮		有效磷		速效钾		缓效钾	
			均值	标准差	均值	标准差	均值	标准差	均值	标准差
冬水田站区调查点土壤生物采样地（YGAZQ02ABC_01）	2009	休闲	153.79	22.74	29.44	5.38	162.59	43.10	399.32	27.15
	2009	水稻	115.73	30.95	24.23	2.35	108.27	25.65	421.87	27.07
	2010	休闲	132.80	4.87	27.20	5.08	167.75	31.83	364.90	8.19
	2015	休闲	146.67	30.85	18.12	2.64	113.85	40.05	435.86	38.16
高台位旱坡地站区调查点土壤生物长期采样地（YGAZQ03AB0_01）	2009	油菜	74.00	7.16	10.74	1.90	141.92	38.81	473.55	57.66
	2010	玉米	64.93	12.16	5.99	0.58	87.24	8.62	535.31	9.49
	2011	油菜	78.12	2.41	7.70	0.92	121.77	13.48	—	
	2011	玉米	61.19	8.43	7.93	1.03	110.47	6.45	—	
	2012	油菜	72.47	1.39	5.71	0.60	97.49	25.68	—	
	2012	玉米	81.02	2.74	7.23	1.71	159.43	32.16	8.23	0.02
	2013	油菜	78.30	2.67	6.08	0.64	91.97	24.46	491.08	52.46
	2013	玉米	73.67	4.45	7.40	0.52	135.46	22.89	468.94	55.17
	2014	油菜	95.39	8.17	12.20	5.96	109.86	31.80	—	
	2014	玉米	91.17	9.65	7.03	1.08	123.29	26.84	—	
	2015	小麦	84.44	10.45	7.87	0.49	99.76	21.01	541.73	53.51

表 3-14 盐亭站土壤采样地剖面土壤养分全量

采样地	年份	作物	采样深度/cm	有机质/（g/kg）		全氮/（g/kg）		全磷/（g/kg）		全钾/（g/kg）	
				均值	标准差	均值	标准差	均值	标准差	均值	标准差
农田综合观测场土壤生物采样地（YGAZH01ABC_01）	2010	玉米	0～10	14.26	3.86	0.97	0.27	0.76	0.11	18.44	1.46
	2010	玉米	10～20	9.00	2.83	0.65	0.19	0.57	0.20	19.03	2.30
	2010	玉米	20～40	6.42	2.42	0.55	0.16	0.54	0.20	19.42	1.57
	2010	玉米	40～60	5.90	2.22	0.49	0.16	0.53	0.12	18.54	0.14
	2015	玉米	0～10	15.83	1.87	1.13	0.15	0.95	0.10	21.42	0.99
	2015	玉米	10～20	9.83	3.65	0.79	0.17	0.76	0.06	21.88	1.56
	2015	玉米	20～40	4.71	2.25	0.44	0.16	0.62	0.10	19.99	1.49
	2015	玉米	40～60	3.60	1.80	0.37	0.14	0.58	0.08	20.81	1.40
农田土壤要素辅助长期观测采样地（CK）（YGAFZ01B00_01）	2010	小麦	0～15	9.18	0.83	0.67	0.07	0.67	0.01	22.93	0.21
	2010	小麦	15～35	8.02	1.09	0.62	0.05	0.64	0.01	22.91	1.41
	2010	小麦	35～50	5.91	2.27	0.53	0.16	0.64	0.06	23.38	0.99
	2010	油菜	0～15	9.70	0.74	0.73	0.08	0.74	0.00	22.73	0.09
	2010	油菜	15～35	7.07	1.01	0.55	0.10	0.66	0.08	22.75	1.23
	2010	油菜	35～50	7.15	2.70	0.55	0.10	0.62	0.05	22.86	0.03
	2015	小麦	0～15	5.88	1.13	0.53	0.09	0.63	0.03	23.12	0.91
	2015	小麦	15～35	4.69	1.29	0.44	0.12	0.67	0.03	22.10	1.49
	2015	小麦	35～50	4.43	0.91	0.44	0.04	0.64	0.02	22.54	0.76

（续）

采样地	年份	作物	采样深度/cm	有机质/（g/kg）		全氮/（g/kg）		全磷/（g/kg）		全钾/（g/kg）	
				均值	标准差	均值	标准差	均值	标准差	均值	标准差
农田土壤要素辅助长期观测采样地（CK）（YGAFZ01B00_01）	2015	油菜	0～15	5.57	2.35	0.60	0.07	0.64	0.04	22.20	0.11
	2015	油菜	15～35	6.09	2.00	0.58	0.03	0.69	0.05	22.11	1.42
轮作制度与秸秆还田长期观测采样地（R＋NPK）（YGAFZ02B00_01）	2010	小麦	0～15	14.39	1.47	0.93	0.09	0.93	0.07	22.45	0.90
	2010	小麦	15～30	10.92	1.25	0.78	0.09	0.83	0.02	21.56	1.54
	2010	小麦	30～50	6.32	1.87	0.50	0.12	0.57	0.09	23.44	3.11
	2015	小麦	0～15	13.78	2.67	1.02	0.16	1.01	0.14	21.20	2.12
	2015	小麦	15～30	8.53	1.15	0.74	0.10	0.74	0.09	20.31	1.54
	2015	小麦	30～50	5.01	0.80	0.54	0.07	0.61	0.06	21.73	2.90
台地农田辅助观测场土壤生物采样地（YGAFZ05ABC_01）	2010	小麦	0～15	15.42	2.96	1.01	0.17	0.90	0.13	20.12	0.04
	2010	小麦	15～30	7.43	1.08	0.55	0.07	0.61	0.05	20.03	0.05
	2010	小麦	30～50	6.41	2.17	0.52	0.13	0.52	0.08	21.39	1.11
	2015	小麦	0～15	14.23	3.22	1.09	0.17	0.96	0.06	20.49	0.70
	2015	小麦	15～30	5.80	1.81	0.61	0.11	0.62	0.12	21.04	1.27
	2015	小麦	30～50	3.63	1.31	0.44	0.07	0.51	0.04	21.61	0.84
人工柏柏混交林林地辅助观测场土壤生物长期采样地（YGAFZ06ABC_01）	2010	林地	0～15	31.89	11.66	1.47	0.53	0.48	0.04	18.71	2.57
	2010	林地	15～30	13.92	4.71	0.74	0.21	0.52	0.03	20.12	3.83
	2010	林地	30～50	12.35	5.45	0.71	0.22	0.51	0.01	19.62	4.77
	2015	林地	0～15	18.74	4.51	0.98	0.21	0.48	0.03	16.52	1.61
	2015	林地	15～30	7.54	2.31	0.47	0.14	0.51	0.03	17.38	2.95
	2015	林地	30～50	6.88	4.25	0.48	0.17	0.46	0.01	17.97	3.36
人工改造两季田辅助观测场长期土壤生物长期采样地（YGAFZ07AB0_01）	2010	小麦	0～15	10.10	1.35	0.75	0.08	0.78	0.02	21.91	0.95
	2010	油菜	15～35	6.45	2.65	0.55	0.12	0.65	0.07	22.27	0.99
	2010	水稻	35～55	5.56	1.02	0.48	0.10	0.56	0.07	22.22	2.33
	2010	小麦	0～15	12.04	1.02	0.80	0.01	0.66	0.02	22.06	0.93
	2010	油菜	15～35	8.62	3.13	0.65	0.26	0.53	0.11	20.55	1.64
	2010	水稻	35～55	7.90	1.88	0.68	0.25	0.52	0.03	21.77	0.71
	2015	小麦	0～15	12.19	0.96	0.94	0.04	0.81	0.03	20.68	1.53
	2015	油菜	15～35	5.04	1.01	0.53	0.04	0.66	0.14	21.97	0.77
	2015	水稻	35～55	4.05	1.14	0.45	0.06	0.57	0.10	21.42	1.46
	2015	小麦	0～15	14.92	0.95	1.25	0.22	0.75	0.12	21.53	1.67

（续）

采样地	年份	作物	采样深度/cm	有机质/（g/kg）		全氮/（g/kg）		全磷/（g/kg）		全钾/（g/kg）	
				均值	标准差	均值	标准差	均值	标准差	均值	标准差
人工改造两季田辅助观测场长期土壤生物长期采样地（YGAFZ07AB0_01）	2015	油菜	15～35	6.39	1.97	0.59	0.12	0.66	0.02	23.44	0.80
	2015	水稻	35～55	8.31	0.19	0.71	0.04	0.68	0.02	21.72	0.92
沟底两季稻田站区调查点土壤生物采样地（YGAZQ01ABC_01）	2010	休闲	0～10	20.52	0.64	1.30	0.06	0.91	0.08	17.50	1.53
	2010	休闲	10～20	16.69	3.56	1.08	0.19	0.81	0.11	17.88	0.76
	2010	休闲	20～40	6.66	6.66	0.52	0.52	0.49	0.49	16.29	1.00
	2010	休闲	40～60	5.62	1.15	0.46	0.45	0.45	0.05	18.85	2.20
	2010	休闲	60～100	14.11	0.97	0.87	0.87	0.57	0.21	17.98	1.79
	2015	水稻	0～10	14.18	1.28	0.98	0.02	0.70	0.01	19.53	0.05
	2015	水稻	10～20	11.36	0.77	0.83	0.02	0.65	0.03	19.47	0.11
	2015	水稻	20～40	8.67	1.25	0.66	0.02	0.61	0.04	19.08	0.79
	2015	水稻	40～60	7.95	2.17	0.51	0.10	0.55	0.05	19.13	0.80
冬水田站区调查点土壤生物采样地（YGAZQ02ABC_01）	2010	休闲	0～10	39.05	6.53	2.11	0.24	0.70	0.07	18.09	0.81
	2010	休闲	10～20	31.69	3.38	1.72	0.12	0.67	0.01	17.31	1.19
	2010	休闲	20～40	28.62	3.24	1.40	0.08	0.61	0.06	17.60	0.77
	2010	休闲	40～60	25.55	2.78	1.35	0.05	0.54	0.02	18.47	1.35
高台位旱坡地站区调查点土壤生物长期采样地（YGAZQ03AB0_01）	2010	玉米	0～15	14.98	1.54	1.00	0.13	0.71	0.08	17.15	0.08
	2010	玉米	15～35	9.48	1.87	0.62	0.11	0.54	0.09	18.98	1.01
	2010	玉米	35～50	6.78	2.91	0.44	0.18	0.44	0.14	18.60	0.31
	2015	玉米	0～15	12.97	2.20	0.96	0.11	0.78	0.04	18.50	0.80
	2015	玉米	15～35	5.76	0.84	0.52	0.05	0.57	0.03	19.41	0.05
	2015	玉米	35～50	5.12	1.49	0.47	0.05	0.51	0.04	18.51	0.71

3.2.4　土壤矿质全量

3.2.4.1　概述

本数据集为盐亭站 8 个长期监测样地 2015 年剖面土壤的土壤矿质全量，包括二氧化硅、三氧化二铁、氧化锰、氧化钛、三氧化二铝、氧化钙、氧化镁、氧化钾、氧化钠、五氧化二磷、烧失量（LOI）和全硫 12 个指标。单位：采样深度单位为 cm，其他均为％。表中 A 为平均值，SD 为标准差。分析方法：2015 年剖面土壤矿质全量依据《土壤理化分析与剖面描述》中的方法进行测定，其中二氧化硅采用动物胶脱硅质量法测定；三氧化二铁、氧化锰、氧化钙、氧化镁、氧化钾和氧化钠采用原子吸收分光光度法测定；氧化钛采用变色酸比色法测定；三氧化二铝采用氟化钾取代 EDTA 滴定法测定；全硫采用氧化燃烧与还原反应元素分析仪法测定；五氧化二磷采用钼锑抗比色法测定，烧失量采用取样烧失法测定。

3.2.4.2　数据

盐亭站土壤矿质全量观测数据见表 3-15。

表 3 - 15　盐亭站土壤采样地剖面土壤矿质养分全量

采样地	作物	采样深度/cm	SiO₂/% A	SiO₂/% SD	Fe₂O₃/% A	Fe₂O₃/% SD	MnO/% A	MnO/% SD	TiO₂/% A	TiO₂/% SD	Al₂O₃/% A	Al₂O₃/% SD	CaO/% A	CaO/% SD	MgO/% A	MgO/% SD	K₂O/% A	K₂O/% SD	Na₂O/% A	Na₂O/% SD	P₂O₅/% A	P₂O₅/% SD	LOI/% A	LOI/% SD	S/% A	S/% SD
农田综合观测场土壤生物采样地（YGAZH01ABC_01）	玉米	0~10	55.49	1.10	4.60	0.14	0.08	0.00	0.61	0.03	12.19	0.49	5.60	0.91	1.68	0.07	2.58	0.12	1.11	0.02	0.22	0.02	8.38	0.57	0.17	0.02
	玉米	10~20	58.21	0.81	4.67	0.35	0.08	0.00	0.63	0.01	12.11	0.54	5.32	0.27	1.73	0.14	2.64	0.19	1.07	0.08	0.17	0.01	7.65	0.38	0.15	0.08
	玉米	20~40	61.29	1.39	4.42	0.23	0.08	0.01	0.61	0.04	11.70	0.51	6.19	0.95	1.63	0.02	2.41	0.18	1.16	0.03	0.14	0.02	7.46	0.63	0.10	0.03
	玉米	40~60	56.02	3.31	4.16	0.34	0.08	0.02	0.54	0.06	11.17	0.49	7.84	2.42	1.56	0.18	2.51	0.17	1.10	0.05	0.13	0.02	8.87	1.54	0.08	0.01
农田土壤要素辅助长期观测采样地（CK）（YGAFZ01B00_01）	小麦	0~15	56.45	0.73	5.08	0.04	0.07	0.00	0.64	0.00	13.27	0.14	7.44	0.40	2.03	0.03	2.79	0.11	0.93	0.04	0.14	0.01	9.07	0.13	0.03	0.01
	小麦	15~35	57.45	3.22	5.02	0.06	0.08	0.01	0.64	0.02	13.23	0.26	7.48	0.89	1.99	0.07	2.66	0.18	1.06	0.17	0.15	0.01	8.60	0.89	0.03	0.02
	小麦	35~50	57.87	3.08	4.99	0.28	0.08	0.01	0.64	0.01	13.17	0.10	7.51	0.43	1.98	0.05	2.72	0.09	1.04	0.15	0.15	0.00	9.40	1.47	0.03	0.02
	油菜	0~15	54.89	4.20	5.03	0.28	0.09	0.01	0.65	0.03	13.11	0.28	6.86	0.59	1.95	0.09	2.68	0.01	1.04	0.16	0.15	0.01	8.83	0.70	0.05	0.01
	油菜	15~35	56.27	4.79	4.89	0.54	0.08	0.02	0.65	0.02	13.03	0.67	7.02	0.72	1.93	0.17	2.66	0.17	1.03	0.17	0.16	0.01	8.99	0.71	0.05	0.01
	油菜	35~50	61.70	1.24	4.66	0.36	0.10	0.00	0.64	0.01	12.72	0.46	4.99	1.10	1.76	0.10	2.56	0.25	1.16	0.06	0.21	0.05	7.96	0.34	0.12	0.05
轮作制度与秸秆还田长期观测采样地（R+NPK）（YGAFZ02B00_01）	小麦	0~15	60.83	2.71	4.21	0.55	0.10	0.00	0.63	0.04	12.18	1.02	4.22	0.50	1.59	0.19	2.55	0.26	1.16	0.11	0.23	0.03	7.22	0.59	0.14	0.04
	小麦	15~35	63.54	1.59	4.21	0.33	0.11	0.01	0.63	0.02	12.22	0.80	4.50	0.76	1.62	0.13	2.45	0.19	1.18	0.05	0.17	0.02	6.93	0.29	0.10	0.00
	小麦	35~50	57.88	1.92	4.88	0.66	0.09	0.00	0.65	0.04	12.97	0.88	5.69	1.05	1.89	0.14	2.62	0.35	1.01	0.16	0.14	0.01	8.12	0.23	0.06	0.02
台地农田辅助观测场土壤生物采样地（YGAFZ05ABC_01）	油菜	0~15	62.92	1.86	4.54	0.14	0.09	0.00	0.64	0.01	12.38	0.77	4.43	0.31	1.71	0.10	2.47	0.08	1.22	0.10	0.22	0.01	7.27	0.12	0.13	0.03
	油菜	15~35	63.00	1.25	4.94	0.07	0.09	0.00	0.67	0.00	13.24	0.20	4.09	0.38	1.80	0.05	2.54	0.15	1.14	0.12	0.14	0.03	6.37	0.35	0.08	0.03
	油菜	35~50	64.48	1.24	5.04	0.26	0.09	0.01	0.68	0.01	13.47	0.78	3.29	0.70	1.83	0.14	2.60	0.10	1.10	0.01	0.12	0.01	5.49	0.40	0.06	0.01

（续）

采样地	作物	采样深度/cm	SiO₂/% A	SiO₂/% SD	Fe₂O₃/% A	Fe₂O₃/% SD	MnO/% A	MnO/% SD	TiO₂/% A	TiO₂/% SD	Al₂O₃/% A	Al₂O₃/% SD	CaO/% A	CaO/% SD	MgO/% A	MgO/% SD	K₂O/% A	K₂O/% SD	Na₂O/% A	Na₂O/% SD	P₂O₅/% A	P₂O₅/% SD	LOI/% A	LOI/% SD	S/% A	S/% SD
人工柏树混交林地辅助观测场土壤生物长期采样地（YGAFZ06ABC_01）	柏木	0~20	57.31	0.98	3.65	0.59	0.07	0.00	0.55	0.07	10.86	1.00	9.06	0.42	1.67	0.10	1.99	0.19	1.15	0.19	0.11	0.01	11.00	0.33	0.11	0.01
	柏木	20~40	52.91	4.20	3.68	0.41	0.06	0.01	0.52	0.10	10.50	1.00	9.98	1.20	1.69	0.15	2.09	0.36	1.03	0.34	0.12	0.01	10.90	0.61	0.07	0.00
	柏木	40以下	55.35	5.04	3.93	0.86	0.06	0.01	0.56	0.04	11.49	1.79	10.32	1.73	1.82	0.40	2.17	0.40	1.11	0.49	0.11	0.00	11.10	1.38	0.06	0.03
	小麦	0~15	62.28	0.31	4.92	0.33	0.08	0.00	0.65	0.02	13.23	0.38	4.70	0.70	1.85	0.03	2.49	0.18	1.22	0.10	0.19	0.01	7.24	0.38	0.13	0.03
	小麦	15~35	55.82	14.51	4.90	0.12	0.08	0.01	0.67	0.01	13.26	0.48	4.31	1.10	1.81	0.16	2.65	0.09	1.17	0.17	0.15	0.03	6.36	1.00	0.09	0.03
人工改造两季田辅助观测场土壤生物长期采样地（YGAFZ07-AB0_01）	小麦	35~55	62.67	5.55	4.89	0.23	0.08	0.00	0.66	0.00	13.33	0.40	4.22	1.19	1.84	0.22	2.58	0.18	1.23	0.07	0.13	0.02	6.14	1.06	0.07	0.01
	水稻	0~15	57.11	4.92	5.01	0.66	0.08	0.00	0.65	0.04	13.17	1.55	5.48	1.40	1.88	0.25	2.59	0.20	1.05	0.03	0.17	0.03	8.38	0.55	0.16	0.06
	水稻	15~35	57.58	3.68	5.08	0.12	0.08	0.01	0.66	0.02	13.07	0.15	5.25	0.48	1.92	0.06	2.82	0.10	1.05	0.05	0.15	0.00	7.95	0.51	0.11	0.00
	水稻	35~55	61.32	3.18	4.93	0.11	0.07	0.01	0.64	0.01	13.07	0.02	5.13	0.43	1.87	0.05	2.62	0.11	1.15	0.06	0.15	0.00	7.51	0.29	0.13	0.02
	水稻	0~10	60.60	1.80	3.96	0.06	0.08	0.00	0.57	0.02	11.21	0.18	3.76	0.77	1.39	0.02	2.35	0.01	1.26	0.04	0.16	0.00	6.55	0.78	0.17	0.07
沟底两季稻田站区调查点土壤生物长期采样地（YG-AZQ01ABC_01）	水稻	10~20	56.84	3.00	4.08	0.04	0.08	0.00	0.59	0.01	11.48	0.10	3.99	0.95	1.44	0.03	2.35	0.01	1.27	0.06	0.15	0.01	6.41	0.79	0.19	0.00
	水稻	20~40	58.00	1.27	4.02	0.15	0.08	0.00	0.58	0.02	11.20	0.37	3.93	0.77	1.41	0.06	2.30	0.10	1.26	0.05	0.14	0.01	6.19	0.66	0.14	0.02
	水稻	40~60	59.09	2.67	4.18	0.15	0.09	0.01	0.58	0.02	11.22	0.33	4.15	0.42	1.44	0.04	2.31	0.10	1.25	0.05	0.13	0.01	6.11	0.28	0.18	0.08
	玉米	0~15	58.37	4.42	3.93	0.26	0.08	0.01	0.58	0.01	11.55	0.36	6.13	0.06	1.54	0.08	2.28	0.10	1.21	0.04	0.16	0.02	8.08	0.22	0.09	0.03
高台旱坡地站区调查点土壤生物长期采样地（YGAZQ03AB0_01）	玉米	15~35	63.44	2.36	3.97	0.34	0.08	0.01	0.58	0.01	11.59	0.39	6.21	0.36	1.54	0.10	2.28	0.09	1.19	0.04	0.15	0.03	7.71	0.16	0.09	0.05
	玉米	35~50	50.60	11.33	4.23	0.19	0.08	0.00	0.60	0.02	12.15	0.38	5.67	0.88	1.62	0.01	2.23	0.09	1.22	0.04	0.12	0.01	7.40	0.71	0.05	0.00

3.2.5　土壤微量元素和重金属元素

3.2.5.1　概述

该数据集为剖面土壤微量元素和重金属元素含量数据,监测频率为每 5 年 1 次。涉及 8 个长期监测样地。样地具体信息详见 2.2。

分析方法:2010 年、2015 年剖面土壤矿质全量微量元素和重金属元素依据《土壤理化分析与剖面描述》《陆地生态系统土壤观测规范》和《土壤农业化学分析方法》中的方法进行测定,包括全硼、全钼、全铜、全铁、全锌、全锰、铅、铬、镍、镉、砷、硒和汞 13 项指标,其中全硼和全钼采用磷酸-硝酸-氢氟酸-高氯酸消解,ICP - AES 法测定;全铜、全铁、全锌和全锰采用氢氟酸-高氯酸消解,ICP - AES 法测定;铅、铬、镍和镉采用微波消解,ICP - MS 法测定;砷、硒和汞采用原子荧光法测定。采样深度单位为 cm,其余各指标单位均为 mg/kg。表中平均值用 A 表示,标准差用 SD 表示。

3.2.5.2　数据

盐亭站土壤微量元素和重金属元素含量观测数据见表 3 - 16、表 3 - 17。

3.2.6　土壤速效微量元素

3.2.6.1　概述

该数据集涉及 8 个长期监测样地,监测频率为每 5 年 1 次。

分析方法:2010 年和 2015 年耕层土壤速效微量元素依据《土壤理化分析与剖面描述》《陆地生态系统土壤观测规范》和《土壤农业化学分析方法》中的方法进行测定,包括有效铁、有效铜、有效硼、有效锰、有效硫和有效锌 6 项指标,其中有效铁、有效铜和有效锌采用 DTPA 浸提-原子吸收分光光度法测定;有效硼采用沸水-姜黄素比色法测定;有效锰采用乙酸铵-对苯二酚乙酸铵浸提-原子吸收分光光度法测定,有效硫采用氯化钙浸提-硫酸钡比浊法测定。

指标单位:采样深度单位为 cm;其他指标单位均为 mg/kg。表中平均值用 A 表示,标准差用 SD 表示。

3.2.6.2　数据

盐亭站土壤速效微量元素观测数据见表 3 - 18。

3.2.7　土壤机械组成

3.2.7.1　概述

该数据集涉及 8 个长期监测样地,监测频率为每 5 年 1 次。

分析方法:2010 年和 2015 年耕层/剖面土壤机械组成依据《土壤理化分析与剖面描述》中方法进行测定,使用吸管法测定不同粒径范围含量,包括洗失率、0.05～2 mm、0.000 2～0.05mm 和＜0.000 2mm 粒径的含量 4 项指标。

指标单位:采样深度单位为 cm;其他指标单位均为％。表中平均值用 A 表示,标准差用 SD 表示。

3.2.7.2　数据

盐亭站土壤机械组成观测数据见表 3 - 19。

表3-16　盐亭站土壤采样地剖面土壤微量元素含量

采样地	年份	作物	采样深度/cm	全硼/(mg/kg)		全钼/(mg/kg)		全锰/(mg/kg)		全锌/(mg/kg)		全铜/(mg/kg)		全铁/(mg/kg)	
				A	SD	A	SD	A	SD	A	SD	A	SD	A	SD
农田综合观测场土壤生物采样地（YGAZH01ABC_01）	2010	玉米	0~10	55.00	10.68	0.54	0.07	615.59	18.58	55.76	2.11	16.79	0.53	36 550.43	1 404.30
	2010	玉米	10~20	57.33	10.63	0.71	0.16	605.42	11.24	55.01	5.70	17.65	4.08	38 197.15	4 991.52
	2010	玉米	20~40	55.80	6.08	0.58	0.03	592.57	57.33	56.78	4.16	17.75	1.30	38 692.54	2 791.55
	2010	玉米	40~60	52.57	8.47	0.52	0.10	607.76	73.82	55.49	0.87	16.45	1.49	37 096.52	966.75
	2015	玉米	0~10	60.72	3.00	0.53	0.07	626.15	37.96	77.25	1.49	24.27	0.65	32 141.05	968.95
	2015	玉米	10~20	62.82	6.07	0.50	0.03	627.15	11.72	76.53	4.83	24.62	1.39	32 635.16	2 449.50
	2015	玉米	20~40	56.64	0.83	0.51	0.12	601.77	62.50	72.10	4.63	22.91	1.34	30 920.98	1 594.02
	2015	玉米	40~60	56.71	5.38	0.46	0.07	658.14	167.99	65.78	6.59	22.13	2.03	29 112.70	2 385.70
农田土壤要素辅助长期观测采样地（CK）（YGAFZ01B00_01）	2010	小麦	0~15	49.37	0.59	0.53	0.07	534.97	20.29	61.96	1.53	18.92	0.60	36 484.02	833.01
	2010	小麦	15~35	48.03	1.24	0.61	0.14	573.26	76.79	61.23	4.29	19.39	0.70	37 791.51	916.70
	2010	小麦	35~50	47.63	3.07	0.64	0.16	507.73	134.36	56.24	15.24	18.46	3.13	39 886.59	2 809.92
	2015	小麦	0~15	62.91	1.89	0.39	0.03	528.36	13.34	80.16	0.68	23.41	0.25	35 518.40	255.04
	2015	小麦	15~35	61.15	5.77	0.47	0.16	608.37	106.20	76.59	1.27	24.17	1.54	35 072.56	436.55
	2015	小麦	35~50	59.48	0.71	0.46	0.11	591.43	102.43	73.85	3.39	23.46	1.63	34 891.61	1 968.33
轮作制度与秸秆还田长期观测采样地（R+NPK）（YGAFZ02B00_01）	2010	油菜	0~15	48.63	1.22	0.61	0.13	582.59	48.99	60.42	2.59	20.45	1.17	38 288.02	1 432.47
	2010	油菜	15~35	53.50	3.34	0.67	0.10	640.43	60.86	56.50	0.77	20.92	1.53	36 995.84	982.07
	2010	油菜	35~50	52.63	4.72	0.67	0.09	643.32	101.22	58.87	1.51	21.18	2.25	38 163.99	1 970.00
	2015	油菜	0~15	61.63	4.09	0.52	0.14	682.54	82.84	77.29	4.18	24.85	1.14	33 517.34	3 239.95
	2015	油菜	15~35	61.70	3.45	0.54	0.23	657.44	124.76	78.12	5.07	25.13	1.37	35 636.11	2 335.23
	2015	油菜	35~50	57.09	3.85	0.55	0.27	701.39	114.64	76.76	6.10	25.82	1.58	32 718.48	3 925.99
	2010	小麦	0~15	54.53	4.21	0.66	0.08	682.60	21.89	53.68	8.05	20.51	3.07	32 385.14	4 309.90
	2010	小麦	15~30	56.67	7.06	0.65	0.12	729.55	40.42	49.87	5.14	19.77	2.03	31 237.76	5 802.73
	2010	小麦	30~50	53.50	3.30	0.64	0.11	657.49	57.84	54.95	3.82	20.25	1.21	33 132.01	4 042.49
	2015	小麦	0~15	51.03	4.58	0.55	0.06	786.83	22.60	68.42	8.90	23.18	2.34	29 431.08	3 824.43
	2015	小麦	15~30	48.73	4.07	0.68	0.16	859.43	68.80	65.96	4.63	23.00	0.93	29 406.07	2 326.86
	2015	小麦	30~50	53.96	10.79	0.62	0.10	708.08	16.07	75.91	8.09	25.33	2.00	34 138.01	4 589.12

（续）

采样地	年份	作物	采样深度/cm	全硼/(mg/kg) A	SD	全钼/(mg/kg) A	SD	全锰/(mg/kg) A	SD	全锌/(mg/kg) A	SD	全铜/(mg/kg) A	SD	全铁/(mg/kg) A	SD
	2010	油菜	0~15	55.87	3.54	0.66	0.05	642.27	25.81	56.16	5.06	20.92	1.30	30 980.83	996.55
	2010	油菜	15~35	48.67	3.92	0.63	0.00	619.33	33.22	51.41	6.22	19.65	2.20	31 395.44	2 875.42
台地农田辅助观测场土壤生物采样地（YGAFZ05ABC_01）	2010	油菜	35~50	56.00	2.50	0.65	0.08	545.22	58.90	52.59	0.44	20.72	0.79	31 787.14	964.32
	2015	油菜	0~15	78.30	3.27	0.52	0.03	677.78	27.38	81.84	4.56	24.99	0.62	31 750.64	1 008.29
	2015	油菜	15~30	81.74	1.84	0.62	0.08	679.60	37.86	80.12	1.79	25.98	0.42	34 513.51	476.16
	2015	油菜	30~50	84.04	4.80	0.72	0.09	715.23	55.66	83.30	3.27	27.38	0.78	35 240.21	1 808.72
	2010	柏木	0~20	39.73	4.91	0.50	0.17	576.43	71.27	54.93	7.78	16.45	1.89	36 901.77	4 025.17
	2010	柏木	20~40	44.80	5.47	0.51	0.17	617.89	45.01	56.76	11.86	20.72	5.60	40 620.29	5 967.69
人工柏林混交林地辅助观测场土壤生物长期采样地（YGAFZ06ABC_01）	2010	柏木	40 以下	45.43	8.14	0.53	0.15	654.01	39.49	54.59	13.17	18.51	3.79	39 747.61	8 682.34
	2015	柏木	0~20	46.19	6.15	0.28	0.06	563.33	28.01	59.14	6.89	18.62	2.59	25 517.16	4 128.05
	2015	柏木	20~40	46.50	7.62	0.22	0.06	495.27	70.69	58.14	6.21	17.54	2.96	25 752.41	2 893.49
	2015	柏木	40 以下	45.89	14.61	0.27	0.06	473.63	102.16	65.46	12.30	18.44	5.23	27 514.34	6 019.65
	2010	小麦	0~15	52.87	2.81	0.70	0.07	647.86	46.08	55.50	4.60	20.59	0.73	31 514.38	1 590.49
	2010	小麦	15~35	55.07	3.50	0.73	0.05	641.86	77.23	50.94	7.66	19.98	1.90	31 054.21	4 774.38
	2010	小麦	35~55	50.53	7.98	0.69	0.05	633.12	8.19	52.29	7.71	19.91	2.14	30 768.68	4 014.95
	2015	小麦	0~15	62.60	6.80	0.76	0.09	642.71	20.16	80.40	2.81	25.62	0.47	34 403.78	2 333.98
	2015	小麦	15~35	62.22	3.22	0.60	0.15	630.27	66.15	83.21	8.25	25.62	0.13	34 247.05	850.70
人工改造两季田辅助观测场土壤生物长期采样地（YGAFZ07AB0_01）	2015	小麦	35~55	60.08	5.29	0.65	0.10	647.23	29.45	81.10	4.33	26.12	0.80	34 202.01	1 633.40
	2010	水稻	0~15	54.80	3.96	0.57	0.03	620.08	23.40	60.60	4.39	19.97	1.14	43 009.40	1 277.11
	2010	水稻	15~35	51.60	5.12	0.62	0.07	649.62	55.12	52.84	10.13	18.19	4.76	39 306.35	6 435.71
	2010	水稻	35~55	55.37	1.96	0.64	0.06	573.58	134.26	58.48	3.26	19.44	0.70	42 142.28	1 707.16
	2015	水稻	0~15	62.05	4.45	0.55	0.11	618.80	36.38	82.95	10.75	26.12	3.21	35 064.92	4 609.35
	2015	水稻	15~35	62.16	2.43	0.55	0.03	601.20	50.68	82.05	1.31	26.00	0.56	35 509.05	825.24
	2015	水稻	35~55	63.33	3.20	0.53	0.00	572.27	65.73	78.26	2.77	25.61	0.77	34 487.24	764.89

（续）

采样地	年份	作物	采样深度/cm	全硼/(mg/kg) A	SD	全钼/(mg/kg) A	SD	全锰/(mg/kg) A	SD	全锌/(mg/kg) A	SD	全铜/(mg/kg) A	SD	全铁/(mg/kg) A	SD
沟底两季稻田站区调查点土壤生物采样地（YGAZQ01ABC_01）	2010	休闲	0~10	54.57	3.01	0.52	0.03	464.91	17.20	47.75	1.07	14.25	0.61	31 995.92	1 076.62
	2010	休闲	10~20	52.40	1.15	0.59	0.07	556.91	89.99	48.69	0.83	14.79	0.73	32 151.08	486.93
	2010	休闲	20~40	49.45	2.76	0.50	0.29	665.76	15.31	42.36	4.27	13.49	0.15	29 840.74	1 736.49
	2010	休闲	40~60	53.93	3.86	0.59	0.18	596.54	85.02	47.53	10.77	14.69	2.43	33 506.66	5 952.14
	2010	休闲	60~100	48.20	6.25	0.61	0.09	707.53	44.99	45.30	5.99	13.72	1.29	31 438.65	2 057.43
	2015	水稻	0~10	51.54	2.93	0.61	0.20	587.75	11.47	66.31	1.67	20.71	0.48	27 681.93	448.52
	2015	水稻	10~20	50.99	4.05	0.66	0.25	645.48	2.84	68.63	1.97	21.42	0.69	28 534.95	278.30
	2015	水稻	20~40	52.80	1.95	0.66	0.22	650.99	24.94	66.71	2.86	21.64	0.22	28 087.85	1 032.99
	2015	水稻	40~60	54.15	1.22	0.59	0.13	699.95	63.10	65.67	2.27	21.34	0.46	29 246.13	1 035.23
高台位旱坡地站区调查点土壤生物长期采样地（YGAZQ03AB0_01）	2 010	玉米	0~15	50.63	3.76	0.54	0.04	625.90	18.61	51.17	2.93	14.25	0.61	31 995.92	1 076.62
	2010	玉米	15~35	51.13	8.57	0.66	0.20	612.82	57.23	52.16	4.70	14.79	0.73	32 151.08	486.93
	2010	玉米	35~50	56.17	6.74	0.47	0.16	560.58	64.10	53.76	4.52	13.49	0.15	29 840.74	1 736.49
	2015	玉米	0~15	62.05	4.45	0.55	0.11	618.80	36.38	82.95	10.75	14.69	2.43	33 506.66	5 952.14
	2015	玉米	15~35	62.16	2.43	0.55	0.03	601.20	50.68	82.05	1.31	13.72	1.29	31 438.65	2 057.43
	2015	玉米	35~50	63.33	3.20	0.53	0.00	572.27	65.73	78.26	2.77	20.71	0.48	27 681.93	448.52

表3-17　盐亭站土壤采样地剖面土壤重金属元素含量

采样地	年份	作物	采样深度/cm	硒/(mg/kg)		镉/(mg/kg)		铅/(mg/kg)		铬/(mg/kg)		镍/(mg/kg)		汞/(mg/kg)		砷/(mg/kg)	
				A	SD	A	SD	A	SD	A	SD	A	SD	A	SD	A	SD
农田综合观测场土壤生物采样地（YGAZH01ABC_01）	2010	玉米	0~10	0.18	0.04	0.28	0.04	22.28	3.47	47.29	2.92	32.09	0.94	0.03	0.01	8.13	0.41
	2010	玉米	10~20	0.15	0.04	0.20	0.05	20.02	4.72	52.24	7.69	34.19	1.68	0.02	0.01	9.91	3.88
	2010	玉米	20~40	0.14	0.04	0.20	0.07	20.02	3.47	50.36	2.59	32.72	2.50	0.02	0.00	9.14	2.12
	2010	玉米	40~60	0.11	0.03	0.19	0.01	21.94	4.88	50.91	7.41	33.59	1.12	0.01	0.01	7.70	2.91
	2015	玉米	0~10	0.26	0.10	0.28	0.03	22.40	1.17	68.80	1.99	36.24	1.30	0.03	0.00	5.45	0.61
	2015	玉米	10~20	0.26	0.04	0.23	0.01	22.00	1.37	71.31	3.94	37.18	2.37	0.02	0.00	6.03	0.48
	2015	玉米	20~40	0.29	0.07	0.19	0.01	19.43	1.22	66.48	3.83	34.90	1.45	0.01	0.01	7.42	1.04
	2015	玉米	40~60	0.19	0.06	0.21	0.03	18.24	1.55	62.18	4.39	33.01	2.93	0.01	0.01	7.86	1.51
农田土壤要素辅助长期观测采样地（CK）（YGAFZ01B00_01）	2010	小麦	0~15	0.14	0.02	0.27	0.02	18.65	3.86	51.50	15.26	32.97	5.53	0.02	0.00	5.49	1.14
	2010	小麦	15~35	0.13	0.02	0.24	0.03	21.10	3.16	49.94	9.36	36.47	3.25	0.01	0.00	7.71	3.91
	2010	小麦	35~50	0.13	0.02	0.22	0.07	17.48	4.10	51.01	8.05	38.74	2.54	0.01	0.00	8.11	6.07
	2015	小麦	0~15	0.16	0.03	0.23	0.01	21.65	0.11	77.65	0.76	44.10	1.96	0.01	0.00	5.14	0.65
	2015	小麦	15~35	0.12	0.01	0.20	0.04	20.68	0.81	74.13	3.02	41.51	2.81	0.01	0.00	6.75	1.77
	2015	小麦	35~50	0.11	0.04	0.18	0.02	20.24	0.28	73.33	2.25	41.00	3.57	0.01	0.00	6.80	0.93
	2010	油菜	0~15	0.16	0.01	0.27	0.01	22.03	0.15	55.63	3.12	37.45	0.96	0.02	0.00	7.69	2.04
	2010	油菜	15~35	0.13	0.03	0.23	0.02	23.71	0.41	50.34	5.84	34.70	1.66	0.01	0.00	9.00	2.03
	2010	油菜	35~50	0.14	0.02	0.22	0.05	19.10	4.79	50.99	7.96	36.06	2.93	0.02	0.02	9.24	2.75
	2015	油菜	0~15	0.09	0.03	0.26	0.03	22.28	0.79	72.51	5.12	38.57	3.01	0.02	0.01	6.26	1.46
	2015	油菜	15~35	0.09	0.01	0.20	0.02	21.91	1.66	75.71	5.09	41.95	2.85	0.01	0.00	6.82	2.86
	2015	油菜	35~50	0.10	0.04	0.22	0.03	20.26	0.04	71.27	4.82	39.19	1.02	0.01	0.00	7.72	4.45
轮作制度与秸秆还田长期观测采样地（R+NPK）（YGAFZ02B00_01）	2010	小麦	0~15	0.20	0.03	0.26	0.02	20.54	4.57	40.75	8.35	34.14	4.09	0.04	0.01	6.92	1.03
	2010	小麦	15~30	0.19	0.01	0.26	0.03	19.84	2.90	44.84	10.37	33.58	3.58	0.03	0.00	6.95	0.83
	2010	小麦	30~50	0.14	0.02	0.21	0.03	18.13	3.58	48.87	9.07	36.41	4.21	0.02	0.01	7.42	1.36
	2015	小麦	0~15	0.11	0.06	0.25	0.00	22.23	1.47	65.99	7.01	35.83	4.41	0.03	0.00	5.38	0.65
	2015	小麦	15~30	0.15	0.01	0.21	0.02	21.29	0.97	64.53	4.30	35.53	2.50	0.02	0.00	5.65	0.45
	2015	小麦	30~50	0.09	0.04	0.20	0.02	22.73	2.54	74.58	9.73	40.37	5.67	0.01	0.00	7.50	2.33

（续）

采样地	年份	作物	采样深度/cm	硒/(mg/kg) A	硒/(mg/kg) SD	镉/(mg/kg) A	镉/(mg/kg) SD	铅/(mg/kg) A	铅/(mg/kg) SD	铬/(mg/kg) A	铬/(mg/kg) SD	镍/(mg/kg) A	镍/(mg/kg) SD	汞/(mg/kg) A	汞/(mg/kg) SD	砷/(mg/kg) A	砷/(mg/kg) SD
台地农田辅助观测场土壤生物采样地（YGAFZ05ABC_01）	2010	油菜	0~15	0.22	0.03	0.29	0.03	23.49	5.28	55.54	18.27	35.68	1.31	0.03	0.00	7.82	0.40
	2010	油菜	15~35	0.14	0.02	0.22	0.02	20.42	3.02	57.46	19.86	33.55	3.34	0.02	0.00	7.72	0.59
	2010	油菜	35~50	0.13	0.03	0.17	0.01	22.01	0.58	60.52	10.19	34.49	0.30	0.02	0.00	8.90	1.14
	2015	油菜	0~15	0.18	0.10	0.28	0.02	22.38	0.87	67.46	0.49	35.70	0.21	0.03	0.00	5.61	0.34
	2015	油菜	15~30	0.05	0.07	0.19	0.02	21.54	0.61	72.50	3.47	38.79	1.39	0.02	0.00	7.33	1.37
	2015	油菜	30~50	0.06	0.05	0.17	0.01	22.34	0.31	75.99	1.19	40.49	2.45	0.02	0.01	8.81	1.35
人工桤柏混交林地辅助观测场土壤生物长期采样地（YGAFZ06ABC_01）	2010	柏木	0~20	0.17	0.03	0.30	0.04	24.58	7.21	56.87	2.66	33.19	3.25	0.03	0.01	7.73	3.36
	2010	柏木	20~40	0.09	0.01	0.22	0.06	24.54	9.79	58.92	3.72	36.47	4.81	0.02	0.01	10.22	5.91
	2010	柏木	40以下	0.09	0.02	0.21	0.03	25.99	12.31	54.64	6.80	34.67	6.50	0.01	0.01	9.68	5.15
	2015	柏木	0~20	0.17	0.03	0.20	0.01	18.65	1.83	50.56	8.01	28.19	5.05	0.01	0.00	3.20	1.25
	2015	柏木	20~40	0.20	0.11	0.15	0.03	15.73	2.98	50.49	5.57	28.72	4.88	0.01	0.00	3.74	1.03
	2015	柏木	40以下	0.10	0.05	0.14	0.04	15.90	5.64	56.46	13.89	31.86	8.83	0.01	0.00	4.07	1.51
人工改造两季田辅助观测场土壤生物长期采样地（YGAFZ07AB0_01）	2010	小麦	0~15	0.16	0.01	0.22	0.00	19.44	4.29	58.50	11.41	35.39	2.67	0.03	0.00	8.24	0.24
	2010	小麦	15~35	0.13	0.03	0.21	0.02	18.29	7.45	56.39	13.21	35.22	3.02	0.02	0.01	7.20	1.31
	2010	小麦	35~55	0.12	0.01	0.20	0.04	18.59	2.99	56.50	12.31	33.75	3.63	0.01	0.00	7.67	0.81
	2015	小麦	0~15	0.09	0.04	0.21	0.01	21.94	1.11	68.97	2.98	36.49	1.75	0.03	0.00	5.79	0.25
	2015	小麦	15~35	0.19	0.06	0.18	0.02	21.16	0.76	70.60	2.66	37.22	3.16	0.02	0.00	7.19	1.20
	2015	小麦	35~55	0.13	0.12	0.19	0.03	21.20	1.02	70.64	4.42	37.47	3.44	0.01	0.00	7.71	0.76
	2010	水稻	0~15	0.16	0.02	0.22	0.03	24.60	8.18	57.47	1.04	35.65	0.85	0.03	0.01	11.15	0.41
	2010	水稻	15~35	0.11	0.04	0.24	0.05	19.93	14.52	47.44	7.49	32.48	5.10	0.02	0.01	10.67	2.17
	2010	水稻	35~55	0.11	0.01	0.21	0.02	20.37	4.27	50.38	6.16	35.40	1.24	0.03	0.02	11.49	0.54
	2015	水稻	0~15	0.14	0.05	0.23	0.02	22.67	2.16	73.94	6.73	39.60	4.05	0.02	0.01	5.77	0.26
	2015	水稻	15~35	0.25	0.08	0.21	0.03	22.92	0.46	76.21	0.89	40.01	0.95	0.01	0.00	6.60	0.70
	2015	水稻	35~55	0.16	0.09	0.21	0.02	22.19	0.28	72.50	2.10	37.68	1.27	0.02	0.01	5.96	0.43

（续）

采样地	年份	作物	采样深度/cm	硒/(mg/kg)		镉/(mg/kg)		铅/(mg/kg)		铬/(mg/kg)		镍/(mg/kg)		汞/(mg/kg)		砷/(mg/kg)	
				A	SD	A	SD	A	SD	A	SD	A	SD	A	SD	A	SD
沟底两季稻田站区调查点土壤生物采样地（YGAZQ01ABC_01）	2010	休闲	0~10	0.24	0.01	0.31	0.01	22.10	1.43	42.87	2.80	27.69	1.77	0.09	0.01	5.77	0.28
	2010	休闲	10~20	0.22	0.03	0.25	0.03	25.05	1.04	44.43	5.17	28.53	1.41	0.06	0.02	6.87	0.73
	2010	休闲	20~40	0.13	0.02	0.11	0.07	23.97	1.25	38.97	1.47	26.89	3.67	0.02	0.00	6.98	0.16
	2010	休闲	40~60	0.11	0.03	0.17	0.03	23.13	2.33	40.13	9.61	30.25	4.69	0.01	0.00	6.92	0.77
	2010	休闲	60~100	0.11	0.05	0.22	0.07	23.67	7.35	41.34	3.96	28.81	2.03	0.02	0.02	6.71	0.50
	2015	水稻	0~10	0.20	0.10	0.20	0.03	21.20	0.35	58.88	1.40	30.13	0.77	0.05	0.02	4.75	0.47
	2015	水稻	10~20	0.25	0.04	0.21	0.02	21.81	0.33	62.87	1.40	31.46	0.84	0.04	0.01	5.19	0.74
	2015	水稻	20~40	0.26	0.01	0.19	0.02	21.49	0.47	60.21	2.65	31.06	1.29	0.03	0.01	5.44	0.54
	2015	水稻	40~60	0.23	0.06	0.18	0.01	21.31	0.67	60.11	2.38	31.46	1.92	0.03	0.02	5.87	0.48
高台位旱坡地站区调查点土壤生物长期采样地（YGAZQ03AB0_01）	2010	玉米	0~15	0.24	0.01	0.31	0.01	22.10	1.43	42.87	2.80	27.69	1.77	0.09	0.01	5.77	0.28
	2010	玉米	15~35	0.22	0.03	0.25	0.03	25.05	1.04	44.43	5.17	28.53	1.41	0.06	0.02	6.87	0.73
	2010	玉米	35~50	0.13	0.02	0.11	0.07	23.97	1.25	38.97	1.47	26.89	3.67	0.02	0.00	6.98	0.16
	2015	玉米	0~15	0.11	0.03	0.17	0.03	23.13	2.33	40.13	9.61	30.25	4.69	0.01	0.00	6.92	0.77
	2015	玉米	15~35	0.11	0.05	0.22	0.07	23.67	7.35	41.34	3.96	28.81	2.03	0.02	0.02	6.71	0.50
	2015	玉米	35~50	0.20	0.10	0.20	0.03	21.20	0.35	58.88	1.40	30.13	0.77	0.05	0.02	4.75	0.47

表 3-18　盐亭站土壤采样地耕层土壤速效微量元素

采样地	年份	作物	采样深度/cm	有效铁/(mg/kg)		有效铜/(mg/kg)		有效硼/(mg/kg)		有效锰/(mg/kg)		有效锌/(mg/kg)		有效硫/(mg/kg)	
				A	SD	A	SD	A	SD	A	SD	A	SD	A	SD
农田综合观测场土壤生物采样地（YGAZH01ABC_01）	2010	玉米	0~15	8.56	1.32	0.77	0.09	0.21	0.04	176.35	39.16	0.55	0.09	5.08	1.73
	2015	小麦	0~15	4.22	0.39	0.48	0.09	0.32	0.08	10.96	2.34	0.55	0.15	21.46	3.51
	2015	玉米	0~15	4.85	0.51	0.49	0.07	0.32	0.06	10.39	0.98	0.66	0.21	17.41	3.35
农田土壤要素辅助长期观测采样地（CK）（YGAFZ01B00_01）	2010	玉米	0~15	6.93	0.84	0.70	0.05	0.15	0.03	99.80	29.41	0.48	0.05	3.54	1.19
	2015	小麦	0~15	2.25	0.40	0.41	0.03	0.19	0.03	3.22	1.16	0.43	0.10	9.49	6.60
	2015	油菜	0~15	2.85	0.43	0.37	0.02	0.22	0.06	4.53	1.64	0.42	0.09	5.87	2.92
	2015	玉米	0~15	3.44	0.63	0.42	0.03	0.23	0.05	5.12	1.72	0.56	0.19	10.43	4.83
轮作制度与秸秆还田长期观测采样地（R+NPK）（YGAFZ2B00_01）	2010	玉米	0~15	8.28	2.34	0.73	0.08	0.19	0.03	264.03	36.28	0.57	0.03	8.45	3.27
	2015	小麦	0~15	4.93	0.88	0.45	0.04	0.32	0.03	9.64	1.35	0.57	0.09	23.24	5.94
	2015	玉米	0~15	5.83	0.88	0.50	0.03	0.18	0.06	9.59	1.09	0.60	0.00	21.63	7.29
台地农田辅助观测场土壤生物采样地（YGAFZ05ABC_01）	2010	玉米	0~15	10.06	2.70	0.91	0.13	0.34	0.05	176.93	7.68	0.87	0.17	7.79	2.13
	2015	油菜	0~15	5.20	1.09	0.57	0.09	0.36	0.11	10.08	3.34	0.90	0.24	15.70	6.68
	2015	玉米	0~15	5.45	0.68	0.59	0.04	0.51	0.16	10.60	1.55	1.14	0.13	16.84	6.07
人工桤柏混交林林地辅助观测场土壤生物长期采样地（YGAFZ06ABC_01）	2010	柏木	0~15	25.17	4.16	1.80	0.26	0.26	0.04	216.30	24.32	0.38	0.07	18.53	5.81
	2015	柏木	0~15	6.62	2.04	0.44	0.11	0.37	0.12	8.29	1.59	2.03	0.83	17.62	6.88
人工改造两季田辅助观测场土壤生物长期采样地（YGAFZ07AB0_01）	2010	水稻	0~15	14.49	9.27	1.06	0.65	0.37	0.14	113.16	67.21	1.74	1.72	14.19	8.67
	2015	小麦	0~15	25.61	2.95	1.36	0.04	0.28	0.03	9.10	1.32	0.40	0.12	24.24	5.31
	2015	油菜	0~15	23.22	3.28	1.32	0.12	0.36	0.05	9.32	1.35	0.29	0.04	22.85	2.47
	2015	水稻	0~15	42.44	3.40	1.60	0.12	0.35	0.06	8.66	1.08	0.44	0.19	23.15	4.62
沟底两季稻田站区调查点土壤生物采样地（YGAZQ01ABC_01）	2010	休闲	0~15	37.19	11.32	2.48	0.09	0.48	0.03	73.32	13.84	0.38	0.07	16.63	2.38
	2015	油菜	0~15	17.86	5.25	1.29	0.22	0.37	0.08	9.20	1.38	0.23	0.05	22.18	5.68
	2015	水稻	0~15	31.89	6.99	1.67	0.20	0.33	0.07	10.01	1.04	0.31	0.05	27.53	11.20
高台位旱坡地站区调查点土壤生物长期采样地（YGAZQ03AB0_01）	2010	玉米	0~15	6.37	1.47	0.72	0.04	0.24	0.02	166.75	20.96	0.54	0.07	3.31	0.94
	2015	小麦	0~15	4.92	0.39	0.46	0.07	0.45	0.05	9.00	0.79	0.64	0.07	13.93	1.38

表 3 - 19 盐亭站土壤采样地耕层/剖面土壤机械组成

采样地	年份	作物	采样深度/cm	0.05~2 mm 粒径含量/%		0.000 2~0.05 mm 粒径含量/%		<0.000 2 mm 粒径含量/%		洗失率/%	
				A	SD	A	SD	A	SD	A	SD
农田综合观测场土壤生物采样地（YGAZH01ABC_01）	2010	玉米	0~15	19.46	8.14	44.03	5.91	23.72	2.62	12.79	2.14
	2015	玉米	0~10	18.10	0.88	48.97	10.21	18.63	9.59	—	—
	2015	玉米	10~20	24.57	4.90	41.11	2.80	20.73	2.10	—	—
	2015	玉米	20~40	23.02	4.98	45.28	3.45	16.88	9.82	—	—
	2015	玉米	40~60	26.65	1.96	44.41	3.10	12.35	6.81	—	—
农田土壤要素辅助观测采样地（CK）（YGAFZ01B00_01）	2010	玉米	0~15	11.40	2.99	57.14	3.25	16.83	2.18	14.63	1.32
	2015	小麦	0~15	20.98	12.73	49.56	9.54	13.48	5.93	—	—
	2015	小麦	15~35	21.63	7.97	48.21	3.99	14.43	3.94	—	—
	2015	小麦	35~50	27.42	4.24	42.59	4.38	14.00	1.42	—	—
	2015	油菜	0~15	16.43	5.00	48.39	4.75	21.15	3.45	—	—
	2015	油菜	15~35	14.47	2.24	52.96	4.15	16.99	4.59	—	—
	2015	油菜	35~50	14.71	1.37	54.70	2.46	15.66	2.40	—	—
轮作制度与秸秆还田长期观测采样地（R+NPK）（YGAFZ02B00_01）	2010	玉米	0~15	28.56	10.59	41.88	7.28	21.05	4.96	8.51	1.41
	2015	小麦	0~15	25.23	5.53	41.92	2.71	22.03	3.24	—	—
	2015	小麦	15~30	26.97	4.28	40.85	2.73	21.20	2.22	—	—
	2015	小麦	30~50	16.61	2.22	49.71	2.98	19.88	1.39	—	—
台地农田辅助观测场土壤生物采样地（YGAFZ05ABC_01）	2010	玉米	0~15	22.29	2.89	44.59	3.37	23.83	1.38	9.28	1.24
	2015	油菜	0~15	26.20	0.68	36.67	0.92	26.44	0.65	—	—
	2015	油菜	15~35	20.16	3.53	40.24	2.09	29.39	1.71	—	—
	2015	油菜	35~50	22.05	2.76	39.43	4.10	29.69	1.98	—	—
人工桤柏混交林林地辅助观测场土壤生物长期采样地（YGAFZ06ABC_01）	2010	柏木	0~15	29.34	0.93	41.40	1.24	19.50	1.93	9.76	1.30
	2015	柏木	0~20	32.24	7.66	29.85	2.92	19.27	4.35	—	—
	2015	柏木	20~40	30.49	10.23	28.83	3.42	19.97	5.80	—	—
	2015	柏木	40以下	28.83	19.16	31.21	8.07	20.17	11.54	—	—

（续）

采样地	年份	作物	采样深度/cm	0.05~2 mm 粒径含量/%		0.000 2~0.05 mm 粒径含量/%		<0.000 2 mm 粒径含量/%		洗失率/%	
				A	SD	A	SD	A	SD	A	SD
	2010	水稻	0~15	18.82	3.60	47.30	4.84	22.61	2.43	11.27	2.61
	2015	小麦	0~15	21.87	0.28	42.73	1.51	24.61	3.22	—	—
	2015	小麦	15~35	20.52	3.28	42.49	2.06	26.75	2.08	—	—
人工改造两季田辅助观测场土壤生物长期采样地	2015	小麦	35~55	20.36	1.53	45.05	3.03	24.83	3.46	—	—
（YGAFZ07AB0_01）	2015	水稻	0~15	13.45	2.81	47.80	1.71	23.61	3.34	—	—
	2015	水稻	15~35	13.77	3.18	49.03	3.73	23.37	1.46	—	—
	2015	水稻	35~55	15.50	1.52	47.24	2.94	23.42	2.06	—	—
	2010	水稻	0~15	12.60	4.80	51.22	6.77	25.58	0.76	10.60	2.51
沟底两季稻田站区调查点土壤生物采样地	2015	水稻	0~10	33.32	4.45	35.63	2.47	19.79	1.36	—	—
（YGAZQ01ABC_01）	2015	水稻	10~20	32.17	1.83	36.41	1.64	20.00	1.56	—	—
	2015	水稻	20~40	36.69	4.18	33.88	3.53	18.31	1.98	—	—
	2015	水稻	40~60	35.99	1.08	34.08	3.08	18.21	2.09	—	—
	2010	玉米	0~15	22.60	6.46	41.30	3.81	18.65	2.81	17.45	0.72
高台位旱坡地站区调查点土壤生物长期采样地	2015	玉米	0~15	27.02	2.85	36.69	4.73	22.28	2.12	—	—
（YGAZQ03AB0_01）	2015	玉米	15~35	26.81	2.28	37.91	4.86	21.79	2.42	—	—
	2015	玉米	35~50	25.40	2.12	38.36	4.75	23.29	3.77	—	—

3.2.8　土壤容重

3.2.8.1　概述

该数据集涉及 8 个长期监测样地，监测频率为每 5 年 1 次。

土壤容重采集样品：分层采集环刀样品（每一层采集三个环刀样），然后从表层环刀依次向下取出，使用剖面刀修整并盖好环刀盖，使用透明胶带固定并依次记录与土层对应的环刀号，送回台站备测。

分析方法：2010 年和 2015 年剖面土壤容重依据《土壤理化分析与剖面描述》中的方法进行测定。

指标单位：采样深度单位为 cm；土壤容重单位为 g/cm^3。表中平均值用 A 表示，标准差用 SD 表示。

3.2.8.2　数据

盐亭站土壤容重观测数据见表 3 - 20。

表 3 - 20　盐亭站土壤采样地剖面土壤容重

采样地	年份	作物	采样深度/cm	土壤容重/（g/cm^3）	
				A	SD
农田综合观测场土壤生物采样地（YGAZH01ABC_01）	2010	玉米	0～10	1.54	0.04
	2010	玉米	10～20	1.63	0.05
	2010	玉米	20～40	1.70	0.04
	2010	玉米	40～60	1.68	0.04
	2015	玉米	0～10	1.47	0.08
	2015	玉米	10～20	1.60	0.09
	2015	玉米	20～40	1.65	0.01
	2015	玉米	40～60	1.64	0.09
农田土壤要素辅助长期观测采样地（CK）（YGAFZ01B00_01）	2010	小麦	0～15	1.45	0.05
	2010	小麦	15～35	1.56	0.02
	2010	小麦	35～50	1.83	0.22
	2010	油菜	0～15	1.56	0.10
	2010	油菜	15～35	1.62	0.05
	2010	油菜	35～50	1.60	0.13
	2015	小麦	0～15	1.50	0.05
	2015	小麦	15～35	1.68	0.08
	2015	小麦	35～50	1.84	0.10
	2015	油菜	0～15	1.64	0.14
	2015	油菜	15～35	1.70	0.02
	2015	油菜	35～50	1.70	0.02
轮作制度与秸秆还田长期观测采样地（R＋NPK）（YGAFZ02B00_01）	2010	小麦	0～15	1.50	0.07
	2010	小麦	15～30	1.64	0.02
	2010	小麦	30～50	1.74	0.25
	2015	小麦	0～15	1.44	0.05
	2015	小麦	15～30	1.68	0.02
	2015	小麦	30～50	1.69	0.02

（续）

采样地	年份	作物	采样深度/cm	土壤容重/（g/cm³）	
				A	SD
台地农田辅助观测场土壤生物采样地（YGAFZ05ABC＿01）	2010	油菜	0～15	1.52	0.05
	2010	油菜	15～30	1.75	0.05
	2010	油菜	30～50	1.67	0.02
	2015	油菜	0～15	1.45	0.04
	2015	油菜	15～30	1.61	0.01
	2015	油菜	30～50	1.57	0.05
人工桤柏混交林林地辅助观测场土壤生物长期采样地（YGAFZ06ABC＿01）	2010	柏木	0～20	1.41	0.03
	2010	柏木	20～40	1.52	0.07
	2010	柏木	<40	1.50	0.13
	2015	柏木	0～20	1.53	0.15
	2015	柏木	20～40	1.54	0.10
	2015	柏木	<40	1.63	0.04
人工改造两季田辅助观测场长期土壤生物长期采样地（YGAFZ07AB0＿01）	2010	小麦	0～15	1.44	0.10
	2010	小麦	15～35	1.71	0.03
	2010	小麦	35～55	1.79	0.06
	2015	小麦	0～15	1.51	0.10
	2015	小麦	15～35	1.65	0.03
	2015	小麦	35～55	1.68	0.02
	2010	水稻	0～15	1.53	0.07
	2010	水稻	15～35	1.65	0.02
	2010	水稻	35～55	1.64	0.06
	2015	水稻	0～15	1.58	0.15
	2015	水稻	15～35	1.68	0.11
	2015	水稻	35～55	1.64	0.12
沟底两季稻田站区调查点土壤生物采样地（YGAZQ01ABC＿01）	2010	水稻	0～10	1.34	0.04
	2010	水稻	10～20	1.58	0.10
	2010	水稻	20～40	1.58	0.26
	2010	水稻	40～60	1.66	0.05
	2015	水稻	0～10	1.49	0.09
	2015	水稻	10～20	1.66	0.07
	2015	水稻	20～40	1.66	0.06
	2015	水稻	40～60	1.82	0.04
高台位旱坡地站区调查点土壤生物长期采样地（YGAZQ03AB0＿01）	2010	玉米	0～15	1.49	0.14
	2010	玉米	15～35	1.63	0.10
	2010	玉米	35～50	1.66	0.11
	2015	玉米	0～15	1.62	0.09
	2015	玉米	15～35	1.68	0.03
	2015	玉米	35～50	1.71	0.06

3.2.9　肥料用量和作物产量

3.2.9.1　概述

该数据集为 8 个长期监测样地的 2009—2015 年肥料用量和产量数据。

数据来源于本站相对应的生物观测数据。指标单位：秸秆还田、氮肥、磷肥、钾肥、产量的单位均为 kg/hm²。

3.2.9.2　数据

盐亭站肥料用量和作物产量观测数据见表 3-21。

表 3-21　盐亭站土壤采样地肥料用量和作物产量

单位：kg/hm²

采样地	年份	作物	秸秆还田	氮肥	磷肥	钾肥	产量
农田综合观测场土壤生物采样地（YGAZH01ABC_01）	2009	小麦	0.0	128.3	70.9	37.4	3 240
	2009	玉米	0.0	173.6	70.9	—	6 000
	2010	小麦	0.0	128.3	72.0	45.0	4 617
	2010	玉米	0.0	173.6	72.0	67.5	3 767
	2011	小麦	0.0	128.5	71.0	67.5	3 997
	2011	玉米	0.0	173.6	0.0	—	7 948
	2012	小麦	0.0	128.5	71.0	67.5	4 882
	2012	玉米	0.0	173.6	0.0	0.0	6 043
	2013	小麦	0.0	128.5	71.0	45.0	3 620
	2013	玉米	0.0	173.6	0.0	0.0	7 040
	2014	小麦	0.0	128.5	71.0	45.0	2 640
	2014	玉米	0.0	173.6	0.0	0.0	6 130
	2015	小麦	0.0	128.5	71.0	45.0	3 747
	2015	玉米	0.0	173.6	0.0	0.0	6 598
农田土壤要素辅助长期观测采样地（CK）（YGAFZ01B00_01）	2009	小麦	0.0	0.0	0.0	0.0	1 078
	2009	油菜	0.0	0.0	0.0	0.0	181
	2009	玉米	0.0	0.0	0.0	0.0	3 315
	2010	小麦	0.0	0.0	0.0	0.0	1 033
	2010	油菜	0.0	0.0	0.0	0.0	797
	2010	玉米	0.0	0.0	0.0	0.0	2 060
	2012	小麦	0.0	0.0	0.0	0.0	1 130
	2012	油菜	0.0	0.0	0.0	0.0	108
	2012	玉米	0.0	0.0	0.0	0.0	2 019

（续）

采样地	年份	作物	施碳	氮肥	磷肥	钾肥	产量
农田土壤要素辅助长期观测采样地 （CK）（YGAFZ01B00＿01）	2013	小麦	0.0	0.0	0.0	0.0	800
	2013	油菜	0.0	0.0	0.0	0.0	160
	2013	玉米	0.0	0.0	0.0	0.0	2 470
	2014	小麦	0.0	0.0	0.0	0.0	820
	2014	油菜	0.0	0.0	0.0	0.0	320
	2014	玉米	0.0	0.0	0.0	0.0	2 460
	2015	小麦	0.0	0.0	0.0	0.0	832
	2015	油菜	0.0	0.0	0.0	0.0	431
	2015	玉米	0.0	0.0	0.0	0.0	1 564
轮作制度与秸秆还田长期观测采样地 （R＋NPK）（YGAFZ02B00＿01）	2009	小麦	2 150	130	72	36	4 322
	2009	玉米	1 230	150	72	36	6 755
	2010	小麦	2 150	130	72	36	4 857
	2010	玉米	1 230	150	72	36	6 630
	2011	小麦	2 150	130	71	36	—
	2011	玉米	1 230	150	72	36	—
	2012	小麦	2150	130	72	36	4 512
	2012	玉米	1 446	150	72	36	6 412
	2013	小麦	2 166	130	72	36	4 486
	2013	玉米	1 235	150	72	36	6 338
	2014	小麦	2 355	130	72	36	4 220
	2014	玉米	1 758	150	72	36	6 155
	2015	小麦	2 355	130	72	36	4 220
	2015	玉米	1 758	150	72	36	6 155
台地农田辅助观测场土壤生物 采样地（YGAFZ05ABC＿01）	2009	油菜	0.0	128.3	70.9	56.0	875
	2009	玉米	0.0	173.6	70.9	0.0	6 600
	2010	油菜	0.0	128.3	72.0	67.5	2 710
	2010	玉米	0.0	173.6	0.0	0.0	5 920
	2011	小麦	0.0	128.5	71.0	67.5	5 295
	2011	玉米	0.0	173.6	0.0	0.0	7 717
	2012	油菜	0.0	106.5	47.3	30.0	3 322
	2012	玉米	0.0	173.6	0.0	0.0	6 713

（续）

采样地	年份	作物	施碳	氮肥	磷肥	钾肥	产量
	2013	小麦	0.0	128.3	71.0	45.0	2 930
	2013	玉米	0.0	173.6	0.0	0.0	6 440
台地农田辅助观测场土壤生物采样地 （YGAFZ05AB C ＿ 01）	2014	小麦	0.0	128.3	71.0	45.0	4 060
	2014	玉米	0.0	173.6	0.0	0.0	6 280
	2015	小麦	0.0	128.3	71.0	45.0	3 206
	2015	玉米	0.0	173.6	0.0	0.0	6 271
	2009	小麦	0.0	128.3	70.9	37.4	2 735
	2009	油菜	0.0	128.3	70.9	56.0	4 378
	2009	水稻	0.0	128.3	70.9	56.0	4 690
	2010	小麦	0.0	128.3	72.0	67.5	4 288
	2010	油菜	0.0	128.3	72.0	67.5	2 148
	2010	水稻	0.0	128.3	72.0	67.5	7 185
	2011	小麦	0.0	128.3	71	67.5	4 365
	2011	油菜	0.0	128.3	71	67.5	2 731
	2011	水稻	0.0	128.3	71	67.5	4 965
人工改造两季田辅助观测场土壤生物长期采样地 （YGAFZ07AB0—01）	2012	小麦	0.0	128.3	71	67.5	4 492
	2012	油菜	0.0	106.5	47.3	30.0	2 761
	2012	水稻	0.0	162.8	71	67.5	3 172
	2013	小麦	0.0	128.3	71	45.0	4 560
	2013	油菜	0.0	180.5	71	67.5	3 330
	2013	水稻	0.0	180.5	71	67.5	6 515
	2014	小麦	0.0	128.3	71	45.0	2 940
	2014	油菜	0.0	180.5	71	67.5	2 640
	2014	水稻	0.0	180.5	71	67.5	4 625
	2015	小麦	0.0	128.3	71	45.0	3 982
	2015	油菜	0.0	180.5	71	45.0	3 739
	2015	水稻	0.0	128.3	71	45.0	7 819
	2009	油菜	0.0	236.1	72.0	0.0	1 680
沟底两季稻田站区调查点土壤生物采样地 （YGAZQ01ABC ＿ 01）	2009	水稻	0.0	128.3	88.6	0.0	4 780
	2010	油菜	0.0	236.1	72.0	0.0	1 950
	2011	油菜	0.0	128.5	71.0	67.5	3 421

（续）

采样地	年份	作物	施碳	氮肥	磷肥	钾肥	产量
沟底两季稻田站区调查点土壤生物采样地（YGAZQ01ABC_01）	2014	油菜	0.0	140.2	24.0	15.0	2 470
	2014	水稻	0.0	180.5	71.0	54.0	4 860
	2015	油菜	0.0	141.6	42.3	30.0	2 068
	2015	水稻	0.0	128.3	71.0	90.0	7 149
高台位旱坡地站区调查点土壤生物长期采样地（YGAZQ03AB0_01）	2009	油菜	0.0	128.3	70.9	37.5	1 700
	2009	玉米	0.0	155.5	44.3	0.0	7 590
	2010	油菜	0.0	128.3	72.0	37.5	1 805
	2010	玉米	0.0	155.5	23.0	0.0	7 955
	2011	油菜	0.0	128.5	71.0	37.5	3 643
	2011	玉米	0.0	155.5	44.0	0.0	6 775
	2012	油菜	0.0	90.0	59.1	37.5	2 161
	2012	玉米	0.0	155.5	44.3	0.0	5 643
	2013	油菜	0.0	90.0	59.1	37.5	—
	2013	玉米	0.0	155.5	59.0	0.0	—
	2014	油菜	0.0	90.0	59.1	37.5	2 250
	2014	玉米	0.0	155.5	44.3	0	5 984
	2015	油菜	0.0	90.0	59.1	37.5	1 828
	2015	玉米	0.0	155.5	44.3	0	5 347

3.3　生物观测数据

3.3.1　概况

　　本数据集包括盐亭紫色农业生态试验站2005—2015年7个长期生物监测样地的作物种类组成、复种指数与作物轮作体系、主要作物肥料农药除草剂等的投入、主要作物灌溉制度、作物生育动态、作物耕作层根生物量、作物收获期性状、作物产量和作物元素含量与能值等。观测样地有盐亭站农田综合观测场土壤生物采样地（YGAZH01ABC_01）、盐亭站农田土壤要素辅助长期观测采样地（CK）（YGAFZ01ABC_01）、盐亭站台地农田辅助观测场土壤生物采样地（YGAFZ05ABC_01）、盐亭站人工改造两季田辅助观测场土壤生物长期采样地（YGAFZ07AB0_01）、盐亭站沟底两季稻田站区调查点土壤生物采样地（YGAZQ01ABC_01）、盐亭站冬水田站区调查点土壤生物采样地（YGAZQ02ABC_01）和盐亭站高台位旱坡地站区调查点土壤生物长期采样地（YGAZQ03AB0_01），相应的具体样地信息见第2章。农作物品种见表3-22。

表 3－22　盐亭站生物观测农作物品种表

年份	农田综合观测场 (YGAZH01)		台地农田辅助观测场 (YGAFZ05)		人工改造两季稻田辅助观测场 (YGAFZ07)				沟底两季稻田站区调查点 (YGAZQ01)		高台位旱坡地站区调查点 (YGAZQ02)		冬水田站区调查点 (YGAZQ03)
	冬小麦	夏玉米	冬小麦/油菜	夏玉米	A区中稻	B区中稻	A区冬小麦	B区油菜	油菜	中稻	夏玉米	冬小麦/油菜	中稻
2005	绵阳15	正红1号	川油11	正红1号					川油11	川香优2号	正红1号	绵阳15	川香优2号
2006	01-3570	川单21		川单21					绵油11	吉优1号	川单21	绵阳15	吉优1号
2007	01-3570	川单21	德阳5号	川单21					德阳5号	富优99	成单19	绵阳15	冈优638
2008	01-3570	中玉15	绵油11	中玉15	国豪5号	国豪5号			绵油11	地优151	成单19	川麦11	国豪5
2009	01-3570	中单808	油研10	中单808	宜香725	宜香725	01-3570	油研10	绵油11	地优151	成单19	绵油11	宜香725
2010	01-3570	雅玉9号	油研10	雅玉9号	丰优香占	丰优香占	01-3570	油研10	绵油6号		成单19	绵油11	
2011	01-3570	濮单6号	01-3570	濮单6号	宜香527	宜香527	01-3570	油研10	油研10		中单808	绵油11	
2012	01-3570	川单13	中油杂11	川单13	香优9838	香优9838	01-3570	中油杂11	南油杂1号	岗优188	中单808	绵油11	岗优188
2013	01-3570	濮单605	01~3570	濮单605	宜香725	宜香725	01-3570	蓉油13	绵油11	宜香725	中单808	绵油11	岗优188
2014	01-3570	天玉56	01-3570	天玉56	宜香725	宜香725	01-3570	油研10	油研10	宜香725	中单808	德油5号	岗优188
2015	01-3570	宜单10	01-3570	宜单10	宜香725	宜香725	01-3570	中农油11	中农油11	宜香725	中单808	绵油15	岗优188

3.3.2　农田作物种类、产量与产值

3.3.2.1　数据采集和处理方法

盐亭站综合观测场和辅助观测场的数据为自测获取。每年于收获季节详细记录农田类型、轮作体系、当年作物类型，产量以收获期测产为准。站区调查点通过农户调查实现，每年提前告知农户拟调查数据项，并制表给农户在相关的时间进行记录，再结合田间实际观测完成。农产品的投入成本和价格等通过市场调查和农户调查综合获得。

3.3.2.2　数据质量控制措施

站内综合观测场和辅助观测场由生物主管负责亲自观测记录，同时结合盐亭站生产管理人员即时记录汇报，确保观测的时效性和准确性；对调查农户的现场调研，与当地庄稼医院、农业种植公司调查相结合，保证信息的正确性；提前发放调查指标记录表格，与样地户主及时联系交流，确保第一时间收集到样地管理信息；给予站区调查点户主一定的补偿资金，提升参与者的责任感，确保工作的连续性；规范记录、妥善保管，确保原始数据安全可查。各指标分别为播种量（kg/hm²）、播种面积（hm²）、占总播比（%）、单产（kg/hm²）、直接成本（元/hm²）、产值（元/hm²）。

3.3.2.3　数据

农田作物种类、产量与产值观测数据见表 3-23 至表 3-28。

表 3-23　盐亭站农田综合观测场（YGAZH01）农田作物种类、产量与产值

年份	农作物	播种量/ (kg/hm²)	播种面积/ hm²	占总播比/%	单产/ (kg/hm²)	直接成本/ (元/hm²)	产值/ (元/hm²)
2005	冬小麦	187.50	0.21	100.0	4 125	1 660.50	5 772.00
2006	冬小麦	150.00	0.21	100.0	4 837	2 831.42	5 804.40
2007	冬小麦	150.00	0.21	100.0	4 723	2 722.67	6 801.12
2008	冬小麦	135.00	0.21	100.0	4 512	1 745.58	7 038.72
2009	冬小麦	135.00	0.21	100.0	3 240	1 605.17	2 592.00
2010	冬小麦	135.00	0.21	100.0	4 620	2 685.00	9 240.00
2011	冬小麦	150.00	0.21	100.0	3 997	2 475.00	7 994.00
2012	冬小麦	150.00	0.21	100.0	4 882	3 795.00	9 960.18
2013	冬小麦	150.00	0.21	100.0	3 620	3 555.00	7 384.80
2014	冬小麦	150.00	0.21	100.0	2 640	2 833.00	5 966.40
2015	冬小麦	150.00	0.21	100.0	3 747	2 608.00	8 618.00
2005	玉米	45.00	0.21	100.0	4 350	2 035.00	4 785.00
2006	玉米	45.00	0.21	100.0	3 740	1 474.67	4 638.10
2007	玉米	45.00	0.21	100.0	5 090	1 617.17	6 515.20
2008	玉米	45.00	0.21	100.0	6 430	1 933.88	8 616.20
2009	玉米	45.00	0.21	100.0	6 000	1 729.67	4 860.00
2010	玉米	45.00	0.21	100.0	3 770	2 085.00	6 032.00
2011	玉米	45.00	0.21	100.0	7 948	2 107.50	16 213.92
2012	玉米	45.00	0.21	100.0	6 043	1 807.50	10 998.30
2013	玉米	45.00	0.21	100.0	7 040	1 920.00	14 080.00
2014	玉米	45.00	0.21	100.0	6 130	1 876.95	12 260.00
2015	玉米	45.00	0.21	100.0	6 598	2 297.00	10 821.00

表 3-24　盐亭站台地农田辅助观测场（YGAFZ05）农田作物种类、产量与产值

年份	农作物	播种量/(kg/hm²)	播种面积/hm²	占总播比/%	单产/(kg/hm²)	直接成本/(元/hm²)	产值/(元/hm²)
2005	油菜	1.50	0.08	100.0	1 650	1 660.50	3 630.00
2007	油菜	1.50	0.08	100.0	2 040	1 192.97	4 284.00
2008	油菜	1.50	0.08	100.0	2 100	1 693.50	12 516.00
2009	油菜	1.50	0.08	100.0	875	1 939.00	1 662.50
2010	油菜	1.50	0.08	100.0	2 710	2 002.50	10 840.00
2012	油菜	3.75	0.08	100.0	3 322	2 490.00	15 943.97
2011	冬小麦	150.00	0.08	100.0	5 295	2 475.00	10 590.00
2013	冬小麦	150.00	0.08	100.0	2 930	3 555.00	5 977.20
2014	冬小麦	150.00	0.08	100.0	4 060	2 833.00	9 175.60
2015	冬小麦	150.00	0.08	100.0	3 206	2 608.00	7 374.00
2005	玉米	45.00	0.08	100.0	4 896	2 035.00	5 385.60
2007	玉米	45.00	0.08	100.0	4 092	1 776.67	5 237.76
2008	玉米	45.00	0.08	100.0	6 874	1 933.88	9 211.16
2009	玉米	45.00	0.08	100.0	6 600	1 729.67	5 346.00
2010	玉米	45.00	0.08	100.0	5 920	2 085.00	9 472.00
2011	玉米	45.00	0.08	100.0	7 717	2 107.50	15 742.68
2012	玉米	45.00	0.08	100.0	6 713	1 807.50	12 218.31
2013	玉米	45.00	0.08	100.0	6 440	1 920.00	12 880.00
2014	玉米	45.00	0.08	100.0	6 280	1 876.95	12 560.00
2015	玉米	45.00	0.08	100.0	6 271	2 297.00	10 284.00

表 3-25　盐亭站高台位旱坡地站区调查点（YGAZQ03）农田作物种类、产量与产值

年份	农作物	播种量/(kg/hm²)	播种面积/hm²	占总播比/%	单产/(kg/hm²)	直接成本/(元/hm²)	产值/(元/hm²)
2 005	冬小麦	187.50	0.08	100.0	3 854	1 660.50	5 395.60
2006	冬小麦	150.00	4.00	34.3	4 393	2 691.15	5 271.24
2007	冬小麦	150.00	4.00	34.3	3 694	2 691.15	5 318.64
2008	冬小麦	135.00	4.00	34.3	3 631	1 262.50	5 664.36
2009	油菜	1.50	4.00	34.3	1 700	1 564.00	3 230.00
2010	油菜	1.50	4.00	34.3	1 807	2 565.00	7 228.00
2011	油菜	1.50	4.00	34.3	3 643	1 462.50	16 393.50
2012	油菜	3.75	4.00	52.0	2 161	2 617.50	10 373.18
2013	油菜	3.75	4.00	52.0	1 080	2 617.50	5 184.00
2014	油菜	3.75	4.00	52.0	2 250	2 917.50	11 700.00
2015	油菜	3.75	4.00	52.0	1 828	3 030.00	8 774.00
2005	玉米	45.00	0.08	100.0	4 012	2 035.00	4 413.20
2006	玉米	45.00	4.00	34.3	3 600	1 327.50	4 464.00
2007	玉米	45.00	4.00	34.3	5 162	1 327.50	6 606.75

（续）

年份	农作物	播种量/ （kg/hm²）	播种面积/ hm²	占总播比/%	单产/ （kg/hm²）	直接成本/ （元/hm²）	产值/ （元/hm²）
2008	玉米	45.00	4.00	34.3	7 295	2 084.63	9 775.30
2009	玉米	45.00	4.00	34.3	7 590	1 599.00	6 147.90
2010	玉米	45.00	4.00	34.3	7 960	1 597.50	12 736.00
2011	玉米	45.00	4.00	47.0	6 775	2 707.50	13 821.00
2012	玉米	45.00	4.00	80.0	5 643	1 788.75	10 269.93
2013	玉米	45.00	4.00	80.0	7 450	1 646.25	14 900.00
2014	玉米	45.00	4.00	80.0	2 630	1 905.00	5 260.00
2015	玉米	45.00	4.00	80.0	5 347	1 928.00	8 769.00

表 3-26　盐亭站沟底两季稻田站区调查点（YGAZQ01）农田作物种类、产量与产值

年份	农作物	播种量/ （kg/hm²）	播种面积/ hm²	占总播比/%	单产/ （kg/hm²）	直接成本/ （元/hm²）	产值/ （元/hm²）
2005	水稻	15.00	0.06	100.0	5 792	2 582.50	8 108.80
2006	水稻	15.00	2.13	18.3	7 603	1 584.67	10 796.26
2007	水稻	15.00	2.13	18.3	7 297	1 584.67	10 361.39
2008	水稻	15.00	2.13	18.3	8 354	1 872.50	13 366.40
2009	水稻	15.00	2.13	18.3	4 780	2 169.70	4 206.40
2012	水	30.00	0.40	5.0	7 974	2 805.00	21 210.80
2013	水稻	30.00	7.33	70.0	6 980	3 345.00	15 635.20
2014	水稻	30.00	7.33	70.0	4 860	4 417.43	10 886.40
2015	水稻	30.00	7.33	70.0	7 149	3 891.00	15 728.00
2005	油菜	1.50	0.06	100.0	1 650	1 830.00	3 630.00
2006	油菜	1.50	7.33	62.8	1 875	1 054.22	4 500.00
2007	油菜	1.50	7.33	62.8	1 908	1 054.22	4 006.80
2008	油菜	1.50	7.33	62.8	2 090	1 188.75	12 456.40
2009	油菜	1.50	7.33	62.8	1 680	1 564.22	3 192.00
2010	油菜	1.50	7.33	62.8	1 950	1 384.50	7 800.00
2011	油菜	3.75	7.33	62.8	3 421	2 142.25	15 394.50
2012	油菜	3.75	7.33	60.0	3 312	2 302.50	15 895.94
2013	油菜	3.75	7.33	60.0	2 450	2 722.50	11 760.00
2014	油菜	3.75	7.33	60.0	2 470	2 432.85	12 844.00
2015	油菜	3.75	7.33	60.0	2 068	3 160.00	9 926.00

表 3-27　盐亭站冬水田站区调查点（YGAZQ02）农田作物种类、产量与产值

年份	农作物	播种量/(kg/hm²)	播种面积/hm²	占总播比/%	单产/(kg/hm²)	直接成本/(元/hm²)	产值/(元/hm²)
2005	水稻	15.00	0.14	100.0	5 250	2 582.50	7 350.00
2006	水稻	15.00	1.24	10.6	7 500	1 510.42	10 650.00
2007	水稻	15.00	1.24	10.6	5 775	1 416.67	8 200.50
2008	水稻	15.00	1.24	10.6	8 165	2 080.31	13 064.00
2012	水稻	30.00	0.40	5.0	7 974	2 805.00	21 210.80
2013	水稻	30.00	0.40	5.0	6 100	2 835.00	13 664.00
2014	水稻	30.00	0.40	5.0	5 820	3 316.80	13 036.80

表 3-28　盐亭站人工改造两季田辅助观测场（YGAFZ07）农田作物种类、产量与产值

试验区	年份	农作物	播种量/(kg/hm²)	播种面积/hm²	占总播比/%	单产/(kg/hm²)	直接成本/(元/hm²)	产值/(元/hm²)
A区	2008	水稻	15.00	0.05	100.0	7 626	2 128.13	12 201.60
	2009	水稻	15.00	0.05	100.0	4 070	2 084.17	3 581.60
	2010	水稻	15.00	0.05	100.0	7 190	3 030.00	15 099.00
	2011	水稻	30.00	0.05	100.0	4 965	3 360.00	12 213.90
	2012	水稻	30.00	0.05	100.0	2 111	3 637.00	5 615.41
	2013	水稻	30.00	0.05	100.0	6 230	3 787.50	13 955.20
	2014	水稻	30.00	0.05	100.0	4 150	4 417.43	9 296.00
	2015	水稻	30.00	0.05	100.0	7 344	3 891.00	16 157.00
	2010	油菜	1.50	0.05	100.0	2 150	2 002.50	8 600.00
	2011	油菜	3.75	0.05	100.0	4 731	2 141.25	21 289.50
	2012	油菜	3.75	0.05	100.0	2 761	2 490.00	13 254.62
	2013	油菜	3.75	0.05	100.0	3 330	2 242.50	15 984.00
	2014	油菜	3.75	0.05	100.0	2 640	2 905.73	13 728.00
	2015	油菜	3.75	0.05	100.0	3 739	3 160.00	17 947.00
B区	2008	水稻	15.00	0.05	100.0	7 914	2 128.13	12 662.40
	2009	水稻	15.00	0.05	100.0	4 690	2 084.17	4 127.20
	2010	水稻	15.00	0.05	100.0	8 150	3 030.00	17 115.00
	2011	水稻	30.00	0.05	100.0	5 453	3 360.00	13 414.38
	2012	水稻	30.00	0.05	100.0	3 172	3 637.00	8 436.42
	2013	水稻	30.00	0.05	100.0	6 800	3 787.50	15 232.00
	2014	水稻	30.00	0.05	100.0	5 100	4 417.43	11 424.00
	2015	水稻	30.00	0.05	100.0	8 295	3 891.00	18 249.00
	2010	冬小麦	135.00	0.05	100.0	4 290	2 685.00	8 580.00
	2011	冬小麦	150.00	0.05	100.0	4 365	2 475.00	8 730.00
	2012	冬小麦	150.00	0.05	100.0	4 492	3 795.00	9 164.18
	2013	冬小麦	150.00	0.05	100.0	4 560	3 720.00	9 302.40
	2014	冬小麦	150.00	0.05	100.0	2 940	2 833.00	3 322.20
	2015	冬小麦	150.00	0.05	100.0	3 982	2 608.00	9 159.00

3.3.3　农田复种指数与作物轮作体系

3.3.3.1　数据采集和处理方法

盐亭站综合观测场和辅助观测场的数据为自测获取。每年于收获季节详细记录农田类型、轮作体系、当年作物类型，产量以收获期测产为准。站区调查点通过农户调查实现，每年提前告知农户拟调查数据项，并制表给农户在相关的时间进行记录，再结合田间实际观测完成。复种指数的计算公式为：

$$复种指数＝全年农作物收获面积/耕地总面积×100\%$$

3.3.3.2　数据质量控制措施

对于自测数据，严格翔实地记录调查时间、核查并记录样地名称代码，真实记录每季作物种类、品种、轮作制度等；调查农户及其邻居（多人调查），并结合现场调查确认来保证信息的准确可信度；提前发放调查指标记录表格；给予站区调查点户主一定的补偿资金，提升参与者的责任感，确保工作的连续性；规范记录、妥善保管，确保原始数据安全可查。农作物品种见表 3 - 28。

3.3.3.3　数据

盐亭站农田复种指数与作物轮作体系见表 3 - 29。

表 3 - 29　盐亭站农田复种指数与作物轮作体系

年份	农田类型	复种指数/%	轮作体系	当年作物	观测场代码
2005	旱坡地	200.0	小麦—玉米轮作	冬小麦，玉米	YGAZH01
2006	旱坡地	200.0	小麦—玉米轮作	冬小麦，玉米	YGAZH01
2007	旱坡地	200.0	小麦—玉米轮作	冬小麦，玉米	YGAZH01
2008	旱坡地	200.0	小麦—玉米轮作	冬小麦，玉米	YGAZH01
2009	旱坡地	200.0	小麦—玉米轮作	冬小麦，玉米	YGAZH01
2010	旱坡地	200.0	小麦—玉米轮作	冬小麦，玉米	YGAZH01
2011	旱坡地	200.0	小麦—玉米轮作	冬小麦，玉米	YGAZH01
2012	旱坡地	200.0	小麦—玉米轮作	冬小麦，玉米	YGAZH01
2013	旱坡地	200.0	小麦—玉米轮作	冬小麦，玉米	YGAZH01
2014	旱坡地	200.0	小麦—玉米轮作	冬小麦，玉米	YGAZH01
2015	旱坡地	200.0	小麦—玉米轮作	冬小麦，玉米	YGAZH01
2005	旱台地	200.0	油菜—玉米轮作	油菜，玉米	YGAFZ05
2006	旱台地	200.0	小麦—玉米轮作	小麦，玉米	YGAFZ05
2007	旱台地	200.0	油菜—玉米轮作	油菜，玉米	YGAFZ05
2008	旱台地	200.0	油菜—玉米轮作	油菜，玉米	YGAFZ05
2009	旱台地	200.0	油菜—玉米轮作	油菜，玉米	YGAFZ05
2010	旱台地	200.0	油菜—玉米轮作	油菜，玉米	YGAFZ05
2011	旱台地	200.0	小麦—玉米轮作	小麦，玉米	YGAFZ05
2012	旱台地	200.0	油菜—玉米轮作	油菜，玉米	YGAFZ05

（续）

年份	农田类型	复种指数/%	轮作体系	当年作物	观测场代码
2013	旱台地	200.0	小麦—玉米轮作	小麦，玉米	YGAFZ05
2014	旱台地	200.0	小麦—玉米轮作	小麦，玉米	YGAFZ05
2015	旱台地	200.0	小麦—玉米轮作	小麦，玉米	YGAFZ05
2005	旱坡地	200.0	小麦—玉米轮作	小麦，玉米	YGAZQ03
2006	旱坡地	200.0	小麦—玉米轮作	小麦，玉米	YGAZQ03
2007	旱坡地	200.0	小麦—玉米轮作	小麦，玉米	YGAZQ03
2008	旱坡地	200.0	油菜—玉米轮作	油菜，玉米	YGAZQ03
2009	旱坡地	200.0	油菜—玉米轮作	油菜，玉米	YGAZQ03
2010	旱坡地	200.0	油菜—玉米轮作	油菜，玉米	YGAZQ03
2011	旱坡地	200.0	油菜—玉米轮作	油菜，玉米	YGAZQ03
2012	旱坡地	200.0	油菜—玉米轮作	油菜，玉米	YGAZQ03
2013	旱坡地	200.0	油菜—玉米轮作	油菜，玉米	YGAZQ03
2014	旱坡地	200.0	油菜—玉米轮作	油菜，玉米	YGAZQ03
2015	旱坡地	200.0	油菜—玉米轮作	油菜，玉米	YGAZQ03
2005	两季田	200.0	油菜—水稻轮作	油菜，水稻	YGAZQ01
2006	两季田	200.0	油菜—水稻轮作	油菜，水稻	YGAZQ01
2007	两季田	200.0	油菜—水稻轮作	油菜，水稻	YGAZQ01
2008	两季田	200.0	油菜—水稻轮作	油菜，水稻	YGAZQ01
2009	两季田	200.0	油菜—水稻轮作	油菜，水稻	YGAZQ01
2010	两季田	200.0	油菜—水稻轮作	油菜，水稻	YGAZQ01
2011	两季田	200.0	油菜—水稻轮作	油菜，水稻	YGAZQ01
2012	两季田	200.0	油菜—水稻轮作	油菜，水稻	YGAZQ01
2013	两季田	200.0	油菜—水稻轮作	油菜，水稻	YGAZQ01
2014	两季田	200.0	油菜—水稻轮作	油菜，水稻	YGAZQ01
2015	两季田	200.0	油菜—水稻轮作	油菜，水稻	YGAZQ01
2005	冬水田	100.0	水稻	水稻	YGAZQ02
2006	冬水田	100.0	水稻	水稻	YGAZQ02
2007	冬水田	100.0	水稻	水稻	YGAZQ02
2008	冬水田	100.0	水稻	水稻	YGAZQ02
2009	冬水田	100.0	水稻	莲藕	YGAZQ02
2010	冬水田	100.0	水稻	莲藕	YGAZQ02
2011	冬水田	100.0	水稻	莲藕	YGAZQ02
2012	冬水田	100.0	水稻	水稻	YGAZQ02
2013	冬水田	100.0	水稻	水稻	YGAZQ02
2014	冬水田	100.0	水稻	水稻	YGAZQ02

（续）

年份	农田类型	复种指数/%	轮作体系	当年作物	观测场代码
2015	冬水田	100.0	水稻	莲藕	YGAZQ02
2008	两季田 A	200.0	小麦—水稻轮作	小麦，水稻	YGAFZ07
2009	两季田 A	200.0	小麦—水稻轮作	小麦，水稻	YGAFZ07
2010	两季田 A	200.0	小麦—水稻轮作	小麦，水稻	YGAFZ07
2011	两季田 A	200.0	小麦—水稻轮作	小麦，水稻	YGAFZ07
2012	两季田 A	200.0	小麦—水稻轮作	小麦，水稻	YGAFZ07
2013	两季田 A	200.0	小麦—水稻轮作	小麦，水稻	YGAFZ07
2014	两季田 A	200.0	小麦—水稻轮作	小麦，水稻	YGAFZ07
2015	两季田 A	200.0	小麦—水稻轮作	小麦，水稻	YGAFZ07
2008	两季田 B	200.0	油菜—水稻轮作	油菜，水稻	YGAFZ07
2009	两季田 B	200.0	油菜—水稻轮作	油菜，水稻	YGAFZ07
2010	两季田 B	200.0	油菜—水稻轮作	油菜，水稻	YGAFZ07
2011	两季田 B	200.0	油菜—水稻轮作	油菜，水稻	YGAFZ07
2012	两季田 B	200.0	油菜—水稻轮作	油菜，水稻	YGAFZ07
2013	两季田 B	200.0	油菜—水稻轮作	油菜，水稻	YGAFZ07
2014	两季田 B	200.0	油菜—水稻轮作	油菜，水稻	YGAFZ07
2015	两季田 B	200.0	油菜—水稻轮作	油菜，水稻	YGAFZ07

3.3.4 农田灌溉制度

3.3.4.1 数据采集和处理方法

盐亭站综合观测场和辅助观测场的数据为自测获取。站区调查点通过农户调查实现，每年提前告知农户拟调查数据项，并制表给农户在相关的时间进行记录，再结合田间实际观测完成。

3.3.4.2 数据质量控制措施

对于自测数据，严格翔实地记录调查时间，核查并记录样地名称代码，真实记录每季作物种类、品种、轮作制度等；灌溉季节对调查农户及其邻居现场查询确认以保证信息的正确性，同时调查观测区的提灌站当年使用记录情况；与样地户主及时联系交流，提前发放调查指标记录表格，确保第一时间了解到必要的样地管理信息；规范记录、妥善保管，确保原始数据安全可查。灌溉量单位 mm。农作物品种见表 3-29。

3.3.4.3 数据

盐亭站农田灌溉制度数据见表 3-30。

表 3-30 盐亭站农田灌溉制度

观测场	年份	作物名称	灌溉时间	作物生育时期	灌溉水源	灌溉方式	灌溉量/mm
农田综合观测场（YGAZH01）	2006	夏玉米	2006-06-16	五叶期	地表水	喷灌	3.0
	2006	夏玉米	2006-08-05	吐丝后	地表水	喷灌	3.0
	2007	夏玉米	2007-07-10	拔节期	地表水	喷灌	3.0
	2009	夏玉米	2009-06-16	五叶期	地表水	喷灌	8.0
	2014	夏玉米	2014-08-03	抽雄期	地表水	低压管道灌溉	20.0

（续）

观测场	年份	作物名称	灌溉时间	作物生育时期	灌溉水源	灌溉方式	灌溉量/mm
台地农田辅助观测场 （YGAFZ05）	2006	夏玉米	2006 - 06 - 16	五叶期	地表水	喷灌	3.0
	2006	夏玉米	2006 - 08 - 05	吐丝后	地表水	喷灌	3.0
	2008	夏玉米	2007 - 07 - 10	拔节期	地表水	喷灌	3.0
	2009	夏玉米	2009 - 06 - 15	五叶期	地表水	喷灌	8.0
人工改造两季田辅助观测场 （YGAFZ07）A 区	2011	中稻	2011 - 06 - 01	整田期	地表水	低压管道灌溉	300.0
	2011	中稻	2011 - 06 - 13	返青期	地表水	低压管道灌溉	130.0
	2011	中稻	2011 - 07 - 04	分蘖期	地表水	低压管道灌溉	130.0
	2011	中稻	2011 - 08 - 24	抽穗期	地表水	低压管道灌溉	150.0
	2012	中稻	2012 - 06 - 01	移栽期	地表水	低压管道灌溉	350.0
	2012	中稻	2012 - 06 - 12	返青期	地表水	低压管道灌溉	150.0
	2012	中稻	2012 - 07 - 02	分蘖期	地表水	低压管道灌溉	150.0
	2012	中稻	2012 - 07 - 18	抽穗期	地表水	低压管道灌溉	150.0
	2013	中稻	2013 - 05 - 31	移栽期	地表水	低压管道灌溉	350.0
	2013	中稻	2013 - 06 - 21	返青期	地表水	低压管道灌溉	150.0
	2013	中稻	2013 - 07 - 01	分蘖期	地表水	低压管道灌溉	150.0
	2013	中稻	2013 - 07 - 19	抽穗期	地表水	低压管道灌溉	150.0
	2014	中稻	2014 - 05 - 27	移栽期	地表水	低压管道灌溉	300.0
	2014	中稻	2014 - 06 - 08	返青期	地表水	低压管道灌溉	300.0
	2014	中稻	2014 - 06 - 18	分蘖期	地表水	低压管道灌溉	250.0
	2014	中稻	2014 - 07 - 20	拔节期	地表水	低压管道灌溉	250.0
	2014	中稻	2014 - 08 - 05	抽穗期	地表水	低压管道灌溉	250.0
	2015	中稻	2015 - 05 - 18	移栽期	地表水	低压管道灌溉	180.0
	2015	中稻	2015 - 07 - 27	拔节期	地表水	低压管道灌溉	120.0
	2015	中稻	2015 - 08 - 11	抽穗期	地表水	低压管道灌溉	120.0
人工改造两季田辅助观测场 （YGAFZ07）B 区	2011	中稻	2011 - 06 - 01	整田期	地表水	低压管道灌溉	300.0
	2011	中稻	2011 - 06 - 13	返青期	地表水	低压管道灌溉	130.0
	2011	中稻	2011 - 07 - 04	分蘖期	地表水	低压管道灌溉	130.0
	2011	中稻	2011 - 08 - 24	抽穗期	地表水	低压管道灌溉	150.0
	2012	中稻	2012 - 06 - 01	移栽期	地表水	低压管道灌溉	350.0
	2012	中稻	2012 - 06 - 12	返青期	地表水	低压管道灌溉	150.0
	2012	中稻	2012 - 07 - 02	分蘖期	地表水	低压管道灌溉	150.0
	2012	中稻	2012 - 07 - 18	抽穗期	地表水	低压管道灌溉	150.0
	2013	中稻	2013 - 05 - 31	移栽期	地表水	低压管道灌溉	350.0
	2013	中稻	2013 - 06 - 21	返青期	地表水	低压管道灌溉	150.0
	2013	中稻	2013 - 07 - 01	分蘖期	地表水	低压管道灌溉	150.0
	2013	中稻	2013 - 07 - 19	抽穗期	地表水	低压管道灌溉	150.0
	2014	中稻	2014 - 05 - 27	移栽期	地表水	低压管道灌溉	300.0
	2014	中稻	2014 - 06 - 08	返青期	地表水	低压管道灌溉	300.0
	2014	中稻	2014 - 06 - 18	分蘖期	地表水	低压管道灌溉	250.0

（续）

观测场	年份	作物名称	灌溉时间	作物生育时期	灌溉水源	灌溉方式	灌溉量/mm
	2014	中稻	2014-07-20	拔节期	地表水	低压管道灌溉	250.0
	2014	中稻	2014-08-05	抽穗期	地表水	低压管道灌溉	250.0
人工改造两季田辅助观测场（YGAFZ07）B区	2015	中稻	2015-05-18	移栽期	地表水	低压管道灌溉	180.0
	2015	中稻	2015-07-27	拔节期	地表水	低压管道灌溉	120.0
	2015	中稻	2015-08-11	抽穗期	地表水	低压管道灌溉	120.0
	2012	中稻	2012-05-27	移栽期	地表水	低压管道灌溉	300.0
	2013	中稻	2013-05-25	移栽期	地表水	低压管道灌溉	300.0
	2014	中稻	2014-05-28	移栽期	地表水	低压管道灌溉	300.0
	2014	中稻	2014-06-04	返青期	地表水	低压管道灌溉	300.0
沟底两季稻田站区调查点（YGAZQ01）	2014	中稻	2014-07-13	拔节期	地表水	低压管道灌溉	300.0
	2014	中稻	2014-08-04	抽穗期	地表水	低压管道灌溉	300.0
	2015	中稻	2015-05-18	移栽期	地表水	低压管道灌溉	180.0
	2015	中稻	2015-07-26	拔节期	地表水	低压管道灌溉	120.0
	2015	中稻	2015-08-10	抽穗期	地表水	低压管道灌溉	120.0

3.3.5 农田作物生育期动态

3.3.5.1 数据采集和处理方法

站综合观测场和辅助观测场的数据通过长期驻站工作人员和聘请的当地工人连续观测记录获得。站区调查点通过现场观测和农户调查相结合实现，每年提前告诉拟调查农户记录相关数据，并结合田间实际观测完成。

3.3.5.2 数据质量控制措施

站内综合观测场和辅助观测场由生物主管负责亲自观测记录，同时结合台站生产管理人员长年的跟踪记录汇报，保证观测的时效性和准确性；调查农户，提前发放调查指标记录表格，与样地户主及时交流，确保第一时间记录必要的生育期动态信息，保证站区调查点记录的准确性；给予站区调查点户主一定的补偿，提升参与者的责任感，确保工作的连续性；规范记录、妥善保管，确保原始数据安全可查。农作物品种见表3-31至表3-34。

3.3.5.3 数据

盐亭站农田作物生育动态观测数据见表3-30。

表 3 - 31　盐亭站冬小麦生育动态观测

观测场	年份	播种期	出苗期	三叶期	分蘖期	返青期	拔节期	抽穗期	蜡熟期	收获期
农田综合观测场 (YGAZH01)	2005	2004 - 10 - 29	2004 - 11 - 06	2004 - 11 - 19	2004 - 12 - 26		2005 - 02 - 12	2005 - 03 - 28	2005 - 05 - 16	2005 - 05 - 20
	2006	2005 - 10 - 26	2005 - 11 - 03	2005 - 11 - 16	2005 - 12 - 23		2006 - 02 - 12	2006 - 03 - 27	2006 - 04 - 28	2006 - 05 - 15
	2007	2006 - 10 - 25	2006 - 11 - 02	2006 - 11 - 017	2006 - 12 - 20		2007 - 02 - 13	2007 - 03 - 25	2007 - 04 - 27	2007 - 05 - 11
	2008	2007 - 10 - 26	2007 - 11 - 03	2007 - 11 - 26	2007 - 12 - 04		2008 - 02 - 27	2008 - 03 - 26	2008 - 05 - 01	2008 - 05 - 13
	2009	2008 - 11 - 04	2008 - 12 - 01	2008 - 12 - 12	2008 - 12 - 21		2009 - 02 - 24	2009 - 03 - 22	2009 - 05 - 01	2009 - 05 - 20
	2010	2009 - 10 - 26	2009 - 11 - 03	2009 - 11 - 13	2009 - 12 - 20		2010 - 02 - 13	2010 - 03 - 20	2010 - 05 - 07	2010 - 05 - 15
	2011	2010 - 10 - 24	2010 - 11 - 01	2010 - 11 - 16	2010 - 12 - 04		2011 - 02 - 15	2011 - 03 - 26	2011 - 05 - 08	2011 - 05 - 18
	2012	2011 - 10 - 23	2011 - 11 - 03	2011 - 11 - 20	2011 - 12 - 10		2012 - 02 - 15	2012 - 03 - 27	2012 - 05 - 07	2012 - 05 - 11
	2013	2012 - 10 - 24	2012 - 11 - 01	2012 - 11 - 18	2012 - 12 - 05		2013 - 02 - 18	2013 - 03 - 28	2013 - 04 - 25	2013 - 05 - 06
	2014	2013 - 10 - 25	2013 - 11 - 02	2013 - 11 - 18	2013 - 12 - 04		2014 - 02 - 26	2014 - 03 - 25	2014 - 04 - 28	2014 - 05 - 09
	2015	2014 - 10 - 24	2014 - 10 - 031	2014 - 11 - 20	2014 - 12 - 15		2015 - 02 - 25	2015 - 03 - 28	2015 - 04 - 27	2015 - 05 - 06
台地农田辅助观测场 (YGAFZ05)	2011	2010 - 10 - 24	2010 - 11 - 01	2010 - 11 - 16	2010 - 12 - 04		2011 - 02 - 15	2011 - 03 - 26	2011 - 05 - 08	2011 - 05 - 18
	2013	2012 - 10 - 24	2012 - 11 - 01	2012 - 11 - 18	2012 - 12 - 05		2013 - 02 - 18	2013 - 03 - 28	2013 - 04 - 25	2013 - 05 - 06
	2014	2013 - 10 - 25	2013 - 11 - 02	2013 - 11 - 18	2013 - 12 - 04		2014 - 02 - 26	2014 - 03 - 25	2014 - 04 - 28	2014 - 05 - 09
	2015	2014 - 10 - 24	2014 - 10 - 031	2014 - 11 - 20	2014 - 12 - 15		2015 - 02 - 25	2015 - 03 - 28	2015 - 04 - 27	2015 - 05 - 06
高台位旱坡地站区调查点 (YGAZQ03)	2005	2004 - 11 - 05	2004 - 11 - 13	2004 - 11 - 26	2005 - 01 - 02		2005 - 02 - 19	2005 - 04 - 03	2005 - 05 - 16	2005 - 05 - 21
	2006	2005 - 10 - 29	2005 - 11 - 07	2005 - 11 - 18	2005 - 12 - 27		2006 - 02 - 014	2006 - 03 - 29	2006 - 05 - 02	2006 - 05 - 18
	2007	2006 - 10 - 27	2006 - 11 - 03	2006 - 11 - 19	2006 - 12 - 23		2007 - 02 - 13	2007 - 03 - 26	2007 - 04 - 29	2007 - 05 - 11
	2008	2007 - 11 - 03	2007 - 11 - 11	2007 - 11 - 29	2007 - 12 - 08		2008 - 03 - 02	2008 - 03 - 28	2008 - 05 - 05	2008 - 05 - 20
人工改造两季田辅助观测场 (YGAFZ07) A 区	2009	2008 - 11 - 04	2008 - 12 - 01	2008 - 12 - 12	2008 - 12 - 21		2009 - 02 - 24	2009 - 03 - 22	2009 - 05 - 01	2009 - 05 - 20
	2010	2009 - 10 - 26	2009 - 11 - 03	2009 - 11 - 13	2009 - 12 - 20		2010 - 02 - 13	2010 - 03 - 20	2010 - 05 - 07	2010 - 05 - 15
	2011	2010 - 10 - 24	2010 - 11 - 01	2010 - 11 - 16	2010 - 12 - 04		2011 - 02 - 15	2011 - 03 - 26	2011 - 05 - 08	2011 - 05 - 18
	2012	2011 - 10 - 23	2011 - 11 - 03	2011 - 11 - 20	2011 - 12 - 10		2012 - 02 - 15	2012 - 03 - 27	2012 - 05 - 07	2012 - 05 - 11
	2013	2012 - 10 - 24	2012 - 11 - 01	2012 - 11 - 18	2012 - 12 - 05		2013 - 02 - 18	2013 - 03 - 28	2013 - 04 - 25	2013 - 05 - 06
	2014	2013 - 10 - 25	2013 - 11 - 02	2013 - 11 - 18	2013 - 12 - 04		2014 - 02 - 26	2014 - 03 - 25	2014 - 04 - 28	2014 - 05 - 09
	2015	2014 - 10 - 24	2014 - 10 - 031	2014 - 11 - 20	2014 - 12 - 15		2015 - 02 - 25	2015 - 03 - 28	2015 - 04 - 27	2015 - 05 - 06

注: 根据当地多年的观测和《作物栽培学》(南方本) 确认盐亭站小麦没有明显的返青期, 故没有观测记录。

表3-32　盐亭站玉米生育动态观测

观测场	年份	播种期	出苗期	五叶期	拔节期	抽雄期	吐丝期	成熟期	收获期
农田综合观测场（YGAZH01）	2005	2005-05-25	2005-06-02	2005-06-17	2005-07-06	2005-07-20	2005-07-28	2005-09-10	2005-09-13
	2006	2006-05-24	2006-06-15	2006-06-22	2006-07-10	2006-07-25	2006-08-03	2006-09-03	2006-09-15
	2007	2007-05-24	2007-06-01	2007-06-19	2007-07-01	2007-07-28	2007-08-04	2007-09-04	2007-09-18
	2008	2008-06-02	2008-06-09	2008-06-24	2008-07-12	2008-08-05	2008-08-07	2008-09-10	2008-09-20
	2009	2009-05-22	2009-05-28	2009-06-14	2009-06-26	2009-07-28	2009-08-05	2009-08-27	2009-09-20
	2010	2010-05-27	2010-06-04	2010-06-28	2010-07-27	2010-08-12	2010-08-20	2010-08-29	2010-09-19
	2011	2011-05-27	2011-06-04	2011-07-04	2011-07-20	2011-08-05	2011-08-08	2011-09-10	2011-09-19
	2012	2012-05-26	2012-06-01	2012-06-20	2012-07-18	2012-08-02	2012-08-05	2012-09-08	2012-09-16
	2013	2013-05-19	2013-05-27	2013-06-10	2013-07-04	2013-08-01	2013-08-03	2013-09-03	2013-09-09
	2014	2014-05-25	2014-06-02	2014-06-23	2014-07-12	2014-08-05	2014-08-08	2014-09-12	2014-09-21
	2015	2015-05-25	2015-06-03	2015-06-14	2015-07-02	2015-08-06	2015-08-10	2015-09-09	2015-09-20
台地农田辅助观测场（YGAFZ05）	2005	2005-05-24	2005-06-02	2005-06-17	2005-07-06	2005-07-20	2005-07-28	2005-09-10	2005-09-13
	2006	2006-05-24	2006-06-15	2006-06-21	2006-07-08	2006-07-23	2006-08-05	2006-09-02	2006-09-15
	2007	2007-05-24	2007-06-01	2007-06-19	2007-07-01	2007-07-28	2007-08-05	2007-09-04	2007-09-18
	2008	2008-05-30	2008-06-07	2008-06-22	2008-07-12	2008-08-05	2008-08-07	2008-09-10	2008-09-19
	2009	2009-05-22	2009-05-28	2009-06-14	2009-06-26	2009-07-28	2009-08-05	2009-08-27	2009-09-20
	2010	2010-05-27	2010-06-04	2010-06-28	2010-07-27	2010-08-12	2010-08-20	2010-08-29	2010-09-19
	2011	2011-05-27	2011-06-04	2011-07-04	2011-07-20	2011-08-05	2011-08-08	2011-09-10	2011-09-19
	2012	2012-05-26	2012-06-01	2012-06-20	2012-07-18	2012-08-02	2012-08-05	2012-09-08	2012-09-16
	2013	2013-05-19	2013-05-27	2013-06-10	2013-07-04	2013-08-01	2013-08-03	2013-09-03	2013-09-09
	2014	2014-05-25	2014-06-02	2014-06-23	2014-07-12	2014-08-05	2014-08-08	2014-09-12	2014-09-21
	2015	2015-05-25	2015-06-03	2015-06-14	2015-07-02	2015-08-06	2015-08-10	2015-09-09	2015-09-20
高台位旱坡地站区调查点（YGAZQ03）	2006	2006-06-01	2006-06-08		2006-07-18	2006-07-28	2006-08-05	2006-09-15	2006-09-20
	2007	2007-05-28	2007-06-05		2007-07-02	2007-07-29	2007-08-06	2007-09-09	2007-09-21
	2008	2008-06-05	2008-06-11	2008-06-26	2008-07-14	2008-08-06	2008-08-10	2008-09-12	2008-09-22
	2009	2009-05-25	2009-05-29	2009-06-16	2009-07-01	2009-08-02	2009-08-08	2009-09-28	2009-09-25

（续）

观测场	年份	播种期	出苗期	五叶期	拔节期	抽雄期	吐丝期	成熟期	收获期
高台位坡地站区调查点（YGAZQ03）	2010	2010 - 05 - 24	2010 - 06 - 01	2010 - 06 - 26	2010 - 07 - 25	2010 - 08 - 10	2010 - 08 - 18	2010 - 08 - 27	2010 - 09 - 15
	2011	2011 - 05 - 21	2011 - 06 - 02	2011 - 06 - 19	2011 - 07 - 11	2011 - 08 - 01	2011 - 08 - 03	2011 - 09 - 02	2011 - 09 - 18
	2012	2012 - 05 - 23	2012 - 05 - 29	2012 - 06 - 18	2012 - 07 - 15	2012 - 08 - 01	2012 - 08 - 03	2012 - 09 - 05	2012 - 09 - 14
	2013	2013 - 05 - 24	2013 - 05 - 29	2013 - 06 - 13	2013 - 07 - 07	2013 - 08 - 05	2013 - 08 - 07	2013 - 09 - 05	2013 - 09 - 13
	2014	2014 - 05 - 23	2014 - 05 - 30	2014 - 06 - 17	2014 - 07 - 10	2014 - 08 - 05	2014 - 08 - 07	2014 - 09 - 09	2014 - 09 - 21
	2015	2015 - 05 - 21	2015 - 05 - 30	2015 - 06 - 11	2015 - 07 - 01	2015 - 08 - 05	2015 - 08 - 08	2015 - 09 - 07	2015 - 09 - 18

表 3 - 33　盐亭站水稻生育动态观测

观测场	年份	播种期	出苗期	三叶期	移栽期	返青期	分蘖期	拔节期	抽穗期	蜡熟期	收获期
沟底两季稻田站区调查点（YGAZQ01）	2006	2006 - 03 - 28	2006 - 04 - 05	2006 - 04 - 15	2006 - 05 - 29	2006 - 05 - 25	2006 - 06 - 14	2006 - 07 - 15	2006 - 08 - 04	2006 - 08 - 27	2006 - 09 - 10
	2007	2007 - 04 - 20	2007 - 04 - 29	2007 - 05 - 05	2007 - 05 - 25	2007 - 06 - 07	2007 - 07 - 02	2007 - 07 - 12	2007 - 08 - 03	2007 - 08 - 28	2007 - 09 - 18
	2008	2008 - 03 - 26	2008 - 04 - 01	2008 - 04 - 18	2008 - 05 - 30	2008 - 06 - 03	2008 - 06 - 25	2008 - 07 - 20	2008 - 08 - 06	2008 - 09 - 11	2008 - 09 - 16
	2012	2012 - 03 - 29	2012 - 04 - 05	2012 - 04 - 20	2012 - 05 - 28	2012 - 06 - 12	2012 - 06 - 25	2012 - 07 - 01	2012 - 07 - 26	2012 - 09 - 02	2012 - 09 - 09
	2013	2013 - 03 - 28	2013 - 04 - 06	2013 - 04 - 16	2013 - 05 - 26	2013 - 06 - 10	2013 - 06 - 25	2013 - 07 - 09	2013 - 07 - 24	2013 - 08 - 25	2013 - 09 - 03
	2014	2014 - 03 - 30	2014 - 04 - 07	2014 - 04 - 25	2014 - 05 - 29	2014 - 06 - 07	2014 - 06 - 15	2014 - 07 - 20	2014 - 08 - 15	2014 - 09 - 15	2014 - 09 - 20
	2015	2015 - 04 - 04	2015 - 04 - 10	2015 - 04 - 15	2015 - 05 - 19	2015 - 05 - 25	2015 - 06 - 12	2015 - 07 - 20	2015 - 08 - 07	2015 - 08 - 26	2015 - 09 - 13
	2005	2005 - 04 - 19	2005 - 04 - 26	2005 - 05 - 08	2005 - 05 - 28	2005 - 06 - 10	2005 - 06 - 17	2005 - 07 - 18	2005 - 08 - 15	2005 - 09 - 16	2005 - 09 - 20
冬水田站区调查点（YGAZQ02）	2006	2006 - 03 - 29	2006 - 04 - 05	2006 - 04 - 21	2006 - 05 - 13	2006 - 05 - 23	2006 - 06 - 13	2006 - 07 - 12	2006 - 08 - 04	2006 - 08 - 27	2006 - 09 - 11
	2007	2007 - 04 - 28	2007 - 05 - 04	2007 - 05 - 12	2007 - 05 - 28	2007 - 06 - 09	2007 - 07 - 01	2007 - 07 - 13	2007 - 08 - 02	2007 - 08 - 27	2007 - 09 - 15
	2008	2008 - 03 - 30	2008 - 04 - 07	2008 - 04 - 20	2008 - 05 - 26	2008 - 06 - 02	2008 - 06 - 24	2008 - 07 - 20	2008 - 08 - 08	2008 - 09 - 14	2008 - 09 - 20
	2009	2009 - 04 - 07	2009 - 05 - 03	2009 - 05 - 12	2009 - 06 - 02	2009 - 06 - 10	2009 - 06 - 23	2009 - 07 - 10	—	—	—
	2012	2012 - 03 - 30	2012 - 04 - 05	2012 - 04 - 20	2012 - 05 - 27	2012 - 06 - 13	2012 - 06 - 26	2012 - 07 - 01	2012 - 07 - 29	2012 - 09 - 04	2012 - 09 - 09
	2013	2013 - 03 - 30	2013 - 04 - 06	2013 - 04 - 06	2013 - 05 - 26	2013 - 06 - 11	2013 - 06 - 25	2013 - 07 - 10	2013 - 07 - 25	2013 - 08 - 26	2013 - 09 - 05
	2014	2014 - 03 - 30	2014 - 04 - 06	2014 - 04 - 19	2014 - 05 - 26	2014 - 06 - 08	2014 - 06 - 20	2014 - 07 - 21	2014 - 08 - 17	2014 - 09 - 16	2014 - 09 - 19

（续）

观测场	年份	播种期	出苗期	三叶期	移栽期	返青期	分蘖期	拔节期	抽穗期	蜡熟期	收获期
人工改造两季田辅助观测场（A区、B区）（YGAFZ07）	2008	2008-03-30	2008-04-07	2008-04-20	2008-05-26	2008-06-02	2008-06-24	2008-07-20	2008-08-08	2008-09-14	2008-09-20
	2009	2009-04-07	2009-05-03	2009-05-12	2009-06-10	2009-06-17	2009-06-26	2009-07-13	2009-08-15	2009-09-02	2009-09-28
	2010	2010-04-06	2010-04-13	2010-04-20	2010-05-30	2010-06-10	2010-06-26	2010-07-10	2010-08-13	2010-09-04	2010-09-20
	2011	2011-04-01	2011-04-08	2011-04-19	2011-06-03	2011-06-10	2011-06-25	2011-07-24	2011-08-05	2011-09-08	2011-09-13
	2012	2012-03-31	2012-04-08	2012-04-21	2012-06-01	2012-06-16	2012-06-27	2012-07-02	2012-07-29	2012-09-03	2012-09-06
	2013	2013-04-01	2013-04-08	2013-04-18	2013-06-01	2013-06-12	2013-06-25	2013-07-12	2013-08-10	2013-09-03	2013-09-12
	2014	2014-03-30	2014-04-07	2014-04-25	2014-05-28	2014-06-07	2014-06-15	2014-07-20	2014-08-15	2014-09-15	2014-09-20
	2015	2015-04-04	2015-04-10	2015-04-15	2015-05-19	2015-05-25	2015-06-12	2015-07-20	2015-08-07	2015-08-26	2015-09-13

表 3-34 盐亭站油菜生育动态观测

观测场	年份	播种期	出苗期	薹苔期	花期	成熟期	收获期
台地农田辅助观测场（YGAFZ05）	2005	2004-10-08	2004-10-15	2005-01-26	2005-03-10	2005-05-12	2005-05-20
	2007	2006-09-30	2006-10-05	2007-01-18	2007-03-24	2007-05-05	2007-05-09
	2008	2007-10-01	2007-10-06	2007-10-25	2008-04-05	2008-05-20	2008-05-20
	2009	2008-10-04	2008-10-10	2009-01-10	2009-04-01	2009-05-01	2009-05-16
	2010	2009-10-03	2009-10-10	2010-02-10	2010-04-07	2010-05-08	2010-05-13
	2012	2011-10-07	2011-10-15	2012-03-18	2012-04-05	2012-05-09	2012-05-16
高台位旱地站地区调查点（YGAZQ03）	2009	2008-10-02	2008-10-09	2009-01-10	2009-03-29	2009-05-08	2009-05-18
	2010	2009-10-01	2009-10-09	2010-02-09	2010-04-08	2010-05-08	2010-05-14
	2011	2010-10-04	2010-10-07	2011-03-16	2011-04-02	2011-05-09	2011-05-16
	2012	2011-10-03	2011-10-02	2012-03-15	2012-04-02	2012-05-05	2012-05-13
	2013	2012-10-05	2012-10-17	2013-03-19	2013-04-02	2013-04-25	2013-05-03
	2014	2013-10-07	2013-10-18	2014-03-21	2014-04-04	2014-04-28	2014-05-08
	2015	2014-10-02	2014-10-09	2015-03-06	2015-03-15	2015-04-27	2015-05-09

（续）

观测场	年份	播种期	出苗期	蕾苔期	花期	成熟期	收获期
沟底两季稻田站区调查点（YGAZQ01）	2006	2005 - 10 - 04	2005 - 10 - 13	2006 - 01 - 20	2006 - 03 - 25	2006 - 05 - 10	2006 - 05 - 13
	2007	2006 - 09 - 28	2006 - 10 - 04	2007 - 01 - 15	2007 - 03 - 22	2007 - 05 - 04	2007 - 05 - 10
	2008	2007 - 09 - 29	2007 - 10 - 04	2007 - 10 - 26	2008 - 04 - 01	2008 - 05 - 07	2008 - 05 - 11
	2009	2008 - 10 - 02	2008 - 10 - 09	2009 - 01 - 10	2009 - 03 - 29	2009 - 04 - 29	2009 - 05 - 09
	2010	2009 - 10 - 01	2009 - 10 - 09	2010 - 02 - 09	2010 - 04 - 08	2010 - 05 - 08	2010 - 05 - 13
	2011	2010 - 10 - 08	2010 - 10 - 15	2011 - 03 - 25	2011 - 04 - 08	2011 - 05 - 16	2011 - 05 - 19
	2012	2011 - 10 - 10	2011 - 10 - 17	2012 - 03 - 22	2012 - 04 - 09	2012 - 05 - 10	2012 - 05 - 12
	2013	2012 - 10 - 15	2012 - 10 - 21	2013 - 03 - 23	2013 - 04 - 02	2013 - 04 - 25	2013 - 05 - 02
	2014	2013 - 09 - 25	2013 - 10 - 01	2014 - 01 - 20	2014 - 03 - 02	2014 - 04 - 29	2014 - 05 - 08
	2015	2014 - 09 - 28	2014 - 10 - 03	2015 - 03 - 02	2015 - 03 - 12	2015 - 04 - 25	2015 - 05 - 06
人工改造两季田辅助观测场（YGAFZ07）B区	2006	2005 - 10 - 04	2005 - 10 - 13	2006 - 01 - 20	2006 - 03 - 25	2006 - 05 - 10	2006 - 05 - 13
	2007	2006 - 09 - 28	2006 - 10 - 04	2007 - 01 - 15	2007 - 03 - 22	2007 - 05 - 04	2007 - 05 - 10
	2008	2007 - 09 - 29	2007 - 10 - 04	2007 - 10 - 26	2008 - 04 - 01	2008 - 05 - 07	2008 - 05 - 11
	2009	2008 - 10 - 04	2008 - 10 - 10	2009 - 01 - 10	2009 - 04 - 01	2009 - 05 - 01	2009 - 05 - 16
	2010	2009 - 10 - 03	2009 - 10 - 10	2010 - 02 - 10	2010 - 04 - 07	2010 - 05 - 08	2010 - 05 - 13
	2011	2010 - 10 - 08	2010 - 10 - 15	2011 - 03 - 25	2011 - 04 - 08	2011 - 05 - 16	2011 - 05 - 19
	2012	2011 - 10 - 07	2011 - 10 - 15	2012 - 03 - 18	2012 - 04 - 05	2012 - 05 - 09	2012 - 05 - 16
	2013	2012 - 10 - 20	2012 - 10 - 29	2013 - 03 - 25	2013 - 04 - 05	2013 - 04 - 26	2013 - 05 - 06
	2014	2013 - 09 - 25	2013 - 10 - 01	2014 - 01 - 20	2014 - 03 - 02	2014 - 04 - 29	2014 - 05 - 08
	2015	2014 - 09 - 28	2014 - 10 - 03	2015 - 03 - 02	2015 - 03 - 12	2015 - 04 - 25	2015 - 05 - 06

3.3.6　农作物收获期植株性状

3.3.6.1　数据采集和处理方法

依据天气情况和作物物候观测的最佳时期，在样地四周保护行选择长势和株距均匀、不缺苗，并未采过样的样方，先测定密度、群高等，在每个选点采取具有代表性的植株，用锄头离根部 30 cm 处将植株连土一起挖出，放入事先备好的塑料袋带回实验室后将其放入水中浸泡，将泥土冲洗干净，晾干后进行观测指标的测定。各点采样时，先在田埂观察、选定采样点，选择离田埂最近的线路进入实验地内采样，并按原路返回，尽量避免造成破坏。具体样地信息及采样布点及其说明参见第 2 章相对应的内容。

3.3.6.2　数据质量控制措施

（1）数据获取过程的质量管控

避开病虫害严重区、破坏区等，选择有代表性样方采样。及时对异常数据进行补充采样和测定。严格翔实地记录调查时间、核查并记录样地名称代码，真实记录作物种类、品种、样方号、样方面积等信息。

（2）原始数据记录的质控措施

原始记录要求做到：数据真实、记录规范、书写清晰、数据及辅助信息完整等。使用台站专用、规范印制的数据记录表和记录本，根据本站调查任务制定年度工作调查记录本，按照调查内容和时间顺序依次排列，装订、定制成本。使用铅笔或黑色碳素笔规范整齐填写，原始数据不准删除或涂改，如记录或观测有误，需将原有数据轻画横线标记，并将审核后正确数据记录在原数据旁或备注栏。

（3）辅助数据信息的记录措施

对样地位置、调查日期、调查农户信息、样地环境状况做翔实描述与记录，并对相关的样地管理措施、病虫害、灾害等信息同时记录。

（4）数据质量审核

将所获取的数据与各项辅助信息数据以及历史数据信息进行比较，评价数据的正确、一致性、完整性、可比性和连续性，经过站长和数据管理员审核认定，批准上报。表中指标分别为①小麦植株性状：株高（cm），千粒重（g），地上部总干重（g/株），籽粒干重（g/株）；②玉米植株性状：株高（cm），结穗高度（cm），茎粗（cm），空秆率（%），果穗长度（cm），果穗结实长度（cm），穗粗（cm），百粒重（g），地上部总干重（g/株），籽粒干重（g/株）；③水稻植株性状：株高（cm），千粒重（g），地上部总干重（g/穴），籽粒干重（g/穴）；（4）油菜植株性状：株高（cm），角果平均长（cm），千粒重（g），地上部总干重（g/株），籽粒干重（g/株）。农作物品种见表 3-34。

3.3.6.3　数据

盐亭站农作物收获期植株性状观测数据见表 3-35 至表 3-38。

表 3-35　盐亭站冬小麦收获期植株性状

观测场	年份	调查株数	株高/cm	单株总茎数	单株总穗数	每穗小穗数	每穗结实小穗数	每穗粒数	千粒重/g	地上部总干重/（g/株）	籽粒干重/（g/株）
农田综合观测场（YGAZH01）	2005	280	88.5	6.0	1.0	3.9	2.4	45.0	50.83	4.66	1.98
	2006	50	91.8	1.0	1.0	1.7	0.0	37.7	36.77	3.62	1.39
	2007	50	95.0	1.8	1.1	17.6	15.2	33.7	48.41	3.76	1.32
	2008	20	85.9	3.4	3.4	18.5	17.8	43.1	37.01	4.33	1.59
	2009	287	71.5	2.8	2.8	19.0	16.8	34.8	37.50	4.30	1.40

（续）

观测场	年份	调查株数	株高/cm	单株总茎数	单株总穗数	每穗小穗数	每穗结实小穗数	每穗粒数	千粒重/g	地上部总干重/（g/株）	籽粒干重/（g/株）
农田综合观测场（YGAZH01）	2010	20	79.1	3.0	3.0	19.0	16.1	41.0	20.73	2.83	1.24
	2011	265	76.5	3.2	3.2	18.5	16.8	43.0	40.90	3.98	1.78
	2012	20	88.5	1.9	1.7	19.6	17.9	37.7	40.46	5.17	1.53
	2013	20	68.1	2.2	2.2	16.8	15.2	45.6	43.64	4.18	2.11
	2014	20	83.0	2.3	2.3	17.9	16.7	38.6	36.67	3.36	1.42
	2015	20	64.9	2.0	2.0	17.0	15.7	37.8	40.03	3.15	1.69
台地农田辅助观测场（YGA FZ05）	2011	314	77.0	3.6	3.6	19.6	17.7	42.2	41.29	3.99	1.80
	2013	20	66.7	2.3	2.2	16.3	14.7	42.8	46.32	4.06	1.98
	2014	20	85.0	2.4	2.4	17.9	16.7	38.6	38.29	3.42	1.52
	2015	20	66.5	1.9	1.9	16.1	15.0	35.1	41.75	3.02	1.56
高台位旱坡地站区调查点（YGAZQ03）	2006	50	80.0	1.0	0.9	1.5	0.0	37.3	34.45	3.76	1.33
	2007	50	85.6	1.5	1.1	18.5	16.7	40.3	40.06	3.43	1.29
	2008	20	75.6	1.8	1.8	18.0	17.0	39.9	42.32	4.26	1.69
人工改造两季田辅助观测场（YGAFZ07）A 区	2009	175	65.6	1.4	1.4	17.4	16.0	42.1	47.22	4.35	1.99
	2010	20	83.0	3.0	3.0	19.0	16.6	38.9	21.65	3.14	1.46
	2011	293	87.8	4.4	4.4	19.3	17.6	49.0	43.39	4.47	2.20
	2012	20	90.1	1.5	1.5	20.4	18.7	44.9	42.49	6.47	1.90
	2013	20	68.0	2.5	2.4	17.4	17.0	45.4	45.98	4.09	2.11
	2014	20	86.3	2.2	2.2	18.1	16.9	38.2	37.98	3.41	1.47
	2015	20	68.2	1.8	1.8	16.6	15.5	40.6	43.41	3.26	1.80

　　注：高台位旱坡地站区调查点 2008 年数据是从与原来样地（高台位旱坡地）地形地貌、土壤等相近的旱坡地获取的，原来样地被破坏而改种油菜。

表 3-36　盐亭站玉米收获期植株性状

观测场	年份	调查株数	株高/cm	结穗高度/cm	茎粗/cm	空秆率/%	果穗长度/cm	果穗结实长度/cm	穗粗/cm	穗行数	行粒数	百粒重/g	地上部总干重/（g/株）	籽粒干重/（g/株）
农田综合观测场（YGAZH01）	2005	6	280	114	1.9	0.0	25.6	17.6	4.3	13.7	25.7	25.31	220.49	90.57
	2006	3	225	81	2.1	13.9	16.8	14.1	4.6	13.1	30.0	21.95	182.98	62.47
	2007	4	238	86	2.0	3.3	19.3	18.4	4.4	14.6	42.9	23.67	270.78	138.87
	2008	3	219	96	2.2	0.0	20.3	18.2	4.6	16.5	39.6	30.22	309.68	173.11
	2009	2	255	77	2.2	0.0	19.1	17.3	5.0	17.0	39.1	25.55	466.56	162.20
	2010	3	220	80	1.8	0.0	19.4	16.7	4.4	16.4	28.8	29.92	276.00	119.00
	2011	4	258	96	2.3	0.0	23.4	22.5	5.0	15.1	47.8	32.91	423.86	224.28
	2012	4	235	84	2.1	0.0	24.4	21.9	4.7	13.4	44.9	31.55	325.89	168.68
	2013	4	205	86	2.1	0.0	25.3	22.8	5.2	14.1	43.1	32.38	336.64	175.99
	2014	4	191	64	2.0	0.0	20.1	17.2	5.1	15.7	37.2	30.79	302.87	153.33
	2015	4	191	66	1.5	0.0	20.4	19.0	4.8	15.6	39.6	27.86	290.56	156.60

（续）

观测场	年份	调查株数	株高/cm	结穗高度/cm	茎粗/cm	空秆率/%	果穗长度/cm	果穗结实长度/cm	穗粗/cm	穗行数	行粒数	百粒重/g	地上部总干重/（g/株）	籽粒干重/（g/株）
台地农田辅助观测场（YGAFZ05）	2005	6	310	146	2.4	0.0	26.6	17.0	4.7	14.5	27.0	27.59	261.91	109.85
	2007	4	237	82	2.2	0.0	20.8	20.1	4.9	16.3	45.9	25.78	342.18	190.65
	2008	3	220	96	2.2	0.0	20.6	18.4	4.5	15.8	37.1	28.23	305.10	171.86
	2009	5	250	79	2.1	0.0	17.6	15.6	4.9	17.5	33.6	24.62	388.71	131.97
	2010	4	237	93	1.8	0.0	21.3	18.5	4.4	16.3	31.9	28.98	268.11	147.99
	2011	4	251	87	2.1	0.0	21.2	20.1	4.9	14.2	45.4	30.72	361.47	192.92
	2012	4	214	76	2.0	0.0	23.6	21.5	4.7	13.2	45.1	31.23	317.76	167.67
	2013	4	209	82	2.2	0.0	24.1	21.8	5.3	14.9	46.5	30.16	284.78	161.07
	2014	4	194	63	1.9	0.0	18.7	16.5	4.9	15.6	35.9	30.59	283.08	157.01
	2015	4	199	71	1.6	0.0	19.9	18.4	5.0	15.5	38.5	28.70	299.65	153.07
高台位旱坡地站区调查点（YGAZQ03）	2006	6	250	98	2.0	3.6	17.2	15.6	4.8	14.3	31.5	20.28	206.64	87.39
	2007	4	238	82	2.1	0.0	19.7	19.1	4.7	15.6	38.4	25.62	259.78	139.60
	2008	3	210	83	2.3	0.0	21.5	19.8	4.4	16.7	41.9	29.33	342.71	182.37
	2009	4	245	75	2.1	0.0	21.8	20.0	4.4	14.8	38.8	35.78	531.66	189.46
	2010	4	221	96	2.0	0.0	23.3	21.7	4.1	14.3	44.8	33.41	363.07	198.81
	2011	4	270	123	1.9	0.0	20.0	19.2	4.8	13.7	43.5	29.47	307.27	169.37
	2012	4	250	92	1.8	0.0	21.2	18.7	4.6	13.7	39.6	26.83	261.57	141.12
	2013	4	240	91	2.1	0.0	22.6	21.3	5.1	15.4	46.4	29.38	338.43	186.36
	2014	4	183	72	1.7	0.0	14.6	12.8	4.4	13.8	26.4	29.61	137.90	65.63
	2015	4	208	82	1.7	0.0	19.7	18.2	4.9	15.2	37.2	28.36	265.87	139.83

表 3-37 盐亭站水稻收获期植株性状

观测场	年份	调查穴数	株高/cm	单穴总茎数	单穴总穗数	每穗粒数	每穗实粒数	千粒重/g	地上部总干重/（g/穴）	籽粒干重/（g/穴）
沟底两季稻田站区调查点（YGAZQ01）	2005	20	135.0	11.9	11.9	245.5	230.5	21.50	85.16	48.28
	2006	20	117.7	13.9	12.4	254.2	242.7	22.24	88.67	54.64
	2007	20	100.5	10.9	8.5	192.4	186.0	27.83	76.12	48.65
	2008	20	105.0	12.8	12.6	203.9	188.8	26.31	95.61	58.66
	2009	15	102.4	11.3	11.2	200.3	159.9	23.60	59.07	31.89
	2012	12	88.8	18.3	17.6	204.6	196.8	30.48	137.61	81.76
	2013	12	91.3	15.4	15.0	211.8	206.3	26.85	114.48	69.31
	2014	12	104.7	11.6	11.4	189.9	160.4	28.20	74.75	40.47
	2015	12	99.5	14.4	14.2	245.2	220.9	26.74	119.67	57.00
冬水田站区调查点（YGAZQ02）	2005	12	130.0	12.1	12.1	270.0	247.0	25.59	128.60	59.34
	2006	20	93.3	17.1	15.0	142.1	128.5	20.78	60.34	29.56
	2007	20	87.2	21.6	12.8	135.6	124.0	25.30	79.59	47.98

（续）

观测场	年份	调查穴数	株高/cm	单穴总茎数	单穴总穗数	每穗粒数	每穗实粒数	千粒重/g	地上部总干重/(g/穴)	籽粒干重/(g/穴)
冬水田站区调查点（YGAZQ02）	2008	5	106.5	20.1	19.3	177.6	137.8	25.55	117.96	62.32
	2012	12	88.2	14.9	14.7	165.6	153.7	29.50	110.03	66.45
	2013	12	114.1	13.2	12.5	176.5	169.2	25.21	78.90	45.89
	2014	12	94.9	21.4	18.4	158.1	125.5	29.43	91.59	48.55
人工改造两季田辅助观测场（YGAFZ07）A区	2005	12	130.0	12.1	12.1	270.0	247.0	25.59	128.60	59.34
	2006	20	93.3	17.1	15.0	142.1	128.5	20.78	60.34	29.56
	2007	20	87.2	21.6	12.8	135.6	124.0	25.30	79.59	47.98
	2008	5	106.5	20.1	19.3	177.6	137.8	25.55	117.96	62.32
	2009	12	89.7	16.0	15.3	100.2	87.5	28.31	41.92	33.91
	2010	12	114.0	9.2	8.9	264.2	245.1	26.39	91.06	51.35
	2011	12	103.2	13.5	12.2	174.6	165.6	27.13	104.47	66.38
	2012	12	74.6	14.5	13.0	133.8	93.4	26.01	45.11	17.61
	2013	12	118.3	11.4	11.0	238.8	211.6	27.73	107.99	59.81
	2014	12	88.6	12.4	11.1	187.9	157.4	25.66	69.90	34.60
	2015	12	100.0	15.7	15.4	232.1	208.7	25.30	115.75	58.25
人工改造两季田辅助观测场（YGAFZ07）B区	2005	12	130.0	12.1	12.1	270.0	247.0	25.59	128.60	59.34
	2006	20	93.3	17.1	15.0	142.1	128.5	20.78	60.34	29.56
	2007	20	87.2	21.6	12.8	135.6	124.0	25.30	79.59	47.98
	2008	5	106.5	20.1	19.3	177.6	137.8	25.55	117.96	62.32
	2009	12	91.8	19.5	18.8	127.1	102.0	27.34	46.47	39.06
	2010	12	113.1	10.8	10.3	296.5	263.6	25.33	106.25	58.19
	2011	12	103.8	14.0	12.5	166.9	141.2	26.94	92.96	57.28
	2012	12	79.8	14.6	14.0	230.9	172.4	24.92	67.85	26.44
	2013	12	117.6	13.3	12.8	246.7	228.8	27.46	117.47	67.90
	2014	12	86.8	16.3	14.3	134.9	101.9	26.97	80.83	42.51
	2015	12	95.2	16.0	15.6	263.8	245.1	25.38	124.67	65.53

表 3-38　盐亭站油菜收获期植株性状

观测场	年份	调查株数	株高/cm	角果平均长/cm	千粒重/g	地上部总干重（g/株）	籽粒干重/(g/株)
高台位旱坡地站区调查点（YGAZQ03）	2011	5	194.5	6.9	3.52	69.57	19.46
	2012	20	168.2	6.8	4.03	38.15	10.92
	2013	23	128.5	5.3	4.09	24.40	4.57
	2014	20	180.3	6.8	3.85	34.85	11.27
	2015	15	158.3	6.2	4.04	35.35	11.51
沟底两季稻田站区调查点（YGAZQ01）	2011	5	192.0	6.2	3.31	58.53	16.10
	2012	15	210.9	6.9	4.01	83.51	22.15

（续）

观测场	年份	调查株数	株高/cm	角果平均长/cm	千粒重/g	地上部总干重（g/株）	籽粒干重/（g/株）
沟底两季田站区调查点（YGAZQ01）	2013	10	176.0	6.3	3.43	78.50	24.54
	2014	8	178.6	7.6	3.72	106.67	30.90
	2015	8	137.7	5.9	4.08	64.36	24.47
人工改造两季田辅助观测场（YGAFZ07）B区	2011	5	177.5	7.2	3.61	91.83	28.69
	2012	20	161.5	7.6	4.14	44.94	14.06
	2013	11	176.2	6.6	4.00	85.71	32.18
	2014	20	191.7	7.4	3.85	37.12	13.20
	2015	8	177.0	5.9	3.94	119.79	44.66

3.3.7　作物耕作层根生物量

3.3.7.1　数据采集和处理方法

该数据仅对农田综合观测场进行采集。耕作层根系采样用挖掘法。依据天气情况和作物物候观测的最佳时期，在样地四周保护行选择长势和株距均匀、不缺苗，并未扰动过的 4~6 个点，用锄头离根部 30 cm 处将植株根系连土一起挖出，放入事先备好的塑料袋，封好带回实验室后将其放入水中浸泡，将泥土冲洗干净，晾晒干后进行生物量的测定。各点采样时，先在田埂观察、选定采样点，选择离田埂最近的线路进入实验地内采样，并按原路返回，尽量避免造成破坏。样方面积均为 1 m²。耕作层深度（cm），根干重（g/m²），比例（%）。

3.3.7.2　数据质量控制措施

（1）数据获取过程的质量管控

避开病虫害严重区、破坏区等，选择有代表性样方采样；及时对异常数据进行补充采样和测定；严格翔实地记录调查时间、核查并记录样地名称代码，真实记录作物种类、品种、样方号、样方面积等信息。

（2）原始数据记录的质控措施

原始记录要求做到数据真实、记录规范、书写清晰、数据及辅助信息完整等。使用台站专用、规范印制的数据记录表和记录本，根据本站调查任务制定年度工作调查记录本，按照调查内容和时间顺序依次排列，装订、定制成本。使用铅笔或黑色碳素笔整齐填写，原始数据不准删除或涂改，如记录或观测有误，需将原有数据轻画横线标记，并将审核后正确数据记录在原数据旁或备注栏。

（3）辅助数据信息的记录措施

对样地位置、调查日期、调查农户信息、样地环境状况做翔实描述与记录，并对相关的样地管理措施、病虫害、灾害等信息同时记录。

（4）数据质量审核

将所获取的数据与各项辅助信息数据以及历史数据信息进行比较，评价数据的正确、一致性、完整性、可比性和连续性，经过站长和数据管理员审核认定，批准上报。

3.3.7.3　数据

盐亭站作物耕作层根生物观测数据见表 3-39。

表 3 - 39　盐亭站农田综合观测场耕作层作物根生物量

时间（年-月）	作物名称	作物生育时期	耕作层深度/cm	根干重/（g/m²）	约占总根干重比例/%
2004 - 11	冬小麦	三叶期	20	4.11	99.5
2005 - 01	冬小麦	分蘖期	20	6.09	99.5
2005 - 03	冬小麦	拔节期	20	32.61	99.5
2005 - 04	冬小麦	抽穗期	20	50.89	99.5
2005 - 05	冬小麦	收获期	20	69.13	99.5
2005 - 11	冬小麦	三叶期	15	3.88	99.5
2006 - 01	冬小麦	分蘖期	15	10.02	99.5
2006 - 03	冬小麦	拔节期	15	37.19	99.5
2006 - 03	冬小麦	抽穗期	15	50.45	99.5
2006 - 05	冬小麦	收获期	15	48.98	99.5
2007 - 03	冬小麦	拔节期	20	50.73	99.5
2007 - 03	冬小麦	抽穗期	20	70.86	99.5
2007 - 05	冬小麦	收获期	20	51.20	99.2
2008 - 02	冬小麦	拔节期	15	58.44	99.9
2008 - 03	冬小麦	抽穗期	15	77.72	99.7
2008 - 05	冬小麦	收获期	15	49.30	99.8
2009 - 02	冬小麦	拔节期	15	41.20	99.5
2009 - 03	冬小麦	抽穗期	15	57.74	99.6
2009 - 05	冬小麦	收获期	15	37.03	99.7
2010 - 02	冬小麦	拔节期	15	47.29	99.6
2010 - 03	冬小麦	抽穗期	15	77.39	97.8
2010 - 05	冬小麦	收获期	15	39.27	98.5
2011 - 02	冬小麦	拔节期	15	17.05	99.4
2011 - 03	冬小麦	抽穗期	15	17.49	98.9
2011 - 05	冬小麦	收获期	15	39.32	96.6
2012 - 02	冬小麦	拔节期	15	53.20	99.4
2012 - 03	冬小麦	抽穗期	15	67.38	97.8
2012 - 05	冬小麦	收获期	15	38.36	96.5
2013 - 02	冬小麦	拔节期	15	51.61	99.9
2013 - 03	冬小麦	抽穗期	15	65.47	98.4
2013 - 04	冬小麦	收获期	15	36.22	99.7

（续）

时间（年-月）	作物名称	作物生育时期	耕作层深度/cm	根干重/（g/m²）	约占总根干重比例/%
2014 - 02	冬小麦	拔节期	15	40.79	96.8
2014 - 03	冬小麦	抽穗期	15	103.61	97.7
2014 - 05	冬小麦	收获期	15	51.19	97.7
2015 - 02	冬小麦	拔节期	15	28.39	96.1
2015 - 03	冬小麦	抽穗期	15	87.40	98.2
2015 - 05	冬小麦	收获期	15	42.34	97.9
2005 - 06	玉米	五叶期	20	2.01	99.5
2005 - 07	玉米	拔节期	20	7.37	99.5
2005 - 07	玉米	抽雄期	30	96.21	99.5
2005 - 09	玉米	收获期	30	86.96	99.5
2006 - 06	玉米	五叶期	15	1.18	99.5
2006 - 07	玉米	拔节期	15	9.37	92.9
2006 - 07	玉米	抽雄期	15	51.41	91.6
2006 - 08	玉米	成熟期	15	48.14	94.7
2006 - 09	玉米	收获期	15	36.52	94.0
2007 - 07	玉米	拔节期	20	11.41	94.4
2007 - 07	玉米	抽雄期	20	85.07	94.8
2007 - 09	玉米	成熟期	20	38.33	95.0
2008 - 07	玉米	拔节期	20	19.61	96.8
2008 - 08	玉米	抽雄期	20	114.76	97.1
2008 - 09	玉米	成熟期	20	63.05	97.4
2009 - 07	玉米	拔节期	15	20.18	95.9
2009 - 08	玉米	抽雄期	15	97.13	91.7
2009 - 09	玉米	成熟期	15	44.88	92.4
2010 - 07	玉米	拔节期	15	19.75	94.5
2010 - 08	玉米	抽雄期	15	39.82	95.9
2010 - 09	玉米	成熟期	15	44.05	94.5
2011 - 07	玉米	拔节期	15	39.33	96.5
2011 - 08	玉米	抽雄期	15	92.00	94.4
2011 - 09	玉米	收获期	15	60.85	95.0

(续)

时间（年-月）	作物名称	作物生育时期	耕作层深度/cm	根干重/（g/m²）	约占总根干重比例/%
2012 - 07	玉 米	拔节期	15	16.86	96.0
2012 - 07	玉 米	抽雄期	15	72.56	96.0
2012 - 09	玉 米	收获期	15	55.50	99.1
2013 - 07	玉 米	拔节期	15	18.05	97.7
2013 - 07	玉 米	抽雄期	15	87.43	95.9
2013 - 09	玉 米	收获期	15	63.43	97.2
2014 - 07	玉 米	拔节期	15	12.12	99.6
2014 - 08	玉 米	抽雄期	15	78.87	97.7
2014 - 09	玉 米	收获期	15	51.68	97.8
2015 - 07	玉 米	拔节期	15	5.46	98.2
2015 - 08	玉 米	抽雄期	15	55.28	97.9
2015 - 09	玉 米	收获期	15	44.32	96.5

3.3.8　作物矿质元素含量与能值

3.3.8.1　数据采集和处理方法

元素含量与能值数据为收获期烘干汇合样各样方分析结果的平均值。将各个样地不同样方获取得到的生物样品（茎叶、籽粒和根系单独分开）磨碎，根据室内测定要求过筛，再用四分法均匀后送实验室测定。

3.3.8.2　数据质量控制措施

（1）送样前的质量管控

按照要求妥善保存好烘干后的原始样品，避免鼠害和霉变；做好标签记录，保证样地、采样日期、样品部位一一对应；安全运送，做好样品交接工作。

（2）实验室数据记录的质控措施

数据真实、记录规范、书写清晰、数据及辅助信息完整等。使用铅笔或黑色碳素笔规范整齐填写，原始数据不准删除或涂改，如记录或观测有误，需将原有数据轻画横线标记，并将审核后正确数据记录在原数据旁或备注栏。

（3）实验室分析的质量控制

采用国家标准的分析测定方法，严格按照操作规程分析；及时补充测定异常数据。

（4）数据质量审核

将所获取的数据与各项辅助信息数据以及历史数据信息进行比较，评价数据的正确、一致性、完整性、可比性和连续性，经过站长和数据管理员审核认定，批准上报。

全碳、全氮、全磷、全钾、全硫、全钙、全硅、全镁和全铁的单位为 g/kg；全锰、全铜、全锌、全钼和全硼的单位为 mg/kg；干重热值灰分单位为 MJ/kg；灰分单位为%。

3.3.8.3　数据

盐亭站作物矿质元素含量与能值观测数据见表 3 - 40、表 3 - 41。

表 3 - 40　盐亭站农田作物矿质元素含量与能值（2005 年、2010 年、2015 年）

观测场	年份	作物	采样部位	全硫/(g/kg)	全钙/(g/kg)	全镁/(g/kg)	全铁/(g/kg)	全锰/(mg/kg)	全铜/(mg/kg)	全锌/(mg/kg)	全钼/(mg/kg)	全硼/(mg/kg)	全硅/(mg/kg)	干重热值/(MJ/kg)	灰分/%
	2005	冬小麦	茎叶	3.80	5.72	1.19	0.38	68.67	4.14	0.90	0.53	6.29	18.87	15.29	8.01
	2005	冬小麦	籽粒	2.13	0.53	1.22	0.09	38.70	5.80	22.10	0.48	3.49	0.42	16.46	1.74
	2005	冬小麦	根	3.06	14.24	2.46	8.20	200.10	12.03	47.57	0.89	15.59	77.84	11.68	30.00
	2010	冬小麦	茎叶	2.76	3.17	1.10	0.56	33.78	4.23	12.14	0.37	16.14	18.81	15.47	7.21
	2010	冬小麦	籽粒	2.10	0.57	1.41	0.09	26.71	7.09	28.22	0.70	7.60	0.83	15.46	2.16
	2010	冬小麦	根	2.98	7.05	1.49	2.53	81.34	10.69	16.21	0.51	14.03	29.83	15.42	10.05
农田综合观测场 (YGAZH01)	2015	冬小麦	茎叶	2.22	4.09	1.07	0.40	28.39	3.031	4.09	0.21	1.38	15.74	16.69	8.00
	2015	冬小麦	籽粒	1.47	0.55	1.14	0.16	23.50	6.15	26.34	0.22	0.86	1.34	16.58	1.90
	2015	冬小麦	根	2.22	8.52	0.95	2.09	70.53	5.82	10.49	0.21	1.55	26.57	16.15	9.40
	2005	玉米	茎叶	0.25	3.43	1.48	0.22	32.59	5.13	13.62	0.32	10.75	6.66	16.61	3.97
	2005	玉米	籽粒	0.21	0.13	1.12	0.07	8.10	2.22	18.98	0.32	7.93	0.38	18.15	1.24
	2005	玉米	根	0.40	5.61	1.51	1.30	36.67	7.15	13.10	0.33	9.75	10.76	17.79	5.65
	2010	玉米	茎叶	1.03	4.27	2.06	0.46	42.73	18.52	32.58	0.20	8.92	8.58	15.78	6.31
	2010	玉米	籽粒	1.18	0.01	1.06	29.65	4.76	1.82	23.17	0.25	3.10	0.45	16.04	1.75
	2010	玉米	根	1.08	3.69	1.48	1.41	33.64	9.86	14.37	0.11	8.39	8.01	17.05	5.77
	2015	玉米	茎叶	1.50	9.63	2.68	0.22	45.54	8.89	21.27	0.90	2.38	19.21	16.75	8.60
	2015	玉米	籽粒	1.14	0.03	0.79	0.02	1.81	1.18	16.73	0.43	1.37	0.16	18.63	1.20
	2015	玉米	根	0.91	5.90	1.39	2.08	50.35	6.55	10.63	0.15	2.15	17.61	16.88	6.70
	2010	油菜	茎叶	4.82	14.26	0.86	0.10	16.96	3.15	8.76	0.44	27.03	1.70	14.78	6.95
	2010	油菜	籽粒	3.97	3.49	3.27	0.13	34.66	4.17	35.65	0.71	15.42	0.75	24.02	4.86
	2010	油菜	根	2.59	9.93	0.93	0.19	11.28	3.38	3.67	0.21	30.58	0.77	15.38	4.12
台地农田辅助观测场 (YGAFZ05)	2015	冬小麦	茎叶	2.04	3.33	0.95	0.27	24.82	2.80	5.97	0.27	1.42	18.92	16.23	8.20
	2015	冬小麦	籽粒	1.47	0.45	1.13	0.10	21.85	5.18	26.56	0.23	0.34	1.10	17.18	1.80
	2015	冬小麦	根	2.21	7.69	0.93	1.91	72.29	5.737	10.31	0.24	1.66	26.01	16.28	9.70
	2005	玉米	茎叶	0.56	2.80	1.26	0.27	22.85	5.25	5.99	0.27	6.42	5.63	17.35	4.01
	2005	玉米	籽粒	0.42	0.11	1.11	0.07	5.70	3.13	11.40	0.33	6.25	0.23	17.83	1.19

（续）

观测场	年份	作物	采样部位	全硫/(g/kg)	全钙/(g/kg)	全镁/(g/kg)	全铁/(g/kg)	全锰/(mg/kg)	全铜/(mg/kg)	全锌/(mg/kg)	全钼/(mg/kg)	全硼/(mg/kg)	全硅/(mg/kg)	干重热值/(MJ/kg)	灰分/%
台地农田辅助观测场（YGAFZ05）	2005	玉米	根	1.24	3.04	1.32	0.83	19.65	7.98	3.60	0.21	5.60	6.89	17.96	4.26
	2010	玉米	茎叶	1.17	3.01	1.99	0.35	33.11	15.43	22.65	0.39	1.06	9.63	16.13	6.68
	2010	玉米	籽粒	1.15	0.00	0.95	34.78	4.83	1.68	20.08	0.29	0.56	0.23	16.07	2.29
	2010	玉米	根	1.16	12.28	1.81	2.33	35.15	10.82	14.27	0.20	2.51	15.14	16.77	7.37
	2015	玉米	茎叶	1.54	10.00	2.17	0.18	44.57	8.17	28.72	1.31	2.67	28.45	15.16	9.90
	2015	玉米	籽粒	0.96	0.07	0.77	0.02	1.21	1.26	18.50	0.48	2.01	0.13	17.05	1.10
	2015	玉米	根	0.90	6.68	1.59	2.61	69.54	10.19	13.31	0.15	2.84	25.15	16.04	7.90
高台位旱坡地站区调查点（YGAZQ03）	2005	冬小麦	茎叶	3.39	4.67	1.11	0.44	59.48	5.79	12.22	0.20	5.40	27.78	16.01	8.90
	2005	冬小麦	籽粒	2.58	0.47	1.23	0.09	35.08	5.64	25.84	0.29	3.86	10.90	16.68	1.67
	2005	冬小麦	根	3.85	8.92	1.90	4.43	121.76	8.32	32.54	0.60	11.39	57.00	13.11	18.09
	2010	油菜	茎叶	4.08	13.25	0.93	0.13	15.40	4.33	5.15	0.36	24.15	1.34	15.47	6.07
	2010	油菜	籽粒	4.56	3.58	3.27	0.11	40.02	4.29	34.23	0.54	12.79	0.94	25.99	4.53
	2010	油菜	根	3.22	9.46	1.37	0.23	13.08	4.32	7.04	0.21	15.98	1.47	16.31	3.64
	2015	油菜	茎叶	2.84	10.58	1.11	0.11	10.72	2.08	2.35	0.14	9.16	0.92	16.23	6.90
	2015	油菜	籽粒	12.17	4.43	2.25	0.12	39.36	4.98	34.57	0.35	10.67	1.10	26.59	3.90
	2015	油菜	根	3.12	13.72	1.80	0.56	20.83	2.23	4.43	0.08	13.93	3.94	15.51	6.40
	2010	玉米	茎叶	1.58	5.02	1.84	0.30	39.02	14.11	22.09	0.12	4.08	10.01	16.56	7.41
	2010	玉米	籽粒	0.90	0.01	1.10	0.03	6.24	3.35	24.73	0.29	3.25	0.40	17.02	2.08
	2010	玉米	根	1.23	8.01	2.13	2.80	64.79	8.85	17.23	0.70	5.28	22.55	15.22	7.83
	2015	玉米	茎叶	1.52	10.37	2.96	0.48	59.29	10.58	37.25	0.56	4.42	20.77	15.46	9.50
	2015	玉米	籽粒	1.10	0.02	0.78	0.02	2.25	1.80	19.96	0.37	0.61	0.10	18.38	1.20
	2015	玉米	根	0.86	7.23	1.80	2.53	67.86	8.86	14.35	0.13	2.57	25.00	16.96	8.70
沟底两季稻田站区调查点（YGAZQ01）	2005	水稻	茎叶	1.20	7.35	2.40	0.54	469.15	3.83	39.61	0.40	8.17	25.91	15.65	10.56
	2005	水稻	籽粒	0.82	0.80	1.39	0.43	66.55	2.65	20.38	0.58	6.05	11.25	16.83	4.02
	2005	水稻	根	6.69	5.59	1.57	6.55	252.10	13.95	66.80	0.75	9.95	15.90	16.35	8.90
	2015	水稻	茎叶	1.44	4.79	1.76	0.53	472.70	3.98	18.35	0.38	4.170	37.88	16.60	13.30

（续）

观测场	年份	作物	采样部位	全硫/(g/kg)	全钙/(g/kg)	全镁/(g/kg)	全铁/(g/kg)	全锰/(mg/kg)	全铜/(mg/kg)	全锌/(mg/kg)	全钼/(mg/kg)	全硼/(mg/kg)	全硅/(mg/kg)	干重热值/(MJ/kg)	灰分/%
沟底两季稻田站区调查点（YGAZQ01）	2015	水稻	籽粒	0.91	0.26	0.99	0.42	43.38	2.21	12.76	0.96	0.82	11.44	18.67	3.4
	2015	水稻	根	3.22	5.76	2.05	5.30	249.21	18.97	32.95	0.42	4.92	30.73	16.10	12.3
	2010	油菜	茎叶	4.24	13.19	0.81	0.08	5.48	4.11	8.63	0.46	40.05	1.22	14.72	5.68
	2010	油菜	籽粒	4.66	4.07	3.09	0.14	29.13	4.49	35.22	0.64	14.54	0.92	25.36	7.06
	2010	油菜	根	2.54	7.22	1.06	0.22	7.49	2.93	17.67	0.26	17.37	1.53	16.77	4.37
	2015	油菜	茎叶	2.74	10.30	0.78	0.10	8.11	2.19	2.59	0.45	12.29	0.83	16.57	6.0
	2015	油菜	籽粒	10.78	4.64	2.20	0.12	34.14	5.47	32.95	0.61	14.93	1.25	28.00	3.8
	2015	油菜	根	2.64	14.06	1.46	1.20	38.07	4.58	9.40	0.21	11.27	12.17	14.91	9.2
冬水田站区调查点（YGAZQ02）	2005	水稻	茎叶	0.81	6.47	2.93	0.48	490.28	4.35	10.34	0.34	7.21	38.64	15.49	14.37
	2005	水稻	籽粒	0.28	0.53	1.30	0.29	67.50	2.35	5.40	0.44	6.45	14.83	17.81	4.90
	2005	水稻	根	5.78	6.30	1.90	2.86	617.20	5.10	18.20	0.56	5.59	16.46	16.75	10.23
	2010	水稻	茎叶	1.78	4.27	1.69	0.44	453.97	4.12	25.10	1.11	0.29	41.35	14.27	14.91
	2010	水稻	籽粒	1.01	0.14	1.31	1.36	51.62	58.64	50.60	0.40	NA	13.63	15.25	4.99
	2010	水稻	根	2.43	4.90	2.03	1.41	336.75	18.60	31.58	0.45	9.78	34.51	14.00	13.93
	2015	水稻	茎叶	2.90	4.96	2.26	0.30	205.45	5.84	18.19	0.80	4.66	36.10	15.06	14.5
	2015	水稻	籽粒	1.03	0.35	1.22	0.38	22.75	2.89	12.82	0.82	1.11	7.38	18.11	2.9
	2015	水稻	根	3.57	6.22	2.44	6.96	207.98	15.74	35.15	0.36	5.09	41.78	14.93	14.2
人工改造两季田辅助观测场（YGAFZ07）A区	2010	冬小麦	茎叶	2.87	2.51	1.14	0.47	23.42	7.92	6.61	0.67	7.97	20.34	15.15	6.24
	2010	冬小麦	籽粒	1.45	0.54	1.46	0.07	22.46	7.67	22.38	0.61	11.99	0.89	16.14	2.01
	2010	冬小麦	根	3.19	5.13	1.37	2.03	77.64	12.04	15.15	0.81	14.52	27.32	14.89	8.65
	2015	冬小麦	茎叶	2.28	3.31	0.98	0.27	16.56	2.83	4.58	0.42	1.73	15.18	15.64	7.5
	2015	冬小麦	籽粒	1.44	0.50	1.30	0.09	17.62	6.00	25.33	0.45	0.68	0.96	16.60	1.8
	2015	冬小麦	根	2.24	6.35	0.92	1.85	64.63	6.81	8.96	0.42	2.37	22.07	16.44	8.9
人工改造两季田辅助观测场（YGAFZ07）B区	2010	水稻	茎叶	1.54	4.43	1.88	0.53	537.16	6.30	22.91	0.74	0.33	36.75	14.29	13.47
	2010	水稻	籽粒	0.79	0.11	1.15	1.15	51.56	47.32	44.89	0.43	NA	12.66	15.49	4.08
	2010	水稻	根	1.96	4.44	1.82	4.78	272.30	19.64	23.71	0.23	7.38	28.79	15.77	11.23

（续）

观测场	年份	作物	采样部位	全硫/(g/kg)	全钙/(g/kg)	全镁/(g/kg)	全铁/(g/kg)	全锰/(mg/kg)	全铜/(mg/kg)	全锌/(mg/kg)	全钼/(mg/kg)	全硼/(mg/kg)	全硅/(mg/kg)	干重热值/(MJ/kg)	灰分/%
	2015	水稻	茎叶	2.24	5.08	2.07	0.26	246.06	4.92	12.28	0.42	4.56	32.19	46.09	12.50
	2015	水稻	籽粒	0.99	0.34	1.08	0.34	25.27	2.64	11.07	0.79	1.07	6.74	18.85	2.80
	2015	水稻	根	3.38	6.25	2.35	6.17	208.85	14.51	31.18	0.28	6.17	42.50	14.35	14.00
人工改造两季田辅助观测场（YGAFZ07）B 区	2010	油菜	茎叶	4.69	15.29	0.79	0.08	7.32	4.62	4.47	0.51	38.65	0.93	15.25	7.27
	2010	油菜	籽粒	3.62	3.80	3.33	0.18	32.65	5.82	44.12	0.69	13.74	1.24	25.98	4.76
	2010	油菜	根	2.35	7.89	1.01	0.16	6.63	3.17	6.55	0.24	12.95	0.60	16.13	3.43
	2015	油菜	茎叶	2.81	9.96	0.59	0.07	4.32	2.02	4.18	0.51	13.05	0.77	15.79	5.90
	2015	油菜	籽粒	9.90	4.22	2.27	0.08	29.73	4.31	33.86	0.43	14.77	0.55	27.85	3.60
	2015	油菜	根	2.69	11.80	1.31	0.57	14.73	3.42	5.80	0.16	11.34	5.80	14.86	6.70

表 3 - 41　盐亭站农田作物矿质元素含量（其他年份）

观测场	年份	作物	采样部位	全碳/（g/kg）	全氮/（g/kg）	全磷/（g/kg）	全钾/（g/kg）
	2006	冬小麦	茎叶	406.25	8.02	0.53	8.16
	2006	冬小麦	籽粒	404.87	19.78	2.59	3.71
	2006	冬小麦	根	391.58	9.36	0.48	3.76
	2009	冬小麦	茎叶	412.47	8.11	0.66	10.10
	2009	冬小麦	籽粒	409.10	21.88	2.84	4.64
	2009	冬小麦	根	378.39	8.24	0.72	6.83
	2012	冬小麦	茎叶	392.49	5.28	0.33	11.35
	2012	冬小麦	籽粒	442.67	20.25	3.07	6.27
	2012	冬小麦	根	390.47	6.83	0.43	10.80
	2014	冬小麦	茎叶	422.06	6.46	0.47	12.39
	2014	冬小麦	籽粒	421.93	16.31	2.55	3.93
农田综合观测场	2014	冬小麦	根	378.37	5.89	0.50	7.95
（YGAZH01）	2006	玉米	茎叶	407.35	10.14	0.92	9.31
	2006	玉米	籽粒	414.37	15.58	2.30	4.87
	2006	玉米	根	402.15	10.03	0.71	9.07
	2009	玉米	茎叶	418.45	13.13	0.96	13.57
	2009	玉米	籽粒	436.83	16.40	2.60	4.17
	2009	玉米	根	425.79	8.24	0.49	6.64
	2012	玉米	茎叶	439.54	9.56	0.97	15.41
	2012	玉米	籽粒	442.85	13.83	2.81	3.90
	2012	玉米	根	487.04	6.54	0.64	9.33
	2014	玉米	茎叶	432.62	18.28	1.20	9.19
	2014	玉米	籽粒	432.20	15.03	2.56	2.50
	2014	玉米	根	438.92	7.02	0.58	6.33
	2012	冬小麦	茎叶	395.38	5.04	0.33	16.83
	2012	冬小麦	籽粒	592.11	36.50	6.76	11.32
	2012	冬小麦	根	394.90	5.72	0.23	9.63
	2014	冬小麦	茎叶	415.88	5.64	0.41	12.38
	2014	冬小麦	籽粒	422.30	15.59	2.63	3.91
台地农田辅助观测场	2014	冬小麦	根	386.57	6.05	0.48	8.24
（YGAFZ05）	2009	玉米	茎叶	424.01	13.70	1.02	10.05
	2009	玉米	籽粒	443.88	16.36	2.90	4.10
	2009	玉米	根	423.60	7.62	0.48	4.42
	2012	玉米	茎叶	426.08	7.65	0.86	12.87
	2012	玉米	籽粒	430.66	10.86	2.58	4.01

（续）

观测场	年份	作物	采样部位	全碳/（g/kg）	全氮/（g/kg）	全磷/（g/kg）	全钾/（g/kg）
台地农田辅助观测场（YGAFZ05）	2012	玉米	根	484.10	5.55	0.60	9.93
	2014	玉米	茎叶	427.53	18.97	1.15	9.91
	2014	玉米	籽粒	431.83	14.19	2.33	2.57
	2014	玉米	根	426.59	7.41	0.60	6.74
高台位旱坡地站区调查点（YGAZQ03）	2006	冬小麦	茎叶	403.99	6.91	0.31	9.25
	2006	冬小麦	籽粒	405.44	21.61	1.91	3.44
	2006	冬小麦	根	409.92	8.05	0.40	5.02
	2012	油菜	茎叶	370.70	4.78	0.39	19.40
	2012	油菜	籽粒	589.09	42.94	4.56	10.33
	2012	油菜	根	383.74	7.83	0.24	12.50
	2014	油菜	茎叶	416.48	9.41	0.39	16.84
	2014	油菜	籽粒	633.45	44.29	4.74	7.42
	2014	油菜	根	433.67	6.28	0.33	6.24
	2006	玉米	茎叶	408.86	7.33	0.37	10.86
	2006	玉米	籽粒	421.77	14.42	1.57	4.51
	2006	玉米	根	397.25	8.61	0.44	8.73
	2009	玉米	茎叶	407.71	11.33	0.74	14.30
	2009	玉米	籽粒	442.35	15.99	2.52	3.80
	2009	玉米	根	420.15	10.29	0.62	7.19
	2012	玉米	茎叶	434.85	10.69	0.86	16.50
	2012	玉米	籽粒	440.09	13.65	2.33	4.15
	2012	玉米	根	375.76	9.52	0.65	8.90
	2014	玉米	茎叶	427.07	16.33	0.92	10.38
	2014	玉米	籽粒	433.12	15.41	1.86	1.80
	2014	玉米	根	425.50	8.87	0.51	4.40
沟底两季稻田站区调查点（YGAZQ01）	2006	水稻	茎叶	375.05	7.47	0.99	22.02
	2006	水稻	籽粒	408.98	13.78	2.62	4.54
	2006	水稻	根	387.14	8.94	1.24	6.85
	2009	水稻	茎叶	399.38	11.79	1.54	25.72
	2009	水稻	籽粒	434.11	16.66	3.12	3.88
	2009	水稻	根	316.43	9.35	1.38	4.63
	2012	水稻	茎叶	385.65	8.55	1.17	24.10
	2012	水稻	籽粒	437.99	12.87	2.94	2.67
	2012	水稻	根	397.33	9.65	1.37	6.36
	2014	水稻	茎叶	388.07	6.79	0.64	17.52
	2014	水稻	籽粒	415.04	10.97	2.55	1.81
	2014	水稻	根	339.47	5.87	0.61	6.75

（续）

观测场	年份	作物	采样部位	全碳/（g/kg）	全氮/（g/kg）	全磷/（g/kg）	全钾/（g/kg）
沟底两季稻田站区调查点（YGAZQ01）	2010	油菜	茎叶	429.13	3.42	0.62	19.97
	2010	油菜	籽粒	593.22	35.13	7.40	7.88
	2010	油菜	根	440.62	2.62	0.36	9.82
	2012	油菜	茎叶	370.70	4.78	0.39	19.40
	2012	油菜	籽粒	589.09	42.94	4.56	10.33
	2012	油菜	根	380.39	5.95	0.25	13.76
	2014	油菜	茎叶	426.02	8.29	0.36	16.10
	2014	油菜	籽粒	612.92	43.65	4.67	7.02
	2014	油菜	根	427.71	6.39	0.24	5.87
冬水田站区调查点（YGAZQ02）	2006	水稻	茎叶	337.23	14.97	1.95	17.16
	2006	水稻	籽粒	395.62	14.95	2.98	5.05
	2006	水稻	根	376.95	10.03	1.97	6.17
	2012	水稻	茎叶	400.81	8.65	1.25	24.05
	2012	水稻	籽粒	442.10	13.40	2.96	2.61
	2012	水稻	根	408.27	9.70	1.14	5.50
	2014	水稻	茎叶	385.36	8.38	1.21	17.43
	2014	水稻	籽粒	423.82	12.38	2.53	1.81
	2014	水稻	根	326.97	8.28	0.83	6.24
人工改造两季田辅助观测场（YGAFZ07）A 区	2012	冬小麦	茎叶	388.16	7.95	0.38	14.28
	2012	冬小麦	籽粒	413.43	20.69	2.54	5.75
	2012	冬小麦	根	409.23	6.69	0.41	9.92
	2014	冬小麦	茎叶	422.51	6.77	0.81	14.45
	2014	冬小麦	籽粒	425.80	17.96	3.71	4.63
	2014	冬小麦	根	388.69	6.33	0.81	7.61
	2012	水稻	茎叶	415.60	12.54	1.32	32.85
	2012	水稻	籽粒	429.46	13.74	2.84	2.78
	2012	水稻	根	363.26	11.58	1.21	20.96
	2014	水稻	茎叶	389.36	7.86	0.81	18.32
	2014	水稻	籽粒	427.00	12.26	2.59	1.82
	2014	水稻	根	331.34	7.50	0.79	8.78
人工改造两季田辅助观测场（YGAFZ07）B 区	2012	油菜	茎叶	379.91	4.88	0.29	20.54
	2012	油菜	籽粒	584.31	36.89	6.46	11.08
	2012	油菜	根	381.12	5.68	0.24	12.37
	2014	油菜	茎叶	429.25	6.10	0.53	24.27
	2014	油菜	籽粒	631.28	39.90	7.14	8.25
	2014	油菜	根	413.14	4.61	0.36	9.61
	2012	水稻	茎叶	418.96	10.72	1.13	32.84
	2012	水稻	籽粒	424.96	14.17	2.72	2.53

（续）

观测场	年份	作物	采样部位	全碳/（g/kg）	全氮/（g/kg）	全磷/（g/kg）	全钾/（g/kg）
人工改造两季田辅助观测场（YGAFZ07）B 区	2012	水稻	根	363.96	10.44	1.24	13.93
	2014	水稻	茎叶	399.43	8.61	0.82	18.17
	2014	水稻	籽粒	423.61	11.16	2.41	1.82
	2014	水稻	根	365.42	7.42	0.69	9.29

3.4　气象观测数据

人工和自动气象长期联网监测数据均来自盐亭站综合气象要素观测场（YGAQX01），样地和设备信息详见 2.2.2。人工观测数据为首次出版，年限为 2005—2018 年；自动观测数据则为2009—2018年。

3.4.1　气象人工观测

人工气象长期联网监测数据来自盐亭站综合气象要素观测场（YGAQX01），样地和设备信息详见 2.2.2。人工观测数据为首次出版，年限为 2005—2018 年，数据指标、数据采集和处理方法及质控详细见表 3-42，数据见表 3-43 和表 3-44。

表 3-42　盐亭站人工气象观测指标介绍

指标名称	单位	小数位数	数据处理及质控	年限范围
平均干球温度月平均值	℃	1	每日 3 次（北京时间 8 时，14 时，20 时）。用每日均值的合计值除以日数获得月平均值。某月日均值缺测 7 次或以上时，该月不做月统计，按缺测处理。	2005—2018
最高干球温度月平均值	℃	1	每日 1 次（北京时间 20 时）。用日最高干球温度合计值除以日数获得月平均值。某月日均值缺测 7 次或以上时，该月不做月统计，按缺测处理。	2005—2018
最低干球温度月平均值	℃	1	每日 1 次（北京时间 20 时）。用日最低干球温度合计值除以日数获得月平均值。某月日均值缺测 7 次或以上时，该月不做月统计，按缺测处理。	2005—2018
最高干球温度极值	℃	1	取每月最高干球温度中的极值为本月干球温度极值	2005—2018
平均地表温度	℃	1	每日 3 次（北京时间 8 时，14 时，20 时）	2005—2018
最高地表温度极值	℃	1	每日 1 次（北京时间 20 时）观测日最高地表温度。取每月最高地表温度值为本月最高地表温度极值。	2005—2018
最低地表温度极值	℃	1	每日 1 次（北京时间 20 时）观测日最低地表温度。取每月最低地表温度值为本月最低地表温度极值。	2005—2018
平均气压	hPa	1	每日 3 次（北京时间 8 时，14 时，20 时）	2005—2018
月日照时数合计小时	h	1	每日北京时间 20 时观测，月合计	2005—2018
20 时蒸发量月合计值	mm	1	每日北京时间 20 时观测，每日蒸发量月合计值	2005—2018
20—8 时降水量月合计值	mm	1	利用雨（雪）量器每日 20 时和 8 时观测前 12 小时的累积降水量	2005—2018

（续）

指标名称	单位	小数位数	数据处理及质控	年限范围
8—20 时降水量月合计值	mm	1	利用雨（雪）量器每日 8 时和 20 时观测前 12 小时的累积降水量	2005—2018
20—20 时降水量月合计值	mm	1	每日 2 次（北京时间 8 时、20 时），为 20—8 时和 8—20 时的降雨量合计值	2005—2018

表 3-43 盐亭站人工观测气温和地表温度

单位：℃

时间（年-月）	平均干球温度月平均值	最高干球温度月平均值	最低干球温度月平均值	最高干球温度极值	平均地表温度	最高地表温度极值	最低地表温度极值
2005 - 01	4.9	8.5	1.5	12.2	6.5	21.5	-4.5
2005 - 02	6.4	9.2	3.4	13.5	8.2	25.2	-1.5
2005 - 03	11.8	16.5	7.1	23.5	15.3	40.0	-1.5
2005 - 04	18.9	24.6	12.2	32.0	24.2	55.0	10.0
2005 - 05	22.2	26.4	17.0	32.2	26.4	52.7	11.6
2005 - 06	23.7	30.9	20.3	35.5	31.1	60.5	14.9
2005 - 07	26.9	30.9	22.3	34.6	31.7	62.5	17.0
2005 - 08	24.0	27.5	20.8	33.2	27.1	53.2	17.5
2005 - 09	23.5	28.3	19.0	33.5	29.3	57.5	13.4
2005 - 10	16.2	20.0	13.3	26.0	20.1	38.0	7.0
2005 - 11	14.2	20.0	8.8	14.1	14.3	28.5	-0.5
2005 - 12	5.9	9.3	2.7	13.0	7.1	19.3	-3.9
2006 - 01	5.8	9.3	2.6	16.0	7.5	25.6	-0.5
2006 - 02	9.2	13.6	4.4	9.4	9.2	27.0	0.2
2006 - 03	12.2	17.6	7.0	24.3	15.8	45.4	-0.1
2006 - 04	18.2	23.8	11.7	31.5	24.6	56.3	4.8
2006 - 05	22.6	28.4	15.7	35.6	28.4	58.5	10.8
2006 - 06	25.5	30.6	19.6	37.2	30.8	63.4	16.0
2006 - 07	29.0	33.6	23.9	37.3	36.1	64.3	20.8
2006 - 08	29.2	—	—	—	35.8	65.0	20.2
2006 - 09	21.6	25.2	18.2	35.5	23.9	53.0	15.5
2006 - 10	18.9	23.5	15.2	27.8	21.5	41.0	10.6
2006 - 11	13.3	17.1	10.1	25.0	15.6	36.8	4.9
2006 - 12	7.2	10.6	3.9	13.5	8.8	25.6	-2.6
2007 - 01	5.8	10.1	2.0	19.3	7.9	31.8	-2.2
2007 - 02	10.8	15.9	5.9	22.8	13.2	40.0	-3.0

（续）

时间（年-月）	平均干球温度月平均值	最高干球温度月平均值	最低干球温度月平均值	最高干球温度极值	平均地表温度	最高地表温度极值	最低地表温度极值
2007 - 03	12.8	17.4	8.2	30.0	17.0	51.2	1.0
2007 - 04	17.2	22.6	11.7	31.0	21.8	57.0	3.6
2007 - 05	24.4	30.4	16.8	35.5	30.3	62.0	11.5
2007 - 06	24.6	28.7	19.6	34.5	28.9	61.0	16.8
2007 - 07	26.5	30.3	22.2	35.6	31.2	63.0	18.5
2007 - 08	27.1	32.3	22.3	35.6	33.1	62.0	19.5
2007 - 09	21.7	26.5	17.7	31.5	26.2	52.8	13.0
2007 - 10	16.5	19.7	13.7	28.5	18.1	33.0	9.7
2007 - 11	12.7	16.8	9.2	20.6	15.0	33.2	−0.5
2007 - 12	7.6	11.4	4.5	16.4	9.5	32.0	−1.5
2008 - 01	3.5	6.5	0.9	14.1	5.5	23.5	−4.4
2008 - 02	5.6	9.4	2.0	17.5	7.9	32.5	−2.0
2008 - 03	13.3	18.6	8.5	24.5	16.5	49.0	0.3
2008 - 04	16.9	22.0	11.7	30.5	21.7	56.0	7.5
2008 - 06	25.0	30.1	19.1	35.0	30.5	59.0	16.4
2008 - 07	27.2	32.3	21.4	36.5	34.4	64.9	17.5
2008 - 08	24.4	28.4	20.6	33.0	27.9	56.3	17.9
2008 - 09	22.3	26.2	18.5	32.2	26.0	57.9	14.4
2008 - 10	18.2	21.9	14.7	29.0	21.3	48.8	12.5
2008 - 11	11.8	15.9	7.8	21.2	13.7	31.0	−2.0
2008 - 12	7.1	10.7	3.3	16.1	9.2	26.5	−3.0
2009 - 01	5.3	9.4	1.6	14.4	7.3	29.8	−3.5
2009 - 02	10.5	14.6	6.4	22.0	13.3	40.0	2.0
2009 - 03	12.6	17.6	7.0	27.0	16.7	48.5	−1.0
2009 - 04	17.3	21.5	12.5	29.7	20.7	51.9	5.6
2009 - 05	21.4	25.6	16.0	31.0	25.8	55.0	12.0
2009 - 06	25.1	29.8	19.3	36.2	30.1		
2009 - 07	26.1	29.8	21.8	36.0	30.5	63.2	20.0
2009 - 08	25.2	29.4	20.5	34.2	29.4	60.5	16.8
2009 - 09	23.3	28.0	18.7	36.5	27.3	59.7	13.0
2009 - 10	17.7	21.4	14.4	28.9	20.3	49.0	10.8
2009 - 11	10.4	14.8	6.1	26.5	12.7	38.0	0.0
2009 - 12	7.7	11.1	4.1	17.0	9.6	30.0	−3.5
2010 - 01	6.3	10.9	2.5	15.8	7.8	30.4	−2.6
2010 - 02	7.4	11.8	3.7	21.0	9.0	36.0	−1.5
2010 - 03	11.2	17.0	6.2	27.0	14.0	47.6	−1.0
2010 - 04	14.6	19.5	10.5	28.5	17.4	49.5	4.8
2010 - 05	19.7	24.5	15.6	32.3	22.2	51.5	13.0

（续）

时间（年-月）	平均干球温度月平均值	最高干球温度月平均值	最低干球温度月平均值	最高干球温度极值	平均地表温度	最高地表温度极值	最低地表温度极值
2010 - 06	22.8	27.6	18.5	33.0	26.1	57.0	15.5
2010 - 07	26.1	30.6	22.3	37.0	29.1	57.7	20.0
2010 - 08	25.8	30.8	21.6	37.0	30.5	64.4	19.0
2010 - 09	22.4	27.4	18.6	35.4	25.5	56.0	14.5
2010 - 10	16.2	20.5	12.9	26.5	18.2	43.5	7.2
2010 - 11	11.7	17.4	7.3	22.5	13.4	36.3	3.0
2010 - 12	6.1	11.4	2.0	15.9	7.5	28.9	−5.5
2011 - 01	2.1	5.7	−0.9	8.8	3.6	20.5	−5.0
2011 - 02	7.3	12.1	3.3	19.2	9.1	31.8	−1.1
2011 - 03	9.2	14.5	4.8	19.9	11.9	41.0	0.2
2011 - 04	17.5	23.7	11.7	33.5	21.6	60.9	7.6
2011 - 05	20.6	27.2	15.0	35.0	24.3	58.0	11.0
2011 - 06	24.5	29.9	19.0	36.0	28.6	62.2	16.0
2011 - 07	25.5	30.8	20.9	39.2	29.5	64.0	20.0
2011 - 08	26.6	33.5	20.9	36.9	32.8	64.5	17.5
2011 - 09	20.6	25.1	16.8	35.5	23.2	60.5	12.7
2011 - 10	16.7	21.1	13.2	25.2	18.9	43.9	7.5
2011 - 11	13.5	17.4	10.1	21.0	14.7	32.0	5.6
2011 - 12	6.3	9.9	3.1	15.8	7.7	26.5	−5.1
2012 - 01	4.6	7.8	1.9	12.4	6.3	22.0	−1.5
2012 - 02	5.7	9.4	2.5	15.2	7.3	25.2	−3.0
2012 - 03	11.0	16.5	6.0	25.5	13.9	44.2	0.6
2012 - 04	17.6	24.0	11.6	29.7	22.1	56.5	3.6
2012 - 05	22.0	26.7	16.3	32.3	24.3	54.6	13.5
2012 - 06	23.1	28.1	18.7	36.5	26.6	61.0	15.5
2012 - 07	25.5	29.8	21.5	34.5	28.4	58.1	20.0
2012 - 08	26.6	32.5	21.1	37.1	33.2	66.4	19.2
2012 - 09	20.7	25.7	16.5	31.5	23.6	56.7	13.0
2012 - 10	16.6	21.4	12.8	26.0	18.6	43.1	2.5
2012 - 11	10.5	14.8	6.5	22.8	12.2	38.0	−1.7
2012 - 12	6.2	10.4	2.6	17.2	7.8	28.9	−6.6
2013 - 01	4.6	10.7	−0.3	17.4	6.3	32.3	−6.6
2013 - 02	9.0	14.3	4.1	20.0	11.4	39.0	−0.5
2013 - 03	15.1	22.3	8.5	27.5	18.8	51.0	0.9
2013 - 04	18.2	25.2	10.9	32.3	23.0	59.0	2.9
2013 - 05	21.1	27.1	15.4	35.2	25.2	64.0	11.0
2013 - 06	25.3	30.7	19.3	35.0	29.6	59.7	13.2
2013 - 07	26.7	31.4	22.1	36.0	30.6	64.6	20.3

（续）

时间（年-月）	平均干球温度 月平均值	最高干球温度 月平均值	最低干球温度 月平均值	最高干球 温度极值	平均地表 温度	最高地表温 度极值	最低地表温 度极值
2013 - 08	26.8	32.8	21.4	36.7	33.0	68.0	18.9
2013 - 09	20.7	25.2	16.9	31.5	23.1	51.4	14.0
2013 - 10	17.2	22.8	12.8	29.9	20.4	50.5	11.1
2013 - 11	11.4	16.1	7.5	21.4	13.2	31.0	−0.6
2013 - 12	5.7	11.6	0.9	18.5	8.0	32.1	−4.0
2014 - 01	5.4	11.2	0.3	18.9	7.1	30.4	−3.8
2014 - 02	6.2	9.6	2.9	16.5	7.8	29.5	−1.2
2014 - 03	11.7	17.0	6.8	24.5	14.3	46.1	3.5
2014 - 04	17.8	23.7	12.3	28.8	21.8	56.5	6.5
2014 - 05	20.6	26.5	14.6	33.1	25.3	61.0	9.0
2014 - 06	23.8	28.6	18.9	35.5	27.6	63.0	18.0
2014 - 07	27.4	33.8	21.0	38.2	34.1	67.5	19.8
2014 - 08	25.0	30.5	19.9	37.0	28.7	63.0	16.5
2014 - 09	21.5	25.3	17.9	31.0	23.6	48.5	14.8
2014 - 10	17.6	21.9	13.7	29.1	19.5	42.4	11.6
2014 - 11	11.8	15.4	8.3	21.6	13.3	31.0	4.9
2014 - 12	5.6	10.7	0.9	15.0	7.1	28.0	−4.6
2015 - 01	6.5	11.1	2.0	16.7	8.0	32.5	−1.5
2015 - 02	8.0	13.6	3.2	20.2	10.2	38.5	−2.2
2015 - 03	13.7	19.3	8.3	28.0	17.0	50.6	1.0
2015 - 04	18.1	24.9	11.3	33.0	22.2	59.0	4.0
2015 - 05	23.1	28.9	15.1	34.2	27.3	62.0	11.5
2015 - 06	24.1	28.9	19.3	34.5	27.3	59.5	17.1
2015 - 07	26.1	32.4	19.5	36.0	32.0	64.5	18.6
2015 - 08	24.9	30.9	19.2	35.6	29.3	66.2	12.0
2015 - 09	21.4	25.4	17.5	32.6	23.4	56.9	15.2
2015 - 10	17.7	22.9	13.2	27.9	20.3	47.1	9.5
2015 - 11	13.1	16.3	9.7	21.8	14.5	30.0	3.1
2015 - 12	7.4	11.9	3.2	17.8	9.0	29.5	−3.7
2016 - 01	5.4	9.5	1.6	15.4	7.2	25.4	−7.6
2016 - 02	6.9	13.7	1.0	22.6	9.4	40.8	−5.8
2016 - 03	13.0	18.7	7.8	24.9	15.8	45.2	1.7
2016 - 04	17.7	23.4	11.8	29.6	20.6	55.5	7.0
2016 - 05	20.5	26.1	14.3	33.2	24.3	59.0	8.5
2016 - 06	25.8	32.1	18.6	36.8	32.6	67.0	14.0
2016 - 07	27.5	33.0	21.1	36.2	32.2	64.5	15.4
2016 - 08	26.9	33.3	21.2	38.0	32.7	65.0	19.2
2016 - 09	21.6	26.8	16.8	33.0	24.8	58.0	16.5

（续）

时间（年-月）	平均干球温度月平均值	最高干球温度月平均值	最低干球温度月平均值	最高干球温度极值	平均地表温度	最高地表温度极值	最低地表温度极值
2016 - 10	17.6	22.2	13.5	32.3	19.9	52.9	9.0
2016 - 11	11.5	15.5	7.5	23.4	12.6	30.5	−0.2
2016 - 12	7.8	12.1	3.5	18.6	9.1	26.5	−1.0
2017 - 01	6.7	11.8	1.8	16.5	8.3	28.0	−2.0
2017 - 02	7.6	12.6	2.5	18.4	9.5	32.6	−3.6
2017 - 03	10.7	15.8	5.9	23.9	12.6	38.2	1.6
2017 - 04	17.4	24.3	10.6	30.0	21.0	56.0	5.6
2017 - 05	21.1	28.0	13.8	33.0	25.6	60.2	10.0
2017 - 06	23.8	29.3	17.9	33.6	28.0	64.5	16.6
2017 - 07	28.0	34.4	21.1	38.3	34.4	67.8	20.6
2017 - 08	27.2	33.3	21.4	37.5	32.3	66.7	20.0
2017 - 09	22.1	26.6	17.5	33.0	24.6	55.0	13.6
2017 - 10	16.2	19.9	12.4	29.5	18.1	48.9	11.3
2017 - 11	12.4	17.4	7.8	24.0	14.5	39.0	2.0
2017 - 12	6.4	12.6	0.8	17.6	8.4	30.0	−5.4
2018 - 01	5.5	10.1	−1.3	15.0	6.2	29.0	−7.0
2018 - 02	7.1	12.9	0.9	21.4	9.1	40.2	−4.8
2018 - 03	14.2	20.9	7.4	26.0	16.3	45.2	1.6
2018 - 04	18.6	26.0	10.9	31.8	22.7	59.8	5.2
2018 - 05	22.0	28.2	15.4	35.3	26.0	57.0	11.4
2018 - 06	24.4	30.1	18.3	35.0	28.7	63.6	12.6
2018 - 07	26.7	31.9	21.4	37.8	30.6	64.0	21.0
2018 - 08	27.4	34.5	20.7	37.4	32.7	63.5	21.0
2018 - 09	21.5	25.7	17.0	36.5	24.4	63.0	14.2
2018 - 10	15.7	20.5	11.5	26.1	17.9	37.1	7.5
2018 - 11	10.2	14.5	5.4	24.2	11.9	36.5	2.0
2018 - 12	5.9	9.4	2.1	15.7	7.6	24.5	−1.5

表 3 - 44　盐亭站人工观测气压、日照时数、蒸发量和降水量月值表

时间（年-月）	平均气压/hPa	月日照时数合计/h	20时蒸发量月合计值/mm	20至翌日8时降水量月合计值/mm	8—20时降水量月合计值/mm	20至翌日20时降水量月合计值/mm
2005 - 01	969.4		26.3	7.0	12.2	19.2
2005 - 02	957.3		23.0	8.3	8.5	16.8
2005 - 03	967.5	70.0	34.2	15.4	4.4	19.8
2005 - 04	962.7	106.0	64.1	27.1	2.4	29.5
2005 - 05	957.8	72.0	54.1	28.4	33.3	61.7
2005 - 06	954.9	137.0	68.4	87.5	29.6	117.1

（续）

时间 （年-月）	平均气压/ hPa	月日照 时数合计/h	20 时蒸发量 月合计值/mm	20 至翌日 8 时降水量 月合计值/mm	8—20 时降水量 月合计值/mm	20 至翌日 20 时降水量 月合计值/mm
2005 – 07	954.7	91.0	62.1	169.9	86.5	256.4
2005 – 08	956.4	58.0	45.8	72.0	78.6	150.6
2005 – 09	961.1	115.0	73.5	42.3	28.9	71.2
2005 – 10	1157.0	52.0	39.5	36.3	13.5	49.8
2005 – 11	970.1	35.0	27.9	28.9	6.2	35.1
2005 – 12	974.7	34.0	21.2	5.6	4.5	10.1
2006 – 01	969.7	33.0	20.1	4.6	5.3	9.9
2006 – 02	971.5	14.0	13.6	18.0	26.7	44.7
2006 – 03	966.3	91.0	35.9	28.0	9.7	37.7
2006 – 04	961.4	145.0	75.3	14.3	0.5	14.8
2006 – 05	960.9	166.0	100.1	57.2	7.9	65.1
2006 – 06	957.1	93.0	73.9	52.2	37.5	89.7
2006 – 07	953.2	145.0	94.8	61.7	51.6	113.3
2006 – 08	956.2	152.0	117.1	37.8	8.2	46.0
2006 – 09	963.1	43.0	51.4	175.1	130.3	305.4
2006 – 10	967.6	104.0	40.9	39.1	17.7	56.8
2006 – 11	968.1	65.0	64.1	11.9	6.8	18.7
2006 – 12	973.1	34.0	20.6	0.9	1.2	2.1
2007 – 01	974.2	77.0	22.1	7.0	13.2	20.2
2007 – 02	965.5	76.0	27.7	0.5	1.8	2.3
2007 – 03	963.9	69.0	40.8	17.4	2.0	19.4
2007 – 04	965.0	115.0	63.4	29.3	17.1	46.4
2007 – 05	959.1	158.0	98.5	70.9	2.2	73.1
2007 – 06	956.5	116.0	72.9	86.9	23.5	110.4
2007 – 07	952.9	106.0	56.9	125.7	140.1	265.8
2007 – 08	956.1	151.0	75.4	140.5	59.7	200.2
2007 – 09	962.3	108.0	55.3	44.1	19.8	63.9
2007 – 10	968.6	15.0	31.6	56.3	15.4	71.7
2007 – 11	971.9	65.0	27.4	1.6	0.9	2.5
2007 – 12	970.4	43.0	23.7	7.1	8.8	15.9
2008 – 01	971.6	26.0	16.7	12.1	13.9	26.0
2008 – 02	973.1	36.0	21.3	9.8	7.9	17.7
2008 – 03	965.6	88.0	35.0	33.5	19.8	53.3
2008 – 04	962.4	125.0	60.6	74.1	2.7	76.8
2008 – 05	—	—	78.9	79.4	22.9	103.3
2008 – 06	956.7	165.0	73.2	85.2	52.2	137.4
2008 – 07	954.2	194.0	78.9	74.9	69.8	144.7
2008 – 08	958.2	75.0	55.1	37.0	133.6	170.6

（续）

时间 （年-月）	平均气压/ hPa	月日照 时数合计/h	20时蒸发量 月合计值/mm	20至翌日8时降水量 月合计值/mm	8—20时降水量 月合计值/mm	20至翌日20时降水量 月合计值/mm
2008 - 09	961.1	87.0	43.8	177.5	34.7	212.2
2008 - 10	968.0	76.0	51.2	30.0	20.7	50.7
2008 - 11	971.8	71.0	31.1	6.1	15.0	21.1
2008 - 12	972.2	19.0	20.9	0.7	0.0	0.7
2009 - 01	973.2	36.0	20.0	1.5	2.2	3.7
2009 - 02	964.1	51.0	30.7	—	—	—
2009 - 03	965.3	120.0	49.2	14.4	3.3	17.7
2009 - 04	962.6	78.0	44.4	46.7	12.1	58.8
2009 - 05	960.9	115.0	78.8	55.6	6.9	62.5
2009 - 06	955.6	107.0	65.0	60.0	24.9	84.9
2009 - 07	954.7	49.0	56.5	105.8	48.4	154.2
2009 - 08	958.4	91.0	58.1	160.1	184.7	344.8
2009 - 09	961.7	116.0	50.7	130.1	22.7	152.8
2009 - 10	967.6	57.0	36.8	28.1	45.3	73.4
2009 - 11	970.8	74.0	26.1	14.3	14.0	28.3
2009 - 12	970.4	48.0	24.6	0.4	3.1	3.5
2010 - 01	970.6	63.0	17.3	2.4	2.3	4.7
2010 - 02	965.7	50.0	20.3	0.8	1.8	2.6
2010 - 03	966.1	114.0	44.5	13.1	7.4	20.5
2010 - 04	965.4	64.0	44.8	31.9	18.6	50.5
2010 - 05	959.0	76.0	54.2	83.6	14.1	97.7
2010 - 06	958.6	69.0	45.0	42.1	15.1	57.2
2010 - 07	955.5	70.0	47.6	249.7	111.9	361.6
2010 - 08	958.3	140.0	82.8	133.1	17.8	150.9
2010 - 09	961.4	99.0	46.7	57.2	34.5	91.7
2010 - 10	969.3	69.0	42.9	21.2	10.4	31.6
2010 - 11	970.1	100.0	29.6	3.1	2.9	6.0
2010 - 12	969.0	96.0	26.0	8.4	3.0	11.4
2011 - 01	973.6	34.0	17.6	15.1	9.5	24.6
2011 - 02	966.2	56.0	21.7	18.0	7.0	25.0
2011 - 03	970.0	86.0	39.6	10.8	9.4	20.2
2011 - 04	963.2	128.0	59.1	12.9	0.5	13.4
2011 - 05	959.5	156.0	60.7	162.5	41.4	203.9
2011 - 06	955.1	147.0	75.2	113.2	37.8	151.0
2011 - 07	954.6	129.0	59.1	181.0	84.1	265.1
2011 - 08	956.0	241.0	92.4	33.8	22.5	56.3
2011 - 09	962.0	65.0	45.1	182.3	35.0	217.3

（续）

时间 （年-月）	平均气压/ hPa	月日照 时数合计/h	20时蒸发量 月合计值/mm	20至翌日8时降水量 月合计值/mm	8—20时降水量 月合计值/mm	20至翌日20时降水量 月合计值/mm
2011 - 10	968.2	63.0	41.2	23.3	7.0	30.3
2011 - 11	967.8	61.0	26.2	15.3	27.3	42.6
2011 - 12	974.3	24.0	21.3	6.3	7.1	13.4
2012 - 01	970.9	26.0	13.5	13.5	11.3	24.8
2012 - 02	967.6	26.0	16.7	8.9	6.3	15.2
2012 - 03	965.2	81.0	34.4	12.6	7.4	20.0
2012 - 04	961.2	152.0	68.2	31.3	0.7	32.0
2012 - 05	959.3	95.0	44.5	115.4	94.0	209.4
2012 - 06	955.6	69.0	44.4	44.7	52.7	97.4
2012 - 07	953.8	58.0	43.1	125.3	140.1	265.4
2012 - 08	957.0	196.0	90.4	60.2	41.7	101.9
2012 - 09	963.7	95.0	56.2	155.1	82.5	237.6
2012 - 10	967.6	77.0	41.6	29.8	30.1	59.9
2012 - 11	967.4	58.0	41.0	4.2	2.9	7.1
2012 - 12	969.9	64.0	27.0	4.2	5.2	9.4
2013 - 01	970.6	89.0	22.0	0.5	7.8	8.3
2013 - 02	966.9	64.0	25.9	1.0	0.9	1.9
2013 - 03	963.4	171.0	71.9	19.3	0.4	19.7
2013 - 04	961.4	171.0	92.2	18.1	7.2	25.3
2013 - 05	957.3	155.0	86.4	47.3	78.1	125.4
2013 - 06	954.7	146.0	67.2	77.3	210.4	287.7
2013 - 07	951.8	115.0	63.2	297.6	115.6	413.2
2013 - 08	955.9	190.0	97.7	82.9	31.9	114.8
2013 - 09	962.9	72.0	44.2	119.2	75.7	194.9
2013 - 10	968.7	107.0	51.2	18.8	18.6	37.4
2013 - 11	970.4	73.0	29.3	17.6	16.6	34.2
2013 - 12	972.2	91.0	26.1	0.1	0.0	0.1
2014 - 01	970.8	87.0	22.5	1.4	4.1	5.5
2014 - 02	967.6	9.0	15.1	7.5	4.3	11.8
2014 - 03	966.3	54.0	35.8	19.4	11.8	31.2
2014 - 04	962.5	148.0	60.3	43.3	8.9	52.2
2014 - 05	960.1	130.0	86.2	32.1	2.6	34.7
2014 - 06	956.6	81.0	59.8	54.7	42.6	97.3
2014 - 07	955.6	191.0	105.4	6.0	8.3	14.3

（续）

时间 （年-月）	平均气压/ hPa	月日照 时数合计/h	20时蒸发量 月合计值/mm	20至翌日8时降水量 月合计值/mm	8—20时降水量 月合计值/mm	20至翌日20时降水量 月合计值/mm
2014 - 08	957.6	140.0	77.9	70.0	62.3	132.3
2014 - 09	960.5	47.0	32.0	182.2	96.9	179.1
2014 - 10	967.1	78.0	42.8	88.7	63.6	152.3
2014 - 11	969.2	40.0	33.0	5.9	4.6	10.5
2014 - 12	974.0	81.0	35.1	1.1	1.0	2.1
2015 - 01	970.9	49.0	21.5	7.2	5.0	12.2
2015 - 02	967.3	63.0	25.6	3.8	1.2	5.0
2015 - 03	965.9	85.0	44.0	13.4	2.5	15.9
2015 - 04	962.6	158.0	68.6	80.4	1.4	81.8
2015 - 05	958.6	164.0	84.6	24.5	43.1	67.6
2015 - 06	955.0	92.0	53.1	183.6	102.5	286.1
2015 - 07	956.1	205.0	96.6	26.5	18.2	44.7
2015 - 08	958.1	171.0	80.8	75.0	140.3	215.3
2015 - 09	962.1	46.0	58.6	105.5	115.8	221.3
2015 - 10	966.9	100.0	57.2	40.7	16.2	56.9
2015 - 11	967.9	29.0	30.1	6.8	3.8	10.6
2015 - 12	972.3	56.0	22.5	5.5	6.4	11.9
2016 - 01	971.7	59.0	21.2	8.5	3.8	12.3
2016 - 02	972.5	98.0	35.4	3.0	1.1	4.1
2016 - 03	965.2	94.0	42.4	9.9	30.8	40.7
2016 - 04	960.4	91.0	53.2	52.4	20.8	73.2
2016 - 05	955.9	125.0	90.9	23.0	88.2	111.2
2016 - 06	956.2	183.0	104.2	5.8	20.7	26.5
2016 - 07	953.7	173.0	98.7	81.9	243.0	324.9
2016 - 08	956.5	231.0	100.3	24.9	74.0	98.9
2016 - 09	962.3	93.0	64.6	32.6	102.7	135.3
2016 - 10	965.1	72.0	46.9	18.3	20.1	38.4
2016 - 11	969.4	32.0	103.0	13.6	2.9	16.5
2016 - 12	971.6	50.0	20.1	2.5	2.2	4.7
2017 - 01	970.2	59.0	23.3	6.1	7.0	13.1
2017 - 02	970.1	47.0	29.4	30.7	5.3	36.0
2017 - 03	966.4	44.0	28.1	35.0	5.9	40.9
2017 - 04	961.9	150.0	69.7	39.9	10.0	49.9
2017 - 05	961.3	169.0	77.7	25.1	23.0	48.1

(续)

时间 (年-月)	平均气压/ hPa	月日照 时数合计/h	20 时蒸发量 月合计值/mm	20 至翌日 8 时降水量 月合计值/mm	8—20 时降水量 月合计值/mm	20 至翌日 20 时降水量 月合计值/mm
2017 - 06	956.7	113.0	56.9	89.4	25.9	115.3
2017 - 07	955.3	246.0	106.7	99.4	8.5	107.9
2017 - 08	955.5	172.0	92.1	40.4	55.9	96.3
2017 - 09	960.8	72.0	53.3	14.5	16.2	30.7
2017 - 10	968.2	22.0	27.1	51.0	29.2	80.2
2017 - 11	969.1	60.0	36.1	8.8	1.2	10.0
2017 - 12	972.8	97.0	23.9	0.3	0.0	0.3
2018 - 01	969.2	96.0	27.3	6.7	2.7	9.4
2018 - 02	969.0	80.0	35.1	11.3	1.9	13.2
2018 - 03	963.8	137.0	49.0	34.2	4.1	38.3
2018 - 04	961.0	179.0	82.3	53.7	17.4	71.1
2018 - 05	957.8	149.0	75.5	42.3	74.4	116.7
2018 - 06	955.0	119.0	75.6	42.2	41.2	83.4
2018 - 07	952.1	122.0	57.4	88.1	61.4	149.5
2018 - 08	954.7	243.0	104.5	26.0	38.5	64.5
2018 - 09	962.4	69.0	133.5	44.5	43.7	88.2
2018 - 10	969.1	61.0	46.5	19.8	11.3	31.1
2018 - 11	969.5	41.0	30.5	18.4	10.8	29.2
2018 - 12	971.8	32.0	23.7	33.5	16.8	50.3

3.4.2　气象自动观测

3.4.2.1　概述

自动气象因子长期联网监测数据来自盐亭站综合气象要素观测场（YGAQX01），观测指标有大气压、水汽压、海平面气压、降水量、气温、露点温度、相对湿度和地温（0 cm，5 cm，10 cm，15 cm，20 cm，40 cm，60 cm，100 cm），数据时间范围为 2009—2018 年。

3.4.2.2　数据采集和处理方法

样地及设备信息详见 2.2.2。自动站每小时采集一次数据并保存，每天 24 小时生成一个日志文件（.log），可供下载。在室内用特定的数据处理系统生成系列报表，包括小时数据、日统计数据、月统计数据和年统计数据。

3.4.2.3　数据质量控制和评估

传感器每两年校正一次，更换后录入灵敏度，底层程序直接处理。每月下载数据，进行异常值剔除，转换为正规报表格式提交大气分中心，其中一个文件为观测日志文件，会记录本月观测数据的缺失情况。

3.4.2.4　数据

盐亭站气象自动观测数据见表 3 - 45 至表 3 - 48。

表 3 - 45　盐亭站大气压、水汽压和海平面气压自动观测月值数据

单位：hPa

时间 （年-月）	气压日平均 值月平均	气压日最高 值月平均	气压日最低 值月平均	气压月 极大值	气压月极 小值	水汽压日平 均值月平均	水汽压 月极大值	水汽压 月极小值	海平面气压 平均值月平均	海平面气压日 最高值月平均	海平面气压日 最低值月平均	海平面气压 月极大值	海平面气压 月极小值
2009 - 01	973.3	976.2	969.9	984.2	960.4		12.4	2.8	1 024.8	1 027.9	1 021.0	1 036.6	1 010.6
2009 - 02	963.2	966.3	959.2	975.0	938.7	7.0	10.0	2.0	1 013.2	1 016.5	1 009.1	1 025.7	986.2
2009 - 03	964.5	967.8	960.5	984.0	948.5	9.3	13.0	3.9	1 014.3	1 017.8	1 009.7	1 035.0	995.8
2009 - 04	961.7	963.9	958.9	974.3	947.3	10.2	16.5	3.2	1 010.5	1 012.9	1 007.2	1 024.5	993.6
2009 - 05	960.0	962.3	956.9	971.4	950.8	15.0	19.4	5.6	1 008.0	1 010.6	1 004.5	1 020.0	998.7
2009 - 06	953.8	955.6	951.4	962.2	946.3	16.9	22.8	9.6	1 001.0	1 002.9	998.1	1 010.1	992.2
2009 - 07	952.8	954.2	950.8	957.5	946.0	22.5	34.7	13.6	999.7	1 001.2	997.3	1 004.9	992.4
2009 - 08	956.8	958.3	954.3	965.4	949.3	27.0	35.6	13.3	1 004.0	1 005.7	1 001.0	1 013.9	996.3
2009 - 09	960.3	962.0	957.8	969.0	950.0	25.6	32.7	14.9	1 008.0	1 009.8	1 005.0	1 018.3	996.2
2009 - 10	966.6	968.6	964.2	974.0	958.6	22.7	33.3	8.6	1 015.5	1 017.7	1 012.7	1 023.5	1 006.2
2009 - 11	970.5	973.4	967.2	985.9	951.3	17.3	23.6	6.5	1 021.0	1 024.2	1 017.2	1 038.6	999.2
2009 - 12	970.4	973.0	966.8	981.3	957.9	10.8	18.8	3.2	1 021.3	1 024.1	1 017.4	1 032.4	1 007.7
2010 - 01	970.2	973.2	966.7	980.2	960.5	8.4	11.2	2.3	1 021.3	1 024.6	1 017.4	1 032.2	1 010.5
2010 - 02	965.2	968.0	961.6	979.1	949.3	8.4	14.0	3.9	1 015.9	1 018.9	1 011.9	1 031.1	998.2
2010 - 03	965.3	969.4	960.7	987.3	946.6	9.8	15.3	3.1	1 015.2	1 019.7	1 010.3	1 039.1	993.4
2010 - 04	964.1	967.5	960.5	975.2	950.9	12.9	19.3	5.0	1 013.5	1 017.1	1 009.6	1 025.4	999.2
2010 - 05	957.8	960.1	955.0	965.6	945.9	18.4	26.5	7.9	1 005.9	1 008.4	1 002.7	1 014.6	991.9
2010 - 06	957.1	958.7	954.9	966.4	949.3	22.9	31.1	15.4	1 004.7	1 006.4	1 002.0	1 014.8	995.5
2010 - 07	—	955.1	952.0	959.6	949.0	—	34.3	17.3	—	1 002.2	998.7	1 007.2	995.3
2010 - 08	—	958.7	955.0	964.6	949.2	—	34.8	17.3	—	1 005.9	1 001.7	1 012.9	994.5
2010 - 09	960.3	962.3	958.0	970.0	950.6	23.5	32.9	13.7	1 008.1	1 010.2	1 005.3	1 019.0	996.0
2010 - 10	967.5	969.9	965.0	980.4	952.0	14.8	20.5	6.0	1 016.8	1 019.2	1 013.9	1 031.7	1 000.1
2010 - 11	969.8	972.4	966.8	978.3	957.8	9.4	13.5	2.7	1 019.9	1 022.8	1 016.3	1 028.5	1 006.7
2010 - 12	969.0	972.0	965.4	986.0	957.0	6.3	10.9	1.3	1 020.1	1 023.4	1 015.9	1 038.6	1 006.9
2011 - 01	974.5	976.9	971.4	983.8	964.6	4.9	7.3	1.6	1 026.6	1 029.3	1 023.1	1 036.0	1 016.1
2011 - 02	965.2	968.2	962.3	977.4	951.6	7.1	10.6	4.2	1 015.9	1 019.1	1 012.4	1 029.9	1 001.0

（续）

时间（年-月）	气压日平均值月平均	气压日最高值月平均	气压日最低值月平均	气压月极大值	气压月极小值	水汽压日平均值月平均	水汽压月极大值	水汽压月极小值	海平面气压日平均值月平均	海平面气压日最高值月平均	海平面气压日最低值月平均	海平面气压月极大值	海平面气压月极小值
2011-03	969.8	973.1	966.3	986.0	955.7	6.8	10.3	1.6	1 020.4	1 024.1	1 016.7	1 037.8	1 004.9
2011-04	962.3	964.9	959.7	973.7	945.7	11.8	17.3	5.3	1 011.1	1 013.8	1 008.1	1 024.0	991.3
2011-05	—	960.7	956.4	970.4	943.9	—	22.1	7.9	—	1 009.0	1 004.1	1 019.0	990.4
2011-06	—	955.5	951.8	962.6	948.3	—	26.6	11.6	—	1 002.9	998.5	1 011.1	993.6
2011-07	—	955.0	951.4	961.2	944.2	—	29.2	8.7	—	1 002.2	998.0	1 009.5	989.6
2011-08	954.7	956.4	952.6	962.5	947.9	21.1	28.1	12.9	1 001.5	1 003.3	998.7	1 010.2	993.3
2011-09	961.3	962.9	958.5	970.7	950.8	16.4	24.3	8.7	1 009.5	1 011.1	1 006.4	1 020.3	996.7
2011-10	967.6	969.7	965.3	974.2	959.3	13.2	18.8	3.8	1 016.7	1 019.0	1 014.1	1 024.6	1 008.1
2011-11	—	—	—	974.3	957.4	—	15.6	4.4	—	—	—	1 024.1	1 006.1
2011-12	974.6	976.9	971.8	985.3	962.7	6.6	9.1	1.4	1 026.0	1 028.5	1 022.7	1 037.0	1 013.1
2012-01	972.1	974.2	969.1	980.4	961.1	6.1	7.9	2.8	1 023.7	1 025.9	1 020.4	1 032.1	1 011.8
2012-02	967.8	970.5	964.7	976.8	958.6	6.2	8.2	2.5	1 018.9	1 021.8	1 015.5	1 028.8	1 008.1
2012-03	964.4	967.3	961.4	979.4	951.8	8.1	12.8	2.9	1 014.3	1 017.4	1 010.7	1 030.0	1 000.7
2012-04	960.5	963.1	956.3	972.5	942.8	10.7	16.5	3.0	1 009.2	1 012.0	1 004.5	1 022.0	989.6
2012-05	958.6	960.2	955.5	964.6	951.1	15.1	22.1	5.0	1 006.5	1 008.2	1 003.1	1 013.0	997.6
2012-06	954.3	956.0	952.3	964.4	948.2	18.9	24.8	9.9	1 001.7	1 003.6	999.3	1 012.9	994.6
2012-07	952.2	953.7	950.4	957.6	946.5	23.0	27.9	13.9	999.1	1 000.7	996.9	1 005.0	992.2
2012-08	955.5	957.2	953.1	966.8	947.8	21.3	28.1	12.8	1 002.4	1 004.2	999.4	1 014.8	993.0
2012-09	962.9	964.7	960.7	970.0	953.8	16.5	23.9	6.9	1 011.0	1 013.1	1 008.3	1 018.7	1 001.5
2012-10	966.9	969.1	964.4	974.9	960.6	14.2	18.3	4.9	1 015.8	1 018.3	1 013.2	1 024.7	1 008.5
2012-11	967.3	970.5	963.7	978.6	957.6	9.9	14.6	3.3	1 017.5	1 020.9	1 013.4	1 029.6	1 005.8
2012-12	970.1	973.4	966.5	985.9	959.0	8.0	11.4	1.1	1 019.8	1 024.7	984.3	1 039.0	0.0
2013-01	971.0	973.9	967.7	982.2	958.6	7.1	11.4	3.2	1 022.5	1 025.7	1 018.3	1 034.7	1 008.9
2013-02	967.2	970.3	963.5	979.2	953.5	9.0	13.1	3.8	1 017.6	1 021.1	1 013.4	1 030.9	1 001.5
2013-03	963.2	966.1	959.3	980.7	951.7	11.1	16.3	2.3	1 012.3	1 015.5	1 007.9	1 032.0	999.1

（续）

时间（年-月）	气压日平均值月平均	气压日最高值月平均	气压日最低值月平均	气压月极大值	气压月极小值	水汽压日平均值月平均	水汽压月极大值	水汽压月极小值	海平面气压日平均值月平均	海平面气压日最高值月平均	海平面气压日最低值月平均	海平面气压月极大值	海平面面月极小值
2013-04	960.9	964.1	957.0	974.0	947.2	13.4	23.0	4.8	1 009.4	1 012.8	1 004.8	1 023.4	993.2
2013-05	957.8	960.0	954.8	967.1	948.2	18.4	28.3	8.5	1 005.7	1 008.2	1 002.1	1 015.7	994.0
2013-06	953.7	955.5	951.3	964.1	943.3	24.1	32.9	10.8	1 000.7	1 002.8	997.8	1 012.4	988.5
2013-07	950.9	952.5	949.0	957.9	945.4	28.9	36.6	16.7	997.5	999.3	995.3	1 005.1	991.0
2013-08	954.6	956.6	952.1	962.4	947.6	28.1	34.4	16.4	1 001.3	1 003.5	998.3	1 009.7	993.0
2013-09	962.5	964.3	960.1	971.0	952.6	21.4	28.8	13.8	1 010.6	1 012.5	1 007.9	1 020.1	998.8
2013-10	968.2	970.3	965.7	975.5	958.1	16.9	22.7	9.3	1 017.2	1 019.5	1 014.3	1 025.4	1 004.6
2013-11	970.5	972.9	967.8	981.1	959.8	11.9	17.0	3.8	1 020.7	1 023.2	1 017.4	1 032.5	1 008.0
2013-12	972.8	975.3	969.9	980.1	961.4	7.5	13.5	2.2	1 024.1	1 026.8	1 020.6	1 032.3	1 011.7
2014-01	971.2	974.1	968.1	981.5	957.4	7.6	11.7	3.2	1 022.5	1 025.7	1 018.7	1 033.8	1 007.0
2014-02	967.6	970.2	964.7	977.6	952.2	8.5	12.6	4.1	1 018.6	1 021.5	1 015.4	1 030.2	1 001.7
2014-03	966.2	968.8	963.1	977.4	955.6	11.2	18.5	4.5	1 016.1	1 019.0	1 012.4	1 027.3	1 003.3
2014-04	962.0	964.4	958.9	971.0	951.4	15.5	21.2	7.4	1 010.6	1 013.3	1 007.0	1 021.6	998.9
2014-05	959.6	961.8	956.5	969.5	950.4	16.2	25.5	5.9	1 007.6	1 010.2	1 003.9	1 018.6	996.1
2014-06	955.4	957.2	953.3	961.3	946.3	23.8	30.9	15.3	1 002.7	1 004.6	1 000.3	1 009.0	991.9
2014-07	954.5	956.1	952.1	961.5	947.6	26.0	33.5	15.6	1 001.2	1 003.1	998.2	1 009.5	993.2
2014-08	956.8	958.5	954.8	964.9	948.0	25.5	34.4	15.7	1 004.0	1 005.8	1 001.6	1 012.9	993.5
2014-09	959.8	961.7	958.0	967.1	951.7	23.2	31.0	14.5	1 007.6	1 009.7	1 005.6	1 016.0	998.5
2014-10	966.5	968.8	964.1	975.9	960.1	17.3	24.2	8.1	1 015.5	1 017.9	1 012.8	1 025.9	1 007.9
2014-11	969.1	971.6	966.1	979.5	958.1	11.4	14.7	5.0	1 019.2	1 021.8	1 015.9	1 029.6	1 007.6
2014-12	974.4	977.5	970.9	988.2	965.3	6.7	11.6	1.5	1 025.9	1 029.3	1 021.9	1 040.2	1 015.7
2015-01	971.4	974.1	968.5	980.9	957.5	8.2	11.6	3.7	1 022.6	1 025.5	1 019.4	1 033.0	1 007.5
2015-02	967.7	970.5	964.5	980.4	955.5	8.6	12.0	3.0	1 018.4	1 021.5	1 014.6	1 033.1	1 004.4
2015-03	965.3	968.2	961.7	978.7	947.2	11.7	20.0	4.7	1 014.9	1 018.0	1 010.8	1 030.3	993.8
2015-04	961.9	964.6	958.1	976.2	940.9	14.7	25.0	6.5	1 010.5	1 013.5	1 006.2	1 026.8	986.9

（续）

时间（年-月）	气压日平均值月平均	气压日最高值月平均	气压日最低值月平均	气压月极大值	气压月极小值	水汽压日平均值月平均	水汽压月极大值	水汽压月极小值	海平面气压日平均值月平均	海平面气压日最高值月平均	海平面气压日最低值月平均	海平面气压月极大值	海平面气压月极小值
2015-05	957.6	960.2	954.2	969.8	949.1	17.4	25.8	6.0	1 005.4	1 008.4	1 001.4	1 018.3	995.3
2015-06	954.1	955.9	951.8	962.2	943.7	24.3	32.6	10.4	1 001.3	1 003.4	998.7	1 010.2	989.8
2015-07	954.9	956.5	952.7	961.2	949.9	25.5	33.1	17.6	1 001.9	1 003.8	999.0	1 008.8	995.6
2015-08	957.1	958.7	954.7	963.6	950.5	25.1	31.6	16.1	1 004.3	1 006.1	1 001.4	1 011.6	996.3
2015-09	961.7	963.6	959.5	972.1	954.0	22.2	32.0	13.0	1 009.7	1 011.7	1 007.3	1 020.6	1 001.3
2015-10	967.2	969.5	964.6	979.3	958.9	16.7	22.9	4.5	1 016.1	1 018.6	1 013.1	1 029.6	1 005.9
2015-11	967.5	970.0	964.8	979.9	958.4	13.5	17.3	6.6	1 017.3	1 020.0	1 014.2	1 030.6	1 007.3
2015-12	973.0	975.3	970.2	983.0	961.3	8.9	13.3	3.1	1 024.1	1 026.7	1 020.8	1 034.7	1 011.4
2016-01	971.6	974.5	968.3	993.6	961.3	7.6	11.1	1.5	1 023.0	1 026.2	1 019.2	1 047.0	1 011.1
2016-02	973.0	976.1	969.0	983.5	953.1	7.2	11.8	2.6	1 024.2	1 027.7	1 019.4	1 036.0	1 002.3
2016-03	965.4	968.2	962.1	978.8	954.0	11.3	16.5	4.5	1 015.1	1 018.2	1 011.3	1 030.1	1 001.3
2016-04	960.0	962.4	957.0	968.9	951.6	16.0	22.3	6.4	1 008.6	1 011.2	1 005.1	1 018.0	999.0
2016-05	958.5	961.2	955.2	974.0	948.9	17.6	26.5	7.3	1 006.6	1 009.5	1 002.7	1 023.1	995.1
2016-06	955.2	957.1	952.5	961.9	947.9	22.9	32.1	9.5	1 002.2	1 004.5	998.9	1 010.0	993.0
2016-07	952.7	954.4	950.7	958.9	945.5	28.3	36.4	18.1	999.4	1 001.2	997.0	1 006.5	990.6
2016-08	955.4	957.1	952.9	964.8	946.6	28.7	37.1	15.7	1 002.2	1 004.1	999.2	1 012.3	991.8
2016-09	962.1	963.9	960.0	971.7	953.1	22.3	27.6	14.4	1 010.2	1 012.1	1 007.7	1 020.9	999.5
2016-10	965.0	967.1	962.4	978.8	954.3	16.9	25.5	6.6	1 013.8	1 016.1	1 011.0	1 029.3	1 002.1
2016-11	969.8	972.5	966.7	981.0	958.4	12.1	18.3	4.7	1 020.0	1 022.9	1 016.4	1 032.4	1 007.0
2016-12	971.7	974.5	968.4	982.6	958.7	9.4	12.4	3.6	1 022.7	1 025.7	1 018.9	1 035.2	1 008.6
2017-01	970.8	973.3	967.7	980.9	957.5	8.2	12.1	3.2	1 021.9	1 024.6	1 018.1	1 033.2	1 007.4
2017-02	970.5	973.3	967.2	980.5	953.1	8.6	13.7	3.9	1 021.4	1 024.4	1 017.5	1 032.2	1 001.5
2017-03	966.5	969.0	963.3	978.2	958.2	10.7	15.8	3.9	1 016.6	1 019.3	1 013.0	1 028.8	1 007.8
2017-04	961.5	964.0	957.9	972.8	951.1	14.5	21.0	7.3	1 010.3	1 013.2	1 006.0	1 022.9	997.8
2017-05	960.9	963.2	957.7	973.3	951.6	17.2	25.2	9.1	1 008.9	1 011.6	1 005.2	1 023.1	998.6

（续）

时间（年-月）	气压日平均值月平均	气压日最高值月平均	气压日最低值月平均	气压月极大值	气压月极小值	水汽压日平均值月平均	水汽压月极大值	水汽压月极小值	海平面气压日平均值月平均	海平面气压日最高值月平均	海平面气压日最低值月平均	海平面气压月极大值	海平面气压月极小值
2017-06	956.0	957.7	953.7	962.2	948.9	23.4	30.2	15.7	1 003.6	1 005.2	1 000.7	1 010.8	994.8
2017-07	953.7	955.4	951.5	958.6	947.7	29.1	36.8	21.0	1 000.4	1 002.3	997.4	1 006.0	992.9
2017-08	954.3	956.1	952.1	962.2	946.7	27.8	36.8	17.9	1 001.1	1 003.0	998.4	1 010.0	992.4
2017-09	960.5	962.4	958.3	967.4	954.4	22.2	27.0	12.1	1 008.3	1 010.4	1 005.8	1 015.9	1 001.2
2017-10	967.9	970.1	965.5	977.9	957.0	16.7	23.6	10.2	1 017.2	1 019.4	1 014.5	1 028.0	1 003.7
2017-11	970.0	972.5	967.1	979.2	958.6	12.2	17.9	4.8	1 020.1	1 022.8	1 016.6	1 030.3	1 007.2
2017-12	973.5	976.6	970.0	986.8	962.9	7.4	11.2	2.8	1 024.8	1 028.1	1 020.7	1 040.0	1 013.1
2018-01	969.6	972.4	966.1	982.1	955.7	6.3	10.2	1.6	1 021.1	1 024.1	1 017.0	1 035.2	1 006.2
2018-02	969.7	972.9	966.0	983.4	957.0	7.2	12.1	2.3	1 020.7	1 024.2	1 016.4	1 034.8	1 005.3
2018-03	963.6	966.2	960.5	975.9	946.8	12.3	19.0	6.5	1 013.0	1 015.8	1 009.2	1 027.4	994.0
2018-04	961.3	964.2	957.1	980.6	948.9	14.8	22.0	4.5	1 009.8	1 013.2	1 004.7	1 031.7	995.1
2018-05	958.0	960.6	954.7	967.6	944.9	18.5	28.8	7.0	1 005.8	1 008.6	1 002.0	1 016.7	990.4
2018-06	955.0	956.8	952.6	965.2	946.9	23.6	33.4	12.1	1 002.3	1 004.4	999.4	1 013.9	993.2
2018-07	951.7	953.3	949.7	955.7	944.4	29.0	38.2	22.4	998.5	1 000.2	996.1	1 003.0	991.4
2018-08	954.1	955.8	951.7	958.6	949.3	28.1	34.1	17.5	1 000.8	1 002.7	997.9	1 006.0	994.8
2018-09	962.1	964.1	960.0	969.6	950.6	21.8	32.0	15.1	1 010.2	1 012.3	1 007.7	1 018.9	996.5
2018-10	969.2	971.2	967.0	975.8	962.1	15.7	19.9	10.5	1 018.6	1 020.8	1 016.0	1 025.8	1 010.5
2018-11	970.2	972.5	967.6	978.1	961.3	10.5	16.7	4.4	1 020.6	1 023.0	1 017.6	1 029.1	1 009.7
2018-12	972.6	975.1	969.8	984.3	959.9	8.3	13.3	4.8	1 024.0	1 026.7	1 020.8	1 037.3	1 009.2

表 3 - 46　盐亭站气温、露点温度、相对湿度和降水量自动观测月值数据

时间（年-月）	气温日平均值月平均/℃	气温日最高值月平均/℃	气温日最低值月平均/℃	气温月极大值/℃	气温月极小值/℃	露点温度日平均值月平均/℃	露点温度日最高值月平均/℃	露点温度日最低值月平均/℃	露点温度月极大值/℃	露点温度月极小值/℃	相对湿度日平均值月平均/℃	降水量月合计值/mm	降水量月极大值/(mm/h)
2009-01	5.2	9.8	2.2	14.9	-2.4	1.4	3.8	-1.0	7.0	-14.5	79.0	3.6	0.4
2009-02	10.4	15.0	7.0	23.0	3.3	5.7	7.6	3.6	10.9	-5.9	75.0	3.4	0.4
2009-03	12.4	18.1	7.6	27.7	-0.5	6.8	9.1	4.7	14.5	-8.5	73.0	18.4	1.4
2009-04	16.9	22.0	13.2	30.5	7.1	12.9	14.4	11.0	17.0	-1.1	79.0	58.6	4.2
2009-05	21.0	26.4	16.7	31.6	12.7	14.7	16.6	12.6	19.6	6.4	71.0	56.0	6.6
2009-06	24.5	30.5	20.1	37.1	15.3	19.1	20.9	16.7	26.6	11.6	75.0	83.8	22.0
2009-07	25.7	30.5	22.9	37.1	20.0	22.3	23.9	21.0	27.0	11.3	82.0	146.2	14.4
2009-08	25.2	30.7	21.7	35.8	17.2	21.3	23.5	19.9	25.6	13.0	81.0	181.4	19.6
2009-09	23.3	28.8	19.5	37.7	13.4	19.3	21.2	17.7	25.9	4.9	80.0	59.8	19.2
2009-10	17.8	21.8	15.2	29.8	10.9	15.0	16.6	13.5	20.2	0.9	85.0	64.4	6.8
2009-11	10.3	14.9	6.9	23.1	-0.2	7.4	9.2	4.9	16.5	-8.6	84.0	25.2	2.2
2009-12	7.6	11.3	4.9	17.5	-2.4	4.2	6.2	2.3	8.6	-12.6	81.0	3.2	0.6
2010-01	6.6	11.2	3.3	16.5	-1.9	3.6	5.9	1.4	8.2	-6.2	83.0	4.6	0.4
2010-02	7.6	12.1	4.4	21.5	-0.8	4.2	5.9	2.1	12.0	-6.0	80.0	5.6	0.4
2010-03	11.8	17.4	6.9	27.8	-0.5	6.2	8.9	3.6	13.3	-9.0	72.0	21.4	2.2
2010-04	14.4	19.9	11.3	29.4	6.1	10.5	12.5	8.0	17.0	-2.6	80.0	48.8	2.2
2010-05	20.0	24.9	16.5	33.2	12.8	16.0	17.8	14.0	22.1	3.7	80.0	91.4	12.4
2010-06	23.0	28.3	19.6	34.1	16.1	19.6	21.0	18.2	24.7	13.5	82.0	56.4	2.8
2010-07	—	30.2	23.2	35.7	19.8	—	24.5	21.6	26.4	15.3	—	76.0	32.4
2010-08	—	31.1	22.7	37.9	18.8	—	23.7	20.8	26.6	15.2	—	101.8	30.2
2010-09	23.0	28.1	19.7	36.6	14.7	19.9	21.5	18.4	25.6	11.7	84.0	89.8	5.8
2010-10	16.3	20.8	13.8	28.2	6.5	12.3	14.0	10.1	17.9	-0.3	79.0	37.4	2.2
2010-11	12.1	18.0	8.2	23.4	4.1	5.9	8.4	2.8	11.4	-10.5	68.0	1.0	0.2
2010-12	6.4	11.5	2.8	16.5	-4.7	-0.5	2.7	-3.4	8.3	-19.4	66.0	0.0	0.0
2011-01	2.3	5.7	-0.1	9.5	-4.1	-3.3	-1.0	-5.8	2.4	-17.4	69.0	23.6	1.0
2011-02	7.7	12.4	4.4	20.1	-1.9	1.8	3.6	0.0	7.9	-4.9	68.5	25.2	2.0

（续）

时间（年-月）	气温日平均值月平均/℃	气温日最高值月平均/℃	气温日最低值月平均/℃	气温月极大值/℃	气温月极小值/℃	露点温度日平均值月平均/℃	露点温度日最高值月平均/℃	露点温度日最低值月平均/℃	露点温度月极大值/℃	露点温度月极小值/℃	相对湿度日平均值月平均/℃	降水量月合计值/mm	降水量月极大值/(mm/h)
2011-03	9.6	14.1	5.8	19.4	0.8	0.8	3.9	-2.0	7.4	-17.3	58.8	16.2	1.6
2011-04	17.4	23.7	12.7	34.4	8.3	9.2	11.0	6.2	15.2	-1.9	63.0	12.6	1.4
2011-05	—	26.2	16.3	33.1	10.9	—	14.0	8.8	19.1	3.5	—	12.4	8.2
2011-06	—	29.6	20.3	35.9	16.7	—	18.0	13.7	22.2	9.2	—	73.6	13.0
2011-07	—	31.0	21.8	36.3	11.9	—	20.2	15.6	23.7	5.0	—	85.2	39.4
2011-08	27.0	33.9	21.8	37.8	17.4	18.2	20.5	15.1	23.0	10.8	62.5	56.8	7.0
2011-09	20.9	25.5	17.9	36.6	12.7	14.1	16.0	11.7	20.7	5.0	67.3	132.0	15.2
2011-10	17.0	21.3	14.3	26.8	7.8	10.8	12.6	8.2	16.5	-6.2	69.1	30.0	2.2
2011-11	—	—	—	21.5	9.7	—	—	—	13.6	-4.3	—	29.4	4.4
2011-12	6.5	10.1	4.0	16.3	-3.5	0.8	2.8	-2.1	5.6	-18.4	69.3	13.8	1.0
2012-01	4.5	7.4	2.6	12.9	-2.5	-0.2	1.4	-1.9	3.6	-10.3	69.0	24.0	1.0
2012-02	5.9	9.5	3.3	15.6	-2.1	0.0	1.6	-2.9	4.2	-11.5	68.5	14.4	0.8
2012-03	11.3	16.8	7.6	26.2	2.9	3.6	5.7	0.9	10.6	-9.8	58.8	10.4	1.6
2012-04	17.7	24.5	12.7	30.6	6.3	7.3	10.8	3.1	14.6	-9.4	63.0	9.2	2.6
2012-05	21.1	27.1	17.8	33.4	15.2	12.8	15.2	9.6	19.1	-2.7	—	87.4	9.0
2012-06	23.2	28.5	19.9	34.0	15.9	16.5	18.0	14.3	21.0	6.9	—	104.0	7.0
2012-07	25.6	30.3	22.6	35.8	19.5	19.7	21.2	17.9	22.9	11.9	62.5	247.0	29.8
2012-08	27.0	33.4	22.3	38.3	18.5	18.4	20.7	15.3	23.0	10.7	67.3	113.6	21.6
2012-09	21.2	26.4	17.8	32.4	14.2	14.3	16.4	11.3	20.4	1.8	69.1	228.4	62.6
2012-10	17.0	21.8	14.1	25.5	7.8	12.0	13.6	9.6	16.1	-2.9	—	62.0	3.6
2012-11	11.0	15.2	7.8	23.6	0.3	6.2	9.0	2.8	12.7	-8.0	69.3	6.4	0.8
2012-12	6.7	10.8	3.8	16.5	-5.6	3.1	5.2	0.7	8.9	-21.1	83.5	9.2	0.6
2013-01	4.9	11.1	0.8	18.3	-5.5	1.8	4.0	-0.4	9.0	-8.8	77.7	6.8	0.4
2013-02	9.4	14.9	5.4	21.0	1.4	5.2	7.2	3.2	10.9	-6.3	66.4	3.0	1.0
2013-03	15.6	23.0	9.8	28.2	2.9	8.0	10.6	4.8	14.3	-12.8		20.8	2.8

（续）

时间（年-月）	气温日平均值月平均/℃	气温日最高值月平均/℃	气温日最低值月平均/℃	气温月极大值/℃	气温月极小值/℃	露点温度日平均值月平均/℃	露点温度日最高值月平均/℃	露点温度日最低值月平均/℃	露点温度月极大值/℃	露点温度月极小值/℃	相对湿度日平均值月平均/℃	降水量月合计值/mm	降水量月极大值/（mm/h）
2013-04	18.6	26.0	12.3	33.3	4.0	10.9	13.4	7.8	19.7	-3.3	65.8	25.0	8.6
2013-05	21.6	27.8	16.9	36.1	12.0	15.9	18.0	13.5	23.2	4.7	74.6	123.8	9.2
2013-06	25.3	31.2	20.8	35.9	15.0	20.2	22.1	18.2	25.7	8.1	77.0	170.6	22.2
2013-07	27.0	32.3	23.6	37.3	21.2	23.4	25.4	21.7	27.5	14.7	82.3	23.2	19.0
2013-08	27.3	34.0	22.8	38.4	18.4	22.9	24.8	20.8	26.4	14.5	79.7	108.2	23.8
2013-09	21.2	26.0	18.4	32.3	13.5	18.4	19.9	16.8	23.4	11.8	86.0	184.2	24.0
2013-10	17.7	23.4	14.3	31.0	10.8	14.8	16.4	12.8	19.5	5.9	85.7	37.2	1.4
2013-11	11.9	16.7	8.9	22.2	0.1	9.1	11.1	6.8	15.0	-6.3	85.8	34.0	2.0
2013-12	6.0	11.8	2.2	18.9	-2.3	2.6	5.6	-0.4	11.5	-13.3	83.2	0.4	0.2
2014-01	5.8	11.6	1.4	19.8	-3.0	2.7	5.0	0.1	9.2	-8.5	84.3	5.0	0.4
2014-02	6.5	9.7	4.2	17.2	-1.8	4.3	5.8	2.9	10.4	-5.4	87.0	10.2	0.6
2014-03	11.9	17.5	8.0	25.9	4.1	8.3	10.3	5.8	16.3	-4.2	82.2	30.0	1.4
2014-04	18.3	24.4	13.7	29.7	7.7	13.3	15.4	11.1	18.5	2.7	76.1	51.6	25.0
2014-05	20.8	27.1	16.1	34.0	9.2	13.8	16.4	10.5	21.4	-0.5	68.8	35.2	4.4
2014-06	24.1	28.9	20.6	36.4	17.4	20.2	21.6	18.5	24.6	13.4	81.5	94.4	4.4
2014-07	27.6	34.6	22.5	39.0	20.0	21.6	23.1	19.4	26.0	13.7	73.5	13.8	3.0
2014-08	25.3	31.2	21.4	37.9	16.6	21.4	23.0	19.4	26.4	13.8	81.5	129.6	16.0
2014-09	22.0	25.8	19.4	31.4	15.2	19.7	21.2	18.1	24.7	12.6	88.6	246.1	27.6
2014-10	17.8	22.0	15.1	29.5	11.8	15.0	16.6	13.4	20.6	3.9	85.8	138.2	15.4
2014-11	12.1	15.4	9.7	21.7	4.6	8.8	10.6	6.7	12.7	-2.8	82.3	9.3	0.7
2014-12	6.0	10.7	2.2	15.2	-3.0	0.7	3.8	-2.4	9.2	-17.6	74.1	1.4	0.6
2015-01	6.6	10.8	3.4	16.9	-0.3	3.8	5.7	1.8	9.1	-6.8	84.7	11.6	1.2
2015-02	8.3	13.5	4.4	20.6	-1.2	4.5	6.7	2.0	9.7	-9.4	80.4	3.8	1.0
2015-03	13.8	19.3	9.6	27.7	3.0	8.9	10.6	6.9	17.5	-3.6	75.0	16.6	3.2
2015-04	18.2	24.9	13.0	33.2	7.7	12.5	14.8	9.9	21.1	0.9	73.0	71.8	13.6

（续）

时间（年-月）	气温日平均值月平均/℃	气温日最高值月平均/℃	气温日最低值月平均/℃	气温月极大值/℃	气温月极小值/℃	露点温度日平均值月平均/℃	露点温度日最高值月平均/℃	露点温度日最低值月平均/℃	露点温度月极大值/℃	露点温度月极小值/℃	相对湿度日平均值月平均/℃	降水量月合计值/mm	降水量月极大值/(mm/h)
2015-05	22.1	29.3	16.7	34.1	12.1	14.9	17.2	12.4	21.6	-0.2	67.5	64.4	9.0
2015-06	24.1	29.1	20.7	35.0	17.2	20.4	22.0	18.4	25.5	7.5	82.8	257.2	27.2
2015-07	26.1	32.6	21.1	36.4	19.0	21.4	23.2	19.4	25.8	15.5	78.3	40.8	12.8
2015-08	25.0	31.1	20.9	36.6	15.9	21.1	22.9	19.5	25.0	14.1	81.6	198.2	19.6
2015-09	21.5	25.7	19.1	34.1	15.2	19.1	20.6	17.5	25.2	10.8	87.6	227.6	18.4
2015-10	18.0	23.0	14.7	28.1	10.8	14.3	16.6	11.7	19.7	-4.3	82.3	51.2	4.0
2015-11	13.3	16.3	11.1	22.0	4.5	11.2	12.6	9.8	15.2	1.0	88.3	10.4	0.8
2015-12	7.6	11.9	4.8	18.1	-2.8	4.8	6.8	2.6	11.2	-9.1	84.9	10.0	0.8
2016-01	5.5	9.4	2.8	15.6	-7.0	2.1	4.2	0.0	8.5	-17.9	81.9	12.0	1.4
2016-02	7.1	13.9	2.4	22.6	-3.3	1.8	4.3	-1.0	9.5	-11.1	74.0	3.6	1.0
2016-03	13.2	18.8	9.1	25.3	3.2	8.5	10.8	6.0	14.5	-4.1	76.6	36.8	4.4
2016-04	17.9	23.5	13.4	30.0	7.6	13.9	15.9	11.6	19.2	0.6	80.2	65.2	8.4
2016-05	20.5	26.4	16.0	33.7	10.8	15.1	17.6	12.4	22.1	2.4	74.7	101.8	12.0
2016-06	25.7	32.0	20.4	36.9	14.8	19.5	21.5	17.6	25.3	6.3	72.0	24.2	8.0
2016-07	27.2	33.2	23.1	36.7	18.5	23.1	24.8	21.4	27.4	15.9	80.4	278.0	47.6
2016-08	27.2	33.7	22.9	38.6	18.0	23.3	25.1	21.5	27.7	13.7	81.7	91.4	17.4
2016-09	21.8	27.0	18.6	33.8	15.8	19.2	20.6	17.8	22.8	12.4	87.0	111.6	12.2
2016-10	17.9	22.3	15.2	32.9	9.1	14.5	16.2	12.7	21.5	1.2	82.6	38.2	5.2
2016-11	11.6	15.7	8.9	22.7	0.7	9.2	11.3	7.3	16.1	-3.5	87.0	17.6	1.8
2016-12	8.0	12.1	5.3	19.2	0.0	5.9	7.9	4.1	10.2	-7.2	89.0	4.8	0.4
2017-01	7.0	11.8	3.6	17.0	-1.3	3.9	6.0	1.6	9.8	-8.7	83.8	9.6	0.6
2017-02	7.8	12.5	4.1	19.1	-2.1	4.5	6.7	2.4	11.7	-6.2	82.7	33.4	4.2
2017-03	11.0	15.8	7.7	24.2	3.6	7.8	9.6	5.6	13.8	-6.0	83.4	38.0	4.2
2017-04	17.4	24.2	12.3	30.4	7.5	12.3	14.6	10.1	18.3	2.5	75.8	47.0	3.0
2017-05	21.2	28.1	15.7	33.4	11.0	14.9	17.0	12.0	21.3	5.6	71.8	49.8	7.0

（续）

时间 （年-月）	气温日平均 值月平均/℃	气温日最高值 月平均/℃	气温日最低 值月平均/℃	气温月 极大值/℃	气温月 极小值/℃	露点温度日平均 值月平均/℃	露点温度日最高 值月平均/℃	露点温度日最低值 月平均/℃	露点温度 月极大值/℃	露点温度 月极小值/℃	相对湿度日平均 值月平均/℃	降水量月 合计值/mm	降水量月极 大值/（mm/h）
2017 - 06	23.7	29.5	19.9	34.0	16.6	20.0	21.5	18.3	24.3	13.8	81.9	105.8	12.8
2017 - 07	27.9	34.4	23.1	38.2	20.7	23.7	25.2	21.9	27.6	18.3	79.7	99.8	19.6
2017 - 08	27.4	33.5	23.2	37.7	19.8	22.5	24.7	21.0	27.6	15.8	78.1	93.0	14.6
2017 - 09	22.3	26.9	19.3	32.9	14.1	19.2	20.3	17.4	22.4	9.8	84.1	31.0	4.2
2017 - 10	16.4	19.8	14.2	29.7	10.9	14.7	15.9	13.1	20.2	7.2	90.1	74.4	2.8
2017 - 11	12.6	17.5	9.4	24.4	2.2	—	11.6	7.9	15.8	-3.3	83.8	10.2	1.4
2017 - 12	6.8	12.7	2.8	18.1	-3.1	2.3	4.8	-0.8	8.6	-10.1	77.2	0.2	0.2
2018 - 01	4.6	10.2	0.4	15.8	-5.4	-0.2	2.2	-2.7	7.2	-16.8	75.0	8.6	0.6
2018 - 02	7.2	12.9	2.7	21.3	-3.0	1.8	4.0	-0.8	9.8	-12.9	72.6	11.6	2.2
2018 - 03	14.4	21.1	9.2	27.0	3.5	9.8	12.0	7.7	16.7	0.8	76.8	34.4	4.6
2018 - 04	18.7	26.1	12.5	32.2	5.6	12.3	14.9	9.8	19.1	-4.1	70.7	64.8	12.4
2018 - 05	22.0	28.0	17.3	35.4	13.7	15.8	18.1	13.4	23.5	1.9	71.9	69.4	17.2
2018 - 06	24.3	30.0	20.2	35.1	14.0	19.9	21.4	18.3	25.9	9.8	79.3	65.0	8.8
2018 - 07	26.6	31.9	23.3	37.5	20.9	23.5	25.2	22.1	28.2	19.3	84.4	143.0	32.8
2018 - 08	27.5	34.5	22.8	37.9	21.3	23.0	24.8	21.3	26.3	15.5	79.1	64.4	16.8
2018 - 09	21.8	26.1	18.6	36.8	14.4	18.7	20.1	17.1	25.2	13.2	84.3	74.0	5.2
2018 - 10	15.9	20.4	13.1	26.5	8.7	13.7	15.1	11.9	17.4	7.7	88.6	31.6	3.0
2018 - 11	10.3	14.7	7.4	24.4	2.1	7.5	9.4	5.5	14.7	-4.5	84.9	28.0	2.2
2018 - 12	6.2	9.2	4.1	16.1	-1.3	4.0	5.9	2.3	11.2	-3.2	87.7	35.2	0.8

单位：℃

表 3 – 47　盐亭站地表温度和土壤温度（5cm，10cm，15cm）自动观测月值数据

时间（年-月）	地表温度平均值月平均	地表温度月极大值	地表温度月极小值	5cm地温日平均值月平均	5cm地温月极大值	5cm地温月极小值	10cm地温日平均值月平均	10cm地温月极大值	10cm地温月极小值	15cm地温日平均值月平均	15cm地温月极大值	15cm地温月极小值
2009 – 01	6.4	29.8	−2.8	6.7	16.8	1.1	7.0	14.5	2.5	7.4	12.2	4.1
2009 – 02	12.1	39.8	2.2	11.5	23.7	6.5	11.6	21.1	7.7	11.6	18.3	8.4
2009 – 03	15.2	48.7	−0.2	14.2	29.2	4.1	14.2	26.0	5.8	13.9	22.9	7.3
2009 – 04	19.0	50.9	6.6	18.4	36.3	10.5	18.3	32.2	11.3	18.0	27.6	11.9
2009 – 05	23.9	56.3	12.1	22.6	38.4	15.1	22.4	34.7	16.0	21.9	30.6	16.7
2009 – 06	27.9	62.5	14.5	26.1	38.9	18.5	25.8	35.7	19.5	25.3	32.1	20.5
2009 – 07	28.2	59.1	20.2	27.3	43.9	21.1	27.1	39.5	21.7	26.7	35.2	22.3
2009 – 08	28.3	60.0	16.8	27.1	40.9	18.6	26.9	37.2	20.1	26.5	33.8	21.6
2009 – 09	26.0	62.5	13.4	25.0	41.6	15.2	25.0	38.2	16.7	24.8	34.7	18.2
2009 – 10	19.0	43.3	11.2	18.9	34.1	13.2	19.2	30.5	14.6	19.3	27.4	15.8
2009 – 11	11.8	35.1	1.1	11.9	26.8	3.4	12.4	23.9	4.9	12.8	21.1	6.6
2009 – 12	8.5	25.3	−2.0	8.7	18.5	1.2	9.1	16.3	3.1	9.5	14.2	5.0
2010 – 01	7.8	29.3	−1.5	7.8	20.0	1.1	8.2	16.7	2.8	8.4	13.7	4.5
2010 – 02	9.3	35.2	−0.5	9.1	25.5	1.3	9.3	21.7	2.6	9.4	18.1	4.1
2010 – 03	14.4	48.4	−0.2	13.6	31.0	3.5	13.6	27.2	5.6	13.5	23.1	7.5
2010 – 04	16.5	49.7	7.2	15.9	35.1	8.4	15.9	31.1	9.4	15.6	26.6	10.4
2010 – 05	21.8	49.9	13.2	21.2	38.3	14.8	21.1	34.5	16.0	20.8	30.3	16.7
2010 – 06	25.6	58.2	15.8	24.5	39.2	17.0	24.3	35.7	17.9	23.8	31.8	18.5
2010 – 07	—	52.4	19.2	—	40.1	21.6	—	36.8	22.7	—	33.3	23.1
2010 – 08	—	65.0	19.1	—	43.4	20.2	—	39.5	21.1	—	36.6	21.8
2010 – 09	25.2	50.0	15.4	25.0	41.6	16.2	25.0	38.2	17.4	24.8	34.6	18.6
2010 – 10	17.7	43.4	7.2	17.9	30.3	10.1	18.2	27.4	11.5	18.5	24.8	12.5
2010 – 11	13.6	37.6	3.5	13.6	25.5	6.6	13.9	22.4	8.4	14.2	19.9	10.0
2010 – 12	7.7	29.9	−4.6	8.1	18.9	0.3	8.6	16.4	2.0	9.1	14.8	3.8
2011 – 01	3.8	19.3	−4.9	4.4	12.4	0.3	4.9	10.0	1.7	5.3	8.6	2.9

（续）

时间（年-月）	地表温度平均值月平均	地表温度月极大值	地表温度月极小值	5cm地温日平均值月平均	5cm地温月极大值	5cm地温月极小值	10cm地温日平均值月平均	10cm地温月极大值	10cm地温月极小值	15cm地温日平均值月平均	15cm地温月极大值	15cm地温月极小值
2011-02	9.4	32.9	-0.6	9.1	22.9	2.1	9.2	19.9	3.3	9.2	17.0	4.3
2011-03	12.2	39.2	0.8	11.8	25.3	3.7	12.0	21.4	5.4	12.0	18.0	7.0
2011-04	21.4	62.0	8.4	19.3	38.2	9.5	19.1	34.3	10.2	18.5	30.5	10.9
2011-05	—	51.8	11.1	—	37.6	12.2	—	33.6	13.6	—	29.9	15.0
2011-06	—	63.0	15.7	—	41.3	18.0	—	37.3	19.0	—	33.8	19.7
2011-07	—	61.8	19.7	—	42.7	20.3	—	38.8	21.0	—	34.9	21.6
2011-08	33.5	67.9	17.3	30.6	42.4	19.4	30.3	39.8	20.9	29.7	36.9	21.7
2011-09	23.4	62.4	12.7	22.9	41.6	14.8	23.0	38.8	16.1	23.1	35.8	17.1
2011-10	18.7	46.3	7.5	18.5	29.7	10.6	18.8	26.2	12.4	18.9	23.6	14.0
2011-11	—	26.8	6.8	—	22.0	8.9	—	20.5	10.4	—	18.9	11.7
2011-12	7.8	24.4	-3.3	8.3	18.9	1.5	8.8	17.0	3.1	9.3	15.4	4.8
2012-01	6.1	22.8	-1.0	6.4	15.5	1.7	6.9	13.1	3.0	7.2	11.1	4.2
2012-02	7.4	23.7	-1.3	7.6	16.5	2.0	7.9	13.8	3.3	8.1	11.9	4.7
2012-03	13.5	44.1	2.3	12.9	29.6	5.1	12.9	25.7	6.1	12.7	22.0	6.9
2012-04	22.2	57.5	6.1	20.5	38.1	8.9	20.3	33.5	10.7	19.8	29.4	12.3
2012-05	23.6	54.9	14.6	22.7	37.3	16.4	22.7	33.8	17.1	22.4	30.0	17.7
2012-06	25.9	57.4	15.7	25.1	40.6	17.3	25.0	37.1	18.3	24.6	32.8	19.2
2012-07	27.5	55.1	20.2	27.0	44.5	21.4	26.9	40.5	22.2	26.5	36.7	22.7
2012-08	33.1	65.7	19.3	30.6	43.8	20.9	30.4	40.6	22.4	30.0	37.2	23.3
2012-09	23.3	55.3	14.5	22.9	38.3	16.7	23.0	35.0	18.2	23.1	31.7	19.1
2012-10	18.8	43.1	7.1	18.5	27.8	10.7	18.8	25.0	12.8	18.9	23.1	14.5
2012-11	12.3	38.4	-0.5	12.5	26.3	4.0	13.0	23.4	5.8	13.4	21.1	7.6
2012-12	7.9	29.8	-5.0	8.2	17.6	-0.7	8.6	15.2	1.1	9.1	13.3	2.8
2013-01	6.5	34.0	-5.4	6.3	18.0	-0.9	6.7	15.5	0.9	6.9	13.4	2.4
2013-02	11.7	38.7	0.9	11.0	23.6	4.6	11.1	20.1	6.3	11.1	17.0	7.6

（续）

时间 (年-月)	地表温度 平均值月平均	地表温度 月极大值	地表温度 月极小值	5cm 地温 平均值月平均	5cm 地温 月极大值	5cm 地温 月极小值	10cm 地温日 平均值月平均	10cm 地温 月极大值	10cm 地温 月极小值	15cm 地温日 平均值月平均	15cm 地 温月极大值	15cm 地 温月极小值
2013-03	19.0	52.6	1.0	17.4	32.6	6.5	17.2	28.3	8.5	16.8	24.3	10.0
2013-04	24.1	62.4	2.8	21.2	34.8	8.6	21.0	31.8	10.4	20.5	28.7	12.1
2013-05	24.9	60.7	11.2	23.6	40.7	15.2	23.5	37.1	16.5	23.1	33.4	17.2
2013-06	29.3	60.8	14.0	27.3	42.0	17.1	27.1	38.2	18.6	26.6	34.4	19.8
2013-07	30.4	66.5	21.7	28.9	42.7	22.5	28.7	39.5	23.0	28.2	36.0	23.4
2013-08	33.2	67.9	19.5	30.9	44.7	21.4	30.8	41.5	22.5	30.4	38.1	23.6
2013-09	23.1	53.1	14.3	22.8	36.4	15.7	23.0	32.8	16.7	23.0	29.9	17.7
2013-10	20.2	49.4	11.3	19.9	37.6	13.5	20.1	33.5	14.7	20.2	29.4	15.4
2013-11	13.1	28.5	-0.2	13.3	23.9	2.4	13.7	21.8	4.8	14.1	19.9	6.9
2013-12	7.9	32.3	-4.1	8.2	22.2	0.8	8.6	18.6	2.8	9.0	15.7	4.7
2014-01	7.2	33.3	-3.1	7.3	17.6	0.4	7.6	14.4	2.3	7.9	12.1	4.1
2014-02	7.7	27.4	-1.0	7.9	18.1	1.4	8.2	15.9	2.8	8.4	14.0	4.4
2014-03	13.8	41.8	4.0	13.4	29.9	6.4	13.4	25.8	7.4	13.3	21.6	8.0
2014-04	21.8	56.2	7.2	20.6	36.3	11.5	20.4	32.8	12.8	19.9	28.8	13.7
2014-05	25.0	62.0	11.0	23.4	41.1	13.0	23.2	37.2	14.5	22.7	33.6	16.0
2014-06	27.1	64.9	17.7	26.1	42.7	18.8	26.0	38.0	19.6	25.6	34.5	20.0
2014-07	33.9	68.8	19.4	31.8	52.9	21.2	30.9	43.7	22.1	30.2	39.0	22.6
2014-08	28.5	62.3	16.6	27.7	46.9	17.7	27.6	41.6	19.6	27.4	37.7	21.4
2014-09	23.3	44.1	15.3	23.4	40.8	16.6	23.4	32.3	18.3	23.4	29.2	19.3
2014-10	19.0	35.2	10.8	20.4	23.5	18.0	19.8	24.3	16.3	19.8	24.3	16.2
2014-11	13.0	26.2	6.0	15.4	18.6	13.9	14.3	17.7	11.8	14.3	17.7	11.7
2014-12	7.0	20.5	-2.3	10.6	14.6	8.4	9.0	13.5	5.7	9.1	13.5	5.7
2015-01	7.8	24.7	1.0	9.9	11.3	8.7	9.0	11.6	6.9	9.0	11.7	6.9
2015-02	9.7	30.5	-1.1	10.6	12.7	8.3	10.2	14.1	6.5	10.2	14.2	6.6
2015-03	16.4	39.8	3.3	14.8	20.1	11.0	15.2	23.2	9.3	15.3	23.3	9.3

（续）

时间（年-月）	地表温度平均值月平均	地表温度月极大值	地表温度月极小值	5cm地温日平均值月平均	5cm地温月极大值	5cm地温月极小值	10cm地温日平均值月平均	10cm地温月极大值	10cm地温月极小值	15cm地温日平均值月平均	15cm地温月极大值	15cm地温月极小值
2015-04	21.7	53.0	8.1	19.3	22.5	15.8	20.0	26.1	14.3	20.1	26.2	14.3
2015-05	26.8	50.3	13.1	22.9	25.3	20.9	24.1	29.6	19.8	24.2	29.8	19.8
2015-06	26.9	50.8	18.3	24.6	26.9	22.7	25.5	30.6	22.0	25.5	30.8	21.9
2015-07	30.7	52.3	19.6	27.3	30.1	24.2	28.6	33.9	23.7	28.7	34.1	23.7
2015-08	28.2	53.1	17.3	26.9	30.7	24.3	27.6	34.5	23.2	27.6	34.6	23.2
2015-09	22.2	42.5	15.7	23.6	26.6	21.8	23.5	29.3	20.7	23.5	29.3	20.7
2015-10	19.3	37.8	10.4	20.8	22.7	17.7	20.4	24.7	16.0	20.4	24.8	16.0
2015-11	14.1	27.3	4.4	16.7	18.1	14.1	15.8	18.5	11.9	15.8	18.5	11.9
2015-12	8.9	25.0	-2.4	12.4	15.2	9.7	11.0	15.5	6.9	11.0	15.6	6.9
2016-01	6.8	22.9	-5.8	9.9	11.9	7.2	8.7	12.2	4.3	8.7	12.2	4.4
2016-02	9.2	32.7	-3.5	10.1	12.7	8.2	9.7	15.4	6.4	9.7	15.4	6.5
2016-03	15.3	36.0	2.9	14.7	17.1	12.7	14.9	19.8	10.9	14.9	19.8	10.9
2016-04	20.1	42.5	8.0	18.5	21.6	16.0	19.4	25.8	15.5	19.4	25.9	15.5
2016-05	22.7	45.6	10.7	21.3	24.1	18.9	22.1	27.7	17.2	22.1	27.7	17.2
2016-06	30.1	52.5	14.8	26.2	29.8	22.4	28.0	34.0	22.7	28.1	34.0	22.7
2016-07	30.4	50.3	18.7	27.9	29.7	25.6	29.3	33.3	24.3	29.3	33.4	24.3
2016-08	30.8	52.3	18.8	29.3	32.6	25.1	30.4	36.3	23.5	30.4	36.3	23.6
2016-09	23.8	45.8	16.6	24.3	27.2	22.0	24.3	30.2	20.7	24.3	30.2	20.7
2016-10	19.6	44.8	9.4	21.1	26.0	16.7	20.6	29.0	14.6	20.6	29.1	14.5
2016-11	12.8	30.7	0.2	15.5	17.8	11.7	14.1	19.0	7.8	14.1	19.5	7.6
2016-12	8.9	26.3	-1.1	11.9	13.4	10.5	10.5	13.7	7.1	10.4	14.1	6.9
2017-01	8.7	28.7	-0.1	10.5	12.0	9.1	9.3	13.1	6.2	9.3	13.5	5.9
2017-02	9.8	35.0	-1.3	10.7	12.8	8.7	9.9	15.0	5.4	9.9	15.5	5.2
2017-03	13.1	34.5	4.8	13.0	24.1	7.3	12.7	21.4	8.3	12.6	19.6	8.8
2017-04	20.3	47.7	8.3	19.8	31.9	12.4	19.4	28.3	13.6	19.3	26.0	14.4

（续）

时间（年-月）	地表温度平均值月平均	地表温度月极大值	地表温度月极小值	5cm地温日平均值月平均	5cm地温月极大值	5cm地温月极小值	10cm地温日平均值月平均	10cm地温月极大值	10cm地温月极小值	15cm地温日平均值月平均	15cm地温月极大值	15cm地温月极小值
2017-05	25.3	57.1	11.9	24.1	39.0	14.8	23.4	35.2	15.3	23.0	32.1	16.0
2017-06	27.1	56.6	17.5	26.4	40.8	19.2	25.8	36.7	19.6	25.4	33.3	20.3
2017-07	33.3	60.0	21.8	31.8	46.1	23.4	31.1	42.6	23.7	30.6	39.9	24.3
2017-08	32.5	60.0	20.8	31.3	44.8	22.7	30.8	41.3	23.1	30.6	38.5	23.7
2017-09	24.4	51.2	14.8	24.4	38.0	18.0	24.2	34.9	18.7	24.3	32.5	19.5
2017-10	18.2	47.6	12.1	18.6	35.3	14.6	18.6	32.1	15.0	18.8	29.9	15.5
2017-11	14.4	32.7	3.5	14.9	24.5	7.2	14.9	22.5	8.2	15.1	21.2	9.3
2017-12	8.6	26.0	-1.7	9.3	18.7	2.3	9.4	16.7	3.6	9.7	15.5	5.1
2018-01	6.4	28.1	-3.1	6.9	16.4	0.9	6.9	13.9	1.9	7.2	12.2	3.2
2018-02	9.8	38.0	-2.2	9.6	24.1	2.3	9.3	20.9	3.0	9.3	18.6	4.1
2018-03	17.1	42.9	4.0	16.6	29.9	7.8	16.2	26.6	9.0	16.1	24.2	10.2
2018-04	22.9	56.4	7.1	21.6	36.6	10.8	21.0	32.3	12.0	20.7	29.5	13.4
2018-05	25.5	54.5	14.2	24.4	36.5	17.3	23.9	32.9	17.5	23.6	30.8	17.9
2018-06	28.2	60.0	14.7	27.1	40.6	18.2	26.6	36.7	19.3	26.3	33.9	20.6
2018-07	30.6	60.0	21.6	29.4	44.2	22.8	29.0	41.2	23.0	28.7	38.7	23.4
2018-08	33.6	60.0	22.1	31.9	44.3	24.4	31.3	41.0	25.2	30.9	38.5	26.0
2018-09	24.6	59.3	15.4	24.7	41.6	18.0	24.5	38.8	18.8	24.6	36.8	19.5
2018-10	18.0	33.8	8.9	18.4	27.0	12.5	18.4	24.0	13.9	18.6	23.4	15.2
2018-11	11.5	33.6	3.7	12.2	23.8	6.5	12.3	21.3	7.4	12.7	19.9	8.5
2018-12	8.4	22.2	0.6	9.1	18.3	2.7	9.2	16.4	3.5	9.6	15.3	4.6

表 3 - 48 盐亭站土壤温度（20cm，40cm，60cm，100cm）自动观测月值数据

单位：℃

时间（年-月）	20cm 地温日平均值月平均	20cm 地温月极大值	20cm 地温月极小值	40cm 地温日平均值月平均	40cm 地温月极大值	40cm 地温月极小值	60cm 地温日平均值月平均	60cm 地温月极大值	60cm 地温月极小值	100cm 地温日平均值月平均	100cm 地温月极大值	100cm 地温月极小值
2009 - 01	7.8	11.3	5.1	9.0	9.8	8.1	11.0	11.8	10.4	12.3	13.3	11.7
2009 - 02	11.7	17.0	8.7	11.7	13.7	9.5	12.3	13.2	10.8	12.8	13.3	11.8
2009 - 03	14.0	21.4	8.1	13.4	17.6	10.1	13.5	16.0	11.8	13.6	15.3	12.7
2009 - 04	18.0	25.6	12.4	17.0	19.6	13.5	16.4	17.8	14.4	15.9	17.1	14.7
2009 - 05	21.8	28.8	17.2	20.4	23.2	17.7	19.2	20.4	17.5	18.4	19.3	17.0
2009 - 06	25.1	30.4	21.1	23.4	25.7	21.3	21.8	23.3	20.3	20.6	21.9	19.3
2009 - 07	26.6	33.2	22.7	25.1	28.0	22.9	23.8	25.2	22.6	22.6	23.7	21.8
2009 - 08	26.4	32.3	22.4	25.3	27.8	23.4	24.6	25.4	23.8	23.8	24.2	23.5
2009 - 09	24.9	33.1	19.2	24.2	28.1	21.5	23.7	25.7	22.5	23.3	24.4	22.5
2009 - 10	19.6	26.3	16.6	20.0	23.7	18.2	20.7	22.9	19.3	21.0	22.6	19.8
2009 - 11	13.2	20.1	7.7	14.7	18.9	11.4	16.7	19.6	14.2	17.8	19.9	15.6
2009 - 12	9.9	13.6	6.1	11.3	12.7	9.4	13.3	14.3	11.9	14.5	15.6	13.3
2010 - 01	8.7	12.6	5.6	9.7	10.8	8.9	11.4	11.9	11.2	12.6	13.3	12.3
2010 - 02	9.6	16.8	5.1	10.1	13.0	8.1	11.3	12.3	10.5	12.2	12.5	11.7
2010 - 03	13.6	21.2	8.4	13.2	16.7	10.7	13.3	15.0	12.1	13.3	14.4	12.4
2010 - 04	15.6	24.0	11.1	15.0	19.4	13.1	14.8	17.2	13.8	14.6	16.2	14.0
2010 - 05	20.7	28.4	17.3	19.5	22.3	17.6	18.4	20.1	17.3	17.5	18.9	16.3
2010 - 06	23.7	30.0	19.0	22.2	25.1	19.6	20.9	22.5	19.6	19.9	21.2	18.9
2010 - 07	—	31.7	23.5	—	26.7	23.4	—	24.7	21.9	—	23.8	21.0
2010 - 08	—	35.3	22.4	—	30.6	23.5	—	27.4	24.0	—	25.5	23.7
2010 - 09	24.9	33.1	19.3	24.4	28.2	21.2	24.1	25.7	22.5	23.6	24.4	22.7
2010 - 10	18.8	23.9	13.3	19.6	21.6	15.8	20.8	22.4	18.0	21.2	22.7	19.2
2010 - 11	14.5	19.0	11.0	15.4	17.3	13.5	17.0	18.0	15.4	17.9	19.2	16.5
2010 - 12	9.5	14.4	4.9	11.1	14.1	8.6	13.3	15.4	11.3	14.7	16.5	12.9
2011 - 01	5.8	8.3	3.7	7.4	9.2	6.3	9.8	11.4	8.9	11.4	12.9	10.4

（续）

时间（年-月）	20cm地温日平均值月平均	20cm地温月极大值	20cm地温月极小值	40cm地温日平均值月平均	40cm地温月极大值	40cm地温月极小值	60cm地温日平均值月平均	60cm地温月极大值	60cm地温月极小值	100cm地温日平均值月平均	100cm地温月极大值	100cm地温月极小值
2011-02	9.3	15.9	5.0	9.4	12.9	7.0	10.3	12.3	9.1	11.1	12.2	10.4
2011-03	12.1	16.6	7.9	12.1	13.6	10.0	12.6	13.2	11.7	12.8	13.3	12.2
2011-04	18.3	29.0	11.4	16.7	23.1	12.4	15.5	19.8	12.7	14.8	17.9	12.8
2011-05	—	28.5	16.0	—	23.6	18.7	—	21.1	18.7	—	19.7	17.9
2011-06	—	31.9	20.2	—	26.4	20.6	—	23.8	20.0	—	22.2	19.4
2011-07	—	33.3	22.1	—	28.8	23.0	26.1	26.1	23.2	—	24.7	22.5
2011-08	29.5	35.6	22.3	27.7	30.9	23.5	26.1	27.9	24.1	24.7	25.9	23.6
2011-09	23.3	34.5	17.8	23.4	29.8	19.5	23.8	27.3	21.1	23.6	25.8	21.4
2011-10	19.2	22.8	15.0	19.6	21.2	17.3	20.4	21.3	18.8	20.7	21.4	19.5
2011-11	—	18.6	12.6	—	17.9	15.0	—	18.8	16.8	—	19.5	17.4
2011-12	9.8	15.1	6.0	11.5	15.1	9.5	13.8	16.8	12.2	15.1	17.4	13.5
2012-01	7.7	10.4	5.1	9.0	10.3	7.8	11.1	12.3	10.2	12.4	13.5	11.6
2012-02	8.4	11.4	5.6	9.2	10.3	8.4	10.7	11.1	10.4	11.6	11.8	11.4
2012-03	12.8	20.3	7.5	12.3	15.8	9.0	12.3	14.6	10.5	12.5	14.2	11.4
2012-04	19.6	27.5	13.3	18.1	21.8	15.0	16.8	19.2	14.6	16.0	17.8	14.2
2012-05	22.4	28.5	18.2	21.2	23.7	19.0	20.0	21.2	19.1	19.0	19.8	17.8
2012-06	24.4	31.2	19.9	23.0	26.0	20.5	21.7	23.3	20.2	20.5	21.8	19.4
2012-07	26.4	34.7	23.1	25.2	28.1	23.7	24.1	25.5	22.9	23.0	24.2	21.7
2012-08	29.9	35.6	24.0	28.3	30.8	25.4	26.6	27.8	25.4	25.1	25.9	23.9
2012-09	23.3	30.4	19.7	23.3	26.7	21.2	23.7	25.6	22.1	23.5	24.9	22.2
2012-10	19.2	23.3	15.4	19.7	22.2	17.6	20.5	22.2	19.3	20.8	22.2	19.8
2012-11	13.8	20.3	8.5	15.2	18.9	11.3	17.0	19.6	14.3	17.9	19.8	15.8
2012-12	9.5	12.8	3.9	11.0	12.2	7.3	13.2	14.3	10.0	14.5	15.8	11.8
2013-01	7.3	12.6	3.6	8.4	11.9	7.0	10.4	12.4	9.8	11.7	12.9	11.3
2013-02	11.3	15.8	8.5	11.3	13.2	10.3	12.1	13.0	11.3	12.5	13.0	11.9

（续）

时间 （年-月）	20cm 地温日 平均值月平均	20cm 地温 月极大值	20cm 地温 月极小值	40cm 地温日 平均值月平均	40cm 地温 月极大值	40cm 地温 月极小值	60cm 地温日平 均值月平均	60cm 地温 月极大值	60cm 地温 月极小值	100cm 地温日平 均值月平均	100cm 地 温月极大值	100cm 地 温月极小值
2013-03	16.7	22.5	10.8	15.7	18.2	12.2	15.1	16.9	13.0	14.7	16.1	13.0
2013-04	20.4	27.2	13.3	18.9	22.6	15.8	17.8	20.2	16.5	17.0	18.7	16.1
2013-05	23.1	31.6	17.8	21.8	25.6	19.1	20.6	22.2	19.4	19.4	20.7	18.7
2013-06	26.5	32.6	20.5	24.9	27.4	21.9	23.3	25.0	21.6	22.0	23.7	20.5
2013-07	28.1	34.4	23.8	26.7	29.2	24.7	25.5	26.7	24.7	24.3	25.1	23.7
2013-08	30.3	36.5	24.4	28.8	31.3	25.9	27.3	28.5	26.3	25.9	26.7	25.1
2013-09	23.3	28.8	18.6	23.5	26.1	21.0	23.9	26.3	22.3	23.7	25.7	22.0
2013-10	20.4	27.7	16.0	20.7	23.9	17.7	21.5	22.9	19.5	21.4	22.4	20.0
2013-11	14.5	19.3	8.2	15.8	18.1	12.1	17.6	19.5	15.1	18.3	20.0	16.3
2013-12	9.5	14.7	5.9	11.0	13.0	8.7	13.3	15.1	11.6	14.5	16.3	12.8
2014-01	8.2	11.5	5.2	9.2	10.4	8.2	11.1	11.6	10.3	12.1	12.8	11.1
2014-02	8.7	13.3	5.4	9.5	11.7	7.9	11.0	12.2	10.3	11.6	12.4	11.1
2014-03	13.4	20.2	8.6	13.0	16.3	10.0	13.1	15.1	11.4	12.9	14.3	11.7
2014-04	19.8	26.9	14.3	18.4	21.0	15.1	17.3	18.8	15.1	16.1	17.5	14.3
2014-05	22.6	31.8	17.0	21.0	24.9	18.5	19.7	21.7	18.6	18.4	19.7	17.5
2014-06	25.5	32.7	20.4	24.1	26.4	21.2	22.6	23.3	21.4	20.9	21.5	19.8
2014-07	29.9	36.9	23.1	27.7	30.7	23.3	25.4	27.7	22.8	23.3	25.2	21.4
2014-08	27.4	35.6	22.6	26.6	30.3	24.1	25.8	27.6	24.3	24.4	25.4	23.4
2014-09	23.5	28.0	20.1	23.5	25.6	21.8	23.6	24.6	22.6	23.0	23.5	22.2
2014-10	20.0	23.8	16.8	20.7	23.2	18.8	21.0	23.0	19.6	21.5	22.8	20.4
2014-11	14.6	18.0	12.5	16.0	19.0	14.8	16.9	19.6	15.7	18.3	20.3	17.1
2014-12	9.5	13.9	6.6	11.6	15.1	9.6	12.8	15.8	11.1	15.0	17.1	13.3
2015-01	9.3	11.4	7.5	10.5	11.4	9.7	11.3	11.9	10.9	13.0	13.3	12.8
2015-02	10.3	13.4	7.1	10.9	12.6	9.2	11.4	12.6	10.3	12.6	13.3	12.1
2015-03	15.1	22.2	9.9	14.4	18.7	11.7	14.2	17.7	12.2	14.2	16.4	13.1

（续）

时间（年-月）	20cm地温日平均值月平均值	20cm地温月极大值	20cm地温月极小值	40cm地温日平均值月平均值	40cm地温月极大值	40cm地温月极小值	60cm地温日平均值月平均值	60cm地温月极大值	60cm地温月极小值	100cm地温日平均值月平均值	100cm地温月极大值	100cm地温月极小值
2015-04	19.8	24.9	14.8	18.8	21.2	16.3	18.2	20.1	16.7	17.3	18.4	16.4
2015-05	23.8	28.1	20.4	22.1	23.8	20.7	21.2	22.6	20.1	19.7	20.7	18.4
2015-06	25.3	29.3	22.4	24.0	25.4	22.5	23.2	24.4	22.1	21.7	23.1	20.7
2015-07	28.3	32.6	23.9	26.4	28.5	24.1	25.4	27.2	23.8	23.7	24.9	22.9
2015-08	27.4	33.2	23.6	26.4	29.1	24.7	25.9	27.6	24.6	24.7	25.3	24.1
2015-09	23.5	28.2	21.1	23.7	25.9	22.1	23.7	25.3	22.4	23.6	24.6	22.5
2015-10	20.5	23.9	16.5	21.0	22.2	18.4	21.2	22.4	19.3	21.6	22.5	20.5
2015-11	16.0	18.1	12.6	17.2	18.4	15.1	17.9	19.3	16.3	19.0	20.5	18.0
2015-12	11.4	15.2	7.9	13.2	15.5	10.8	14.3	16.3	12.1	16.2	18.0	14.2
2016-01	9.0	11.9	5.3	10.6	12.1	8.4	11.6	12.7	9.8	13.6	14.2	12.1
2016-02	9.8	14.3	7.1	10.4	12.3	9.0	11.0	12.3	9.9	12.3	12.8	12.0
2016-03	14.9	18.7	11.5	14.5	16.2	12.3	14.4	15.5	12.3	14.4	15.0	12.9
2016-04	19.1	24.3	15.9	18.0	20.5	15.2	17.5	19.4	14.9	16.7	17.9	15.0
2016-05	21.9	26.4	17.8	20.8	22.5	19.5	20.2	21.1	19.4	19.1	19.6	17.9
2016-06	27.5	32.5	23.0	25.1	27.9	21.3	23.9	26.1	20.5	21.8	23.3	19.5
2016-07	28.9	32.0	24.9	27.1	28.3	25.3	26.0	27.1	24.5	24.1	25.1	22.7
2016-08	30.1	34.9	24.1	28.6	31.1	25.7	27.7	29.6	26.1	25.8	27.0	25.0
2016-09	24.3	29.0	21.2	24.3	26.3	22.6	24.3	26.1	22.8	24.2	25.9	23.0
2016-10	20.7	27.8	15.1	21.3	25.1	17.7	21.6	24.4	18.8	22.0	23.5	20.4
2016-11	14.5	18.5	8.8	16.2	18.1	13.1	17.1	18.8	14.5	18.7	20.4	16.7
2016-12	10.8	13.3	8.0	12.5	13.7	11.4	13.5	14.7	12.6	15.5	16.7	14.5
2017-01	9.6	12.6	7.0	11.0	12.2	10.1	11.9	12.8	11.2	13.7	14.5	13.1
2017-02	10.1	14.2	6.3	11.1	12.3	10.0	11.7	12.5	11.2	13.1	13.3	12.8
2017-03	12.6	18.2	9.3	12.7	15.2	10.2	12.8	14.6	8.7	13.5	14.4	8.8
2017-04	19.0	23.8	14.8	18.0	19.9	15.2	17.3	18.6	14.6	16.4	17.6	14.4

（续）

时间（年-月）	20cm地温日平均值月平均	20cm地温月极大值	20cm地温月极小值	40cm地温日平均值月平均	40cm地温月极大值	40cm地温月极小值	60cm地温日平均值月平均	60cm地温月极大值	60cm地温月极小值	100cm地温日平均值月平均	100cm地温月极大值	100cm地温月极小值
2017-05	22.5	29.0	16.7	21.0	23.8	18.1	20.0	22.0	18.2	18.7	20.1	17.7
2017-06	25.0	30.5	20.9	23.5	25.8	21.8	22.5	24.0	21.5	21.0	22.0	20.1
2017-07	30.0	37.0	24.7	27.8	31.1	25.0	26.1	28.3	24.0	23.7	25.2	22.0
2017-08	30.1	35.9	24.4	28.6	30.8	25.6	27.4	28.4	25.9	25.4	25.7	25.2
2017-09	24.3	29.9	20.5	24.2	25.7	22.3	24.1	25.8	22.7	23.9	25.3	23.0
2017-10	19.0	27.4	15.9	19.8	23.7	17.4	20.5	23.2	18.4	21.3	23.0	19.8
2017-11	15.4	20.1	10.5	16.5	18.7	13.4	17.4	18.8	14.9	18.8	19.8	17.1
2017-12	10.2	14.7	6.6	11.8	14.0	9.8	13.2	14.9	11.4	15.4	17.1	13.9
2018-01	7.6	11.1	4.5	9.2	10.3	7.6	10.5	11.4	9.3	12.8	13.9	11.9
2018-02	9.4	16.6	5.1	9.8	13.5	7.6	10.4	12.8	9.2	11.9	12.9	11.5
2018-03	15.8	21.7	11.1	15.1	17.7	12.8	14.7	16.5	12.8	14.4	15.8	12.9
2018-04	20.3	26.7	14.7	19.0	21.5	16.8	18.2	19.7	16.5	17.1	18.3	15.8
2018-05	23.3	28.6	18.3	22.0	23.9	19.1	21.0	22.1	19.3	19.6	20.6	18.3
2018-06	25.8	31.3	21.5	24.3	26.4	22.0	23.1	24.8	21.7	21.5	22.8	20.6
2018-07	28.3	36.0	23.8	26.9	30.2	24.4	25.6	27.7	24.0	23.7	25.1	22.8
2018-08	30.4	35.7	26.6	28.6	30.1	26.9	27.4	28.2	26.4	25.5	25.9	25.0
2018-09	24.7	34.7	20.1	25.0	30.3	21.7	25.0	28.4	22.5	24.6	26.1	23.0
2018-10	18.9	23.7	16.4	19.7	22.8	18.2	20.3	22.7	19.1	21.3	23.0	20.1
2018-11	13.1	19.1	9.6	14.7	18.5	12.5	16.0	19.0	14.2	18.0	20.0	16.4
2018-12	10.0	14.6	5.8	11.8	14.0	9.8	13.0	14.8	11.5	15.2	16.4	14.0

3.4.3 气象辐射自动观测

3.4.3.1 概述

自动气象辐射长期联网监测数据来自盐亭站综合气象要素观测场（YGAQX01），观测指标有总辐射、反射辐射、净辐射、紫外辐射以及土壤热通量和日照时数，数据为 2009—2018 年。

3.4.3.2 数据采集和处理方法

样地及设备信息详见 2.2.2。自动站每小时采集一次数据并保存，每天 24 小时生成一个日志文件（.log），可供下载。在室内用特定的数据处理系统生成系列报表，包括小时数据、日统计数据、月统计数据和年统计数据。

3.4.3.3 数据质量控制和评估

传感器每两年校正一次，更换后录入灵敏度，底层程序直接处理。每月下载数据，进行异常值剔除，转换为正规报表格式提交大气分中心，其中一个文件为观测日志文件，会记录本月观测数据的缺失情况。

3.4.3.4 数据

盐亭站气象辐射自动观测数据见表 3-49 和表 3-50。

表 3-49　盐亭站气象辐射自动观测总辐射、反射辐射、紫外辐射、净辐射总量月合计值与极大值

时间 （年-月）	总辐射总量 月合计值/ （MJ/m²）	总辐射月 极大值/ （W/m²）	反射辐射总量 月合计值/ （MJ/m²）	反射辐射 月极大值/ （W/m²）	紫外辐射总量 月合计值/ （MJ/m²）	紫外辐射 月极大值/ （W/m²）	净辐射总量 月合计值/ （MJ/m²）	净辐射月 极大值/ （W/m²）
2009 - 01	161.291	654.1	38.435	146.4	5.674	22.1	39.644	463.5
2009 - 02	193.925	969.9	41.024	148.8	7.240	29.8	79.574	731.1
2009 - 03	334.896	1 062.7	62.767	158.2	11.956	46.4	159.917	866.8
2009 - 04	321.262	1 089.0	60.921	183.5	12.970	46.3	169.225	888.2
2009 - 05	431.787	1 210.7	80.376	202.7	17.986	51.5	248.026	1 078.6
2009 - 06	289.173	1 082.0	—	378.1	17.474	57.6	224.495	1 054.8
2009 - 07	353.607	1 237.0	—		16.450	50.1	199.612	968.6
2009 - 08	403.931	1 285.0	—	245.9	18.054	55.3	235.387	1 013.3
2009 - 09	367.725	1 185.0	71.357	199.6	15.800	46.8	203.219	943.2
2009 - 10	217.939	982.0	44.037	183.4	9.508	41.2	90.117	766.5
2009 - 11	190.752	753.0	36.482	140.7	7.395	30.4	58.747	569.8
2009 - 12	155.897	696.0	29.794	118.9	6.121	27.9	36.296	485.7
2010 - 01	169.249	669.0	29.716	104.1	5.643	22.3	50.700	490.7
2010 - 02	170.426	815.0	30.897	135.1	6.427	27.5	60.495	592.6
2010 - 03	314.183	971.0	55.279	165.0	11.755	40.4	142.372	798.5
2010 - 04	293.973	1 228.0	54.062	200.2	12.661	51.5	153.604	899.7
2010 - 05	327.510	1 348.0	62.209	209.5	14.687	59.2	178.248	1 053.9
2010 - 06	360.575	1 362.0	67.687	211.0	16.574	57.8	200.299	1 059.4
2010 - 07	351.479	1 258.0	69.560	247.4	16.996	53.4	206.111	985.9
2010 - 08	442.698	1 221.0	81.584	224.4	19.637	52.0	250.947	1 029.1
2010 - 09	344.246	1 116.0	67.992	207.4	15.297	51.4	182.067	945.2
2010 - 10	231.415	1 072.0	46.811	188.3	10.189	41.0	92.774	770.1

（续）

时间 （年-月）	总辐射总量 月合计值/ （MJ/m²）	总辐射月 极大值/ （W/m²）	反射辐射总量 月合计值/ （MJ/m²）	反射辐射 月极大值/ （W/m²）	紫外辐射总量 月合计值/ （MJ/m²）	紫外辐射 月极大值/ （W/m²）	净辐射总量 月合计值/ （MJ/m²）	净辐射月 极大值/ （W/m²）
2010 - 11	240.368	820.0	44.851	163.2	9.055	33.4	71.564	567.1
2010 - 12	203.667	630.0	36.919	122.8	6.930	26.3	41.895	452.7
2011 - 01	173.626	630.0	33.371	102.5	5.982	27.0	28.110	442.5
2011 - 02	211.922	720.0	35.312	112.7	7.749	32.7	75.332	583.4
2011 - 03	236.990	928.0	41.827	173.5	9.310	39.2	88.074	754.0
2011 - 04	410.318	1 064.0	74.686	177.2	16.411	50.9	213.803	877.3
2011 - 05	543.485	1 207.0	100.201	210.4	22.030	61.2	301.029	1 022.4
2011 - 06	468.815	1 149.0	84.226	194.5	20.641	54.4	258.820	947.5
2011 - 07	461.891	1 210.0	83.594	180.7	20.044	52.2	255.976	1 018.3
2011 - 08	596.573	1 268.0	107.304	227.5	24.913	67.9	339.230	1 241.1
2011 - 09	292.689	1 121.0	53.432	178.5	13.401	53.6	132.373	910.1
2011 - 10	235.080	1 076.0	45.123	182.3	10.335	37.7	89.665	815.0
2011 - 11	—	809.0	—	144.0	—	35.5	—	621.7
2011 - 12	143.026	712.0	27.996	125.2	5.661	28.1	17.150	505.4
2012 - 01	143.421	651.0	25.306	88.8	5.862	26.9	19.882	492.3
2012 - 02	163.365	869.0	27.153	128.7	6.468	32.2	41.529	694.7
2012 - 03	285.178	1 029.0	44.875	171.9	10.977	43.7	121.288	819.9
2012 - 04	470.619	1 153.0	85.766	212.1	19.122	48.8	246.750	938.3
2012 - 05	401.135	1 278.0	72.688	226.3	17.425	55.7	203.260	1 033.4
2012 - 06	382.628	1 262.0	66.357	211.7	17.537	58.0	200.948	1 089.4
2012 - 07	376.790	1 339.0	68.127	238.8	18.304	68.2	196.795	1 104.5
2012 - 08	552.538	1 255.0	102.336	219.4	24.011	54.3	309.738	1 004.2
2012 - 09	347.264	1 186.0	62.712	205.8	15.646	55.7	162.682	1 005.6
2012 - 10	260.838	1 142.0	48.450	197.1	11.496	46.2	99.564	865.5
2012 - 11	181.209	920.0	35.716	169.0	7.562	32.1	48.531	589.6
2012 - 12	158.298	705.0	32.389	125.3	6.182	25.4	29.614	478.9
2013 - 01	213.683	659.0	38.366	118.2	7.421	29.4	61.235	471.7
2013 - 02	215.092	871.0	37.218	137.4	8.490	31.2	74.713	619.0
2013 - 03	407.676	1 106.0	70.031	182.9	14.981	42.1	185.437	777.0
2013 - 04	488.925	1 157.0	86.872	191.7	19.999	51.0	247.459	823.9
2013 - 05	474.033	1 379.0	81.482	212.1	20.800	59.1	247.826	1 016.4
2013 - 06	472.837	1 201.0	80.239	194.7	21.099	58.3	251.529	934.3
2013 - 07	437.349	1 302.0	82.818	242.2	20.524	61.3	244.304	1 010.1
2013 - 08	556.854	1 386.0	103.392	250.2	24.785	57.1	312.546	998.2
2013 - 09	284.757	1 098.0	56.363	201.3	13.280	52.7	132.083	913.1
2013 - 10	282.043	939.0	53.800	185.7	11.789	40.0	111.248	722.8
2013 - 11	189.635	870.0	38.471	155.7	8.053	34.8	55.313	620.9

（续）

时间 （年-月）	总辐射总量 月合计值/ （MJ/m²）	总辐射月 极大值/ （W/m²）	反射辐射总量 月合计值/ （MJ/m²）	反射辐射 月极大值/ （W/m²）	紫外辐射总量 月合计值/ （MJ/m²）	紫外辐射 月极大值/ （W/m²）	净辐射总量 月合计值/ （MJ/m²）	净辐射月 极大值/ （W/m²）
2013 - 12	203.103	723.0	43.461	133.5	7.435	27.9	49.322	450.7
2014 - 01	195.247	658.0	40.235	123.4	6.819	24.3	52.831	424.1
2014 - 02	115.125	733.0	21.999	123.0	5.034	28.1	25.826	524.2
2014 - 03	257.926	950.0	43.721	151.3	11.244	42.5	112.569	772.2
2014 - 04	422.199	1 228.0	77.160	201.5	18.576	52.7	218.412	900.3
2014 - 05	456.367	1 264.0	82.718	213.6	19.765	56.3	233.615	1 043.8
2014 - 06	360.099	1 412.0	62.652	202.7	17.339	59.8	179.374	1 094.1
2014 - 07	566.179	1 318.0	92.692	206.8	25.638	61.7	315.128	1 053.3
2014 - 08	432.341	1 264.0	78.285	224.1	20.215	56.6	242.821	1 086.7
2014 - 09	222.651	1 110.0	41.193	192.5	11.789	47.6	93.420	880.2
2014 - 10	238.519	1 200.0	43.126	193.0	12.280	53.0	99.559	940.0
2014 - 11	154.175	913.0	28.623	172.0	8.072	36.0	51.433	660.0
2014 - 12	176.930	674.6	35.339	136.7	8.044	25.4	42.508	457.6
2015 - 01	143.226	642.9	25.241	121.2	6.547	23.4	37.357	499.5
2015 - 02	181.942	794.6	30.226	135.8	7.972	31.1	66.659	576.0
2015 - 03	313.502	1 011.0	54.410	180.2	14.448	44.0	156.931	742.2
2015 - 04	473.583	1 229.3	89.828	219.0	22.332	59.3	242.709	850.5
2015 - 05	529.799	1 291.6	91.953	219.6	26.001	62.9	282.824	953.7
2015 - 06	386.531	1 270.8	64.028	207.5	20.829	60.5	210.647	912.3
2015 - 07	579.967	1 313.3	105.744	220.1	28.898	60.5	314.517	909.3
2015 - 08	480.236	1 274.6	90.508	240.0	24.817	56.9	258.291	903.0
2015 - 09	254.298	1 343.6	44.623	231.8	14.173	59.7	121.064	988.9
2015 - 10	273.415	1 001.9	54.044	193.2	13.413	46.0	121.869	725.8
2015 - 11	137.406	787.5	26.166	158.8	7.277	33.0	44.830	548.4
2015 - 12	164.474	718.4	29.051	139.5	7.861	27.7	41.219	525.6
2016 - 01	163.307	707.5	25.917	111.5	7.374	25.4	45.689	466.0
2016 - 02	262.834	874.6	41.810	132.7	11.139	33.9	96.754	623.9
2016 - 03	311.947	1 114.5	50.618	182.1	14.622	49.0	134.682	755.4
2016 - 04	385.176	1 246.6	69.568	214.6	19.835	58.2	185.495	834.3
2016 - 05	471.354	1 214.3	87.743	215.0	23.557	55.2	237.686	830.6
2016 - 06	554.472	1 327.2	100.681	226.0	28.400	63.3	292.995	902.2
2016 - 07	538.973	1 275.8	95.569	214.0	28.043	59.6	293.284	926.9
2016 - 08	569.769	1 275.8	105.296	225.1	29.017	60.5	314.464	947.7
2016 - 09	332.807	1 213.3	58.494	219.4	17.460	50.8	164.830	817.2
2016 - 10	243.433	1 074.8	41.922	182.0	12.422	51.3	104.967	742.9
2016 - 11	147.540	761.1	25.166	137.1	7.285	28.7	39.128	494.7
2016 - 12	140.572	636.4	23.643	109.4	5.932	22.6	36.239	377.0

（续）

时间 （年-月）	总辐射总量 月合计值/ （MJ/m²）	总辐射月 极大值/ （W/m²）	反射辐射总量 月合计值/ （MJ/m²）	反射辐射 月极大值/ （W/m²）	紫外辐射总量 月合计值/ （MJ/m²）	紫外辐射 月极大值/ （W/m²）	净辐射总量 月合计值/ （MJ/m²）	净辐射月 极大值/ （W/m²）
2017 - 01	177.511	671.3	27.331	103.6	7.600	24.8	45.885	422.0
2017 - 02	189.097	888.8	26.834	127.1	8.959	31.8	64.974	568.4
2017 - 03	265.827	1 069.3	38.436	160.5	13.271	47.1	110.216	724.5
2017 - 04	451.381	1 270.8	75.595	197.0	22.316	59.1	219.874	865.9
2017 - 05	507.225	1 308.7	90.142	219.7	24.726	62.8	253.937	887.1
2017 - 06	435.992	1 344.5	75.372	225.2	25.825	82.8	235.237	995.2
2017 - 07	632.117	1 447.3	113.902	250.0	42.089	87.6	377.608	979.2
2017 - 08	506.880	1 330.2	93.043	232.3	34.926	81.6	288.284	995.6
2017 - 09	292.340	1 221.5	54.690	219.9	21.309	74.8	145.689	910.4
2017 - 10	177.699	1 073.1	32.795	196.9	13.301	64.9	72.602	738.8
2017 - 11	213.433	940.6	38.518	169.6	12.966	42.8	84.899	640.9
2017 - 12	214.129	697.5	38.793	125.7	8.464	25.3	58.832	471.5
2018 - 01	204.571	755.4	36.046	126.4	8.332	27.4	50.517	472.0
2018 - 02	238.420	911.4	40.225	148.5	10.393	37.2	93.044	629.9
2018 - 03	345.256	1 002.7	64.454	181.3	16.567	46.6	162.966	774.6
2018 - 04	461.126	1 119.3	96.430	220.1	24.587	63.2	264.555	853.4
2018 - 05	437.018	1 116.9	90.386	226.5	25.743	67.4	270.538	899.6
2018 - 06	397.030	1 222.1	81.899	246.9	25.057	68.3	252.056	998.6
2018 - 07	381.601	1 170.4	79.427	241.2	25.115	65.6	254.932	996.3
2018 - 08	508.407	1 087.9	117.377	238.0	31.360	65.5	343.172	950.0
2018 - 09	263.530	1 158.8	56.318	244.8	17.455	60.7	150.979	919.9
2018 - 10	213.538	994.8	45.514	212.3	13.088	48.3	96.648	763.8
2018 - 11	143.400	721.1	31.341	163.6	8.433	38.8	46.166	526.2
2018 - 12	97.116	571.7	21.519	131.0	5.819	27.2	22.963	462.6

表 3 - 50　盐亭站气象辐射自动观测光量子型光合有效辐射和土壤热通量月合计值、极大值及日照情况

时间 （年-月）	光合有效辐射 总量月合计值/ [mol/(m²·s)]	光合有效辐射 月极大值/ [μmol/(m²·s)]	土壤热通量 总量月合计值/ （MJ/m²）	土壤热通量 月极大值/ （W/m²）	日照小时数 月值/h	日照分钟数 月值/min	日照量别 ≥60%时 日数月值/d	日照量别≤20% 时日数月值/d	日照百分率 月统计值/%
2009 - 01	347.603	1 212.8	-5.964	130.8	46	59	2	20	16
2009 - 02	405.415	1 606.5	9.787	174.8	59	11	3	17	20
2009 - 03	618.304	2 202.1	18.419	188.2	126	47	10	15	35
2009 - 04	635.837	2 188.1	17.177	222.5	80	15	5	20	20
2009 - 05	888.416	2 594.5	29.461	230.9	110	9	7	19	25
2009 - 06	898.249	2 793.3	28.544	192.3	105	24	5	17	24
2009 - 07	800.518	2 542.1	18.557	167.6	86	57	3	18	21
2009 - 08	887.675	2 614.5	23.142	249.2	108	24	6	17	26
2009 - 09	768.047	2 211.5	16.184	228.2	115	27	8	15	31
2009 - 10	494.467	2 046.9	-7.018	197.2	58	1	3	22	17

（续）

时间 （年-月）	光合有效辐射 总量月合计值/ [mol/(m² · s)]	光合有效辐射 月极大值/ [μmol/（m² · s）]	土壤热通量 总量月合计值/ （MJ/m²）	土壤热通量 月极大值/ （W/m²）	日照小时数 月值/h	日照分钟数 月值/min	日照量别 ≥60％时 日数月值/d	日照量别≤20％ 时日数月值/d	日照百分率 月统计值/％
2009 - 11	380.486	1 518.3	−16.658	158.2	68	59	4	18	23
2009 - 12	291.012	1 329.7	−13.340	137.5	47	53	4	22	16
2010 - 01	294.313	1 166.5	−5.660	151.1	62	27	3	18	19
2010 - 02	293.390	1 282.5	2.183	171.7	37	38	0	20	12
2010 - 03	580.333	2 020.4	7.199	163.3	116	3	10	17	31
2010 - 04	567.816	2 229.8	12.943	186.1	55	38	1	23	15
2010 - 05	723.352	2 692.3	16.185	214.9	76	46	4	20	18
2010 - 06	—	2 695.8	24.080	203.3	69	46	1	19	17
2010 - 07	—	2 411.2	26.289	249.9	85	37	3	19	20
2010 - 08	962.419	2 466.6	30.433	216.6	141	25	8	12	35
2010 - 09	744.994	2 178.1	12.187	187.7	112	29	5	11	30
2010 - 10	—	1 775.2	−10.556	171.3	63	27	2	19	18
2010 - 11	393.747	1 580.5	−9.722	115.1	93	39	5	14	29
2010 - 12	320.909	1 248.3	−16.115	103.4	95	30	0	21	13
2011 - 01	269.180	1 168.8	−18.711	119.0	44	35	3	23	13
2011 - 02	310.520	1 332.4	3.957	177.4	54	43	2	19	17
2011 - 03	363.582	1 689.9	6.654	225.1	62	2	0	26	8
2011 - 04	633.840	1 793.6	45.972	274.9	138	33	10	14	36
2011 - 05	846.313	2 272.3	37.023	254.0	153	54	7	11	37
2011 - 06	781.774	2 187.1	46.760	288.1	155	3	11	11	38
2011 - 07	820.531	2 293.8	31.864	256.3	131	57	5	11	29
2011 - 08	974.077	2 532.6	61.200	268.3	236	32	18	4	55
2011 - 09	479.080	1 983.2	3.024	238.5	71	28	3	21	19
2011 - 10	358.769	1 631.9	−1.899	204.2	56	52	2	22	16
2011 - 11	—	1 537.8	—	180.3	60	44	5	20	19
2011 - 12	204.278	1 170.4	−19.714	143.8	32	42	2	25	10
2012 - 01	197.509	1 014.1	−14.817	142.9	25	46	1	25	9
2012 - 02	220.960	1 198.3	−7.325	156.6	24	41	0	26	8
2012 - 03	382.243	1 638.8	17.691	213.1	84	9	7	19	23
2012 - 04	685.361	1 907.8	30.127	221.9	147	26	9	11	37
2012 - 05	618.837	2 116.6	22.067	264.8	95	13	3	18	22
2012 - 06	575.918	2 043.9	19.337	221.9	78	19	2	19	19
2012 - 07	607.587	2 334.1	14.736	273.8	77	39	4	22	17
2012 - 08	900.659	2 132.4	31.119	200.5	186	28	12	6	44
2012 - 09	563.643	2 120.4	−2.348	218.3	95	52	4	16	26
2012 - 10	465.618	1 889.6	−9.180	165.8	74	30	6	19	21
2012 - 11	327.926	1 581.5	−11.701	106.6	57	53	4	20	19

（续）

时间 （年-月）	光合有效辐射 总量月合计值/ [mol/(m² · s)]	光合有效辐射 月极大值/ [μmol/ (m² · s)]	土壤热通量 总量月合计值/ （MJ/m²）	土壤热通量 月极大值/ （W/m²）	日照小时数 月值/h	日照分钟数 月值/min	日照量别 ≥60%时 日数月值/d	日照量别≤20% 时日数月值/d	日照百分率 月统计值/%
2012 - 12	259.295	1 233.7	−12.068	75.2	62	19	6	20	21
2013 - 01	340.153	1 289.3	−6.030	96.7	94	50	9	17	30
2013 - 02	339.853	1 458.9	4.489	111.2	59	11	4	20	19
2013 - 03	640.057	1 861.7	20.315	158.6	154	8	12	9	42
2013 - 04	844.472	2 157.1	29.829	185.8	165	49	14	10	43
2013 - 05	873.809	2 564.7	17.422	193.2	148	7	8	15	35
2013 - 06	893.115	2 446.3	26.629	188.4	138	18	9	13	33
2013 - 07	762.976	2 323.8	21.110	180.8	107	49	4	18	24
2013 - 08	1 014.332	2 354.8	27.255	177.2	191	17	13	7	45
2013 - 09	494.501	2 055.4	−1.998	184.7	68	32	4	19	18
2013 - 10	467.420	1 769.3	−0.283	148.1	104	15	9	15	30
2013 - 11	297.628	1 303.4	−17.639	107.8	74	41	7	18	25
2013 - 12	295.792	1 177.9	−9.832	105.1	88	50	7	14	31
2014 - 01	270.503	998.4	−5.365	117.3	89	9	8	17	29
2014 - 02	164.596	868.3	−6.333	102.4	9	23	0	26	3
2014 - 03	348.349	1 263.1	6.028	152.2	51	23	2	24	14
2014 - 04	597.631	1 770.3	23.129	234.7	121	6	5	13	31
2014 - 05	655.999	2 045.0	30.116	227.0	121	41	2	10	28
2014 - 06	528.725	1 862.0	18.629	224.0	74	27	3	21	17
2014 - 07	964.206	2 614.3	47.192	229.9	173	26	9	10	41
2014 - 08	786.057	2 274.8	13.078	226.1	122	14	5	13	30
2014 - 09	396.730	2 067.0	−0.668	189.6	40	40	1	23	11
2014 - 10	494.763	2 496.0	−7.146	97.3	85	36	6	19	24
2014 - 11	307.106	1 700.0	−15.263	173.0	47	9	3	22	15
2014 - 12	311.746	1 115.0	−17.566	77.0	85	5	7	16	27
2015 - 01	247.885	1 011.4	−9.265	141.2	45	0	3	22	16
2015 - 02	302.617	1 251.9	−0.842	103.0	66	0	4	17	23
2015 - 03	516.226	1 665.5	17.270	133.8	89	41	4	15	25
2015 - 04	808.666	2 119.7	21.927	168.2	170	20	8	8	42
2015 - 05	929.942	2 205.3	27.785	152.3	170	7	5	7	37
2015 - 06	690.907	2 300.0	14.748	149.6	100	11	3	17	21
2015 - 07	1 063.607	2 272.0	38.834	182.9	215	18	15	6	47
2015 - 08	917.351	2 342.2	17.883	174.2	162	49	8	10	38
2015 - 09	492.254	2 454.1	−9.853	147.7	62	34	1	18	17
2015 - 10	505.537	1 792.5	−11.291	142.1	107	43	7	13	31
2015 - 11	257.510	1 394.5	−20.041	101.1	31	14	2	25	11
2015 - 12	302.464	1 278.2	−22.600	141.2	62	54	6	20	22

（续）

时间 （年-月）	光合有效辐射 总量月合计值/ [mol/(m² · s)]	光合有效辐射 月极大值/ [μmol/(m² · s)]	土壤热通量 总量月合计值/ （MJ/m²）	土壤热通量 月极大值/ （W/m²）	日照小时数 月值/h	日照分钟数 月值/min	日照量别 ≥60%时 日数月值/d	日照量别≤20% 时日数月值/d	日照百分率 月统计值/%
2016 - 01	280.433	1 114.8	−18.676	141.3	57	57	4	20	21
2016 - 02	415.463	1 272.3	6.618	156.7	110	59	9	11	38
2016 - 03	490.597	1 721.1	12.988	164.5	101	21	7	16	28
2016 - 04	637.287	1 993.9	12.973	151.1	95	13	5	15	23
2016 - 05	784.526	1 942.5	29.861	240.7	142	7	7	14	31
2016 - 06	978.754	2 198.2	61.115	308.0	181	48	4	7	38
2016 - 07	1 004.094	2 327.0	36.877	255.3	168	57	6	10	35
2016 - 08	1 068.353	2 381.4	40.746	294.3	216	21	12	5	49
2016 - 09	613.969	2 097.5	3.672	176.5	89	3	2	14	24
2016 - 10	398.781	1 679.2	−5.032	158.1	72	13	4	21	20
2016 - 11	216.780	1 005.7	−21.906	102.3	31	36	2	22	11
2016 - 12	160.035	639.4	−15.831	102.6	55	41	6	22	21
2017 - 01	176.861	552.6	−12.979	101.4	63	55	6	21	19
2017 - 02	176.535	734.9	−9.792	128.4	43	51	0	21	14
2017 - 03	248.190	1 042.6	1.904	186.6	57	4	2	22	15
2017 - 04	549.292	1 691.0	23.936	178.0	140	24	10	11	37
2017 - 05	770.257	1 994.3	35.855	208.5	172	23	12	11	42
2017 - 06	797.843	2 616.8	28.089	195.5	122	12	2	12	30
2017 - 07	1 219.870	2 694.5	49.411	208.9	256	31	22	3	62
2017 - 08	951.826	2 439.0	26.778	206.4	175	34	12	8	44
2017 - 09	532.151	2 126.3	3.126	179.0	73	30	5	21	20
2017 - 10	311.315	1 724.5	−18.299	154.9	31	0	1	24	9
2017 - 11	327.444	1 349.3	−16.337	104.7	76	39	4	14	26
2017 - 12	287.995	944.6	−13.703	106.8	118	58	12	10	42
2018 - 01	270.533	987.3	−17.261	117.1	104	3	10	14	34
2018 - 02	314.909	1 172.0	3.992	159.0	96	38	10	15	32
2018 - 03	477.105	1 373.3	16.843	203.5	156	0	12	9	42
2018 - 04	665.967	1 634.6	31.428	208.3	186	48	13	8	48
2018 - 05	671.337	1 698.2	32.247	215.9	165	23	9	11	38
2018 - 06	635.338	1 940.3	21.316	196.2	136	59	7	11	32
2018 - 07	633.492	1 919.5	22.203	189.7	138	8	4	12	31
2018 - 08	853.565	1 801.4	33.902	201.4	238	5	16	2	57
2018 - 09	446.675	1 882.7	−8.328	184.2	87	24	4	14	24
2018 - 10	357.553	1 485.7	−17.188	181.7	70	43	3	19	20
2018 - 11	233.788	1 078.3	−22.157	156.9	49	43	3	22	16
2018 - 12	151.114	890.9	−31.435	128.5	38	1	2	24	13

第4章

长期试验监测和研究数据

4.1 长期试验观测数据

4.1.1 万安小流域水文特征

4.1.1.1 概述

本数据集包括 2014—2016 年盐亭站万安小流域水文观测堰（YGAFZ23CLY_01）长期水文观测堰的日尺度观测数据，分别为：逐日平均流量（m³/s）、径流模数（m³/hm²）和逐日产沙模数（悬移质）（t/hm²）。

4.1.1.2 数据采集和处理方法

水位数据采用浮子式水位计进行水位测定（南京思摩特农业科技有限公司生产）。该浮子式自动水位传感器基于物理位移测定原理进行水位测定，其自动记录设备能保证数据连续性和仪器稳定性，即使发生暴雨时，气象条件恶劣，观测人员也能及时获得连续的水位数据。泥沙取样采用 ISCO 自动水沙采样仪，采集径流过程中样品回实验室测定泥沙含量。

（1）时段径流量计算

$$V = (Q_i + Q_{i+1})/2 \cdot \Delta t$$

式中，V 表示时段径流量（m³），Q_i 表示某观测时刻径流的流量（m³/s），Δt 表示两次观测之间的时间间隔（s）。

（2）时段产沙量计算

$$A = (Q_i \cdot a_i + Q_{i+1} \cdot a_{i+1})/(2 \cdot 1\,000)\Delta t$$

式中，A 为时段产沙模数（t），Q_i 为某观测时刻径流的流量（m³/s），a_i 为某观测时刻的含沙量（g/l），Δt 为两次观测之间的时间间隔（s）。

（3）逐日径流泥沙（悬移质）计算

①非洪水径流。即"常流水"情况，每5天进行径流泥沙取样测定，其中：平均流量（m³/s）为当日水位计测定的平均流量；平均含沙量（g/l）为平均每5日平均含沙量；径流总量（m³）为平均流量乘以1日的时间；产沙总量（t）为平均含沙量乘以径流总量；产沙模数（t/hm²）为年产沙总量除以流域面积。

②洪水径流。根据洪水过程观测和取样计算逐日径流泥沙，其中：径流总量（m³）为当日各时段流量累加之和；产沙总量（t）为当日各时段产沙量累加之和；平均流量（m³/s）为当日各时段流量采用面积包围法计算；平均含沙量（g/l）为产沙量总量除以径流总量；产沙模数（t/hm²）为年产沙总量除以流域面积。

4.1.1.3 数据质量控制和评估

（1）规范原始数据记录的质控措施

在水位计运行稳定的基础上，每年对水位计进行多次不同水位环境条件下的准确标定，此工作可在每次仪器维护时进行。水位校正过程中测量水位的方法：用钢尺垂直插入到围堰底部，测量三次水位，取其平均值为实际水位，将实测值与仪器中显示的水位进行比较。如果数据一致，则仪器正常，不需要进行矫正；如果不一样，则需要点击软件"配置"—"测量"，输入实际水位，依据经验流量公式计算获得流量数据。取样完成后，将取样品带回室内静置 12 小时以上（必要时添加 1~2 滴明矾溶液，加速沉淀），再缓慢倾倒上层清水，然后将稀泥移烧杯中，用洗瓶将样瓶内壁的泥沙颗粒冲洗并全部转移到烧杯中。把烧杯放入烘箱，在 105℃ 下烘至恒重，一般在 12 小时以上，注意样瓶与相对应记录烧杯的编号。取出烧杯，在干燥器中冷却至室温后用电子天平依次称量，在记录表中做好相应的记录。

（2）数据质量评估

在仪器自动观测基础上，加强人工观测每天定时 8 时观测实际水位数据，产流过程中记录高水位数据，利用高低水位实际观测数据对仪器自动观测数据进行校准，保证了流量观数据的可靠性。实验室泥沙测量中，按照规范进行操作，并做好原始记录。整体数据质量可靠。

4.1.1.4　数据使用方法和建议

小流域控制站日平均流量和逐日产沙模数长历史数据对于研究区域内社会经济发展下土地利用方式变更和植被覆盖变化对水土流失的作用具有重要意义。

4.1.1.5　数据

盐亭站万安小流域水文特征数据见表 4 - 1 至表 4 - 3。

表 4 - 1　2014—2016 年盐亭站万安小流域水文观测堰（YGAFZ23CLY_01）逐日平均流量

单位：m^3/s

年份	日期	1 月	2 月	3 月	4 月	5 月	6 月	7 月	8 月	9 月	10 月	11 月	12 月
	1	0.01	0.00	0.03	0.04	0.01	0.01	0.10	0.48	0.33	2.51	0.03	0.03
	2	0.01	0.00	0.04	0.04	0.00	0.01	0.06	0.41	0.26	1.01	0.03	0.03
	3	0.01	0.00	0.04	0.03	0.00	0.01	0.03	0.37	0.10	0.85	0.03	0.03
	4	0.01	0.00	0.04	0.04	0.05	0.02	0.02	0.40	0.08	0.77	0.03	0.03
	5	0.01	0.00	0.04	0.04	0.02	0.02	0.03	0.42	0.07	0.65	0.03	0.03
	6	0.01	0.00	0.04	0.04	0.01	0.01	0.08	0.36	0.07	0.62	0.03	0.03
	7	0.01	0.00	0.04	0.04	0.01	0.02	0.11	0.29	0.08	0.57	0.03	0.02
	8	0.01	0.01	0.05	0.04	0.01	0.02	0.34	0.38	0.08	0.61	0.03	0.02
	9	0.01	0.01	0.04	0.04	0.01	0.02	0.43	1.01	0.53	0.59	0.03	0.03
2014	10	0.01	0.01	0.04	0.07	0.02	0.37	0.40	0.49	0.45	0.45	0.03	0.03
	11	0.01	0.01	0.04	0.05	0.06	0.09	0.18	0.16	2.78	0.50	0.03	0.03
	12	0.01	0.01	0.04	0.12	0.06	0.29	0.08	0.06	0.84	0.36	0.03	0.03
	13	0.00	0.01	0.04	0.04	0.04	0.33	0.03	0.06	1.93	0.39	0.03	0.03
	14	0.00	0.01	0.04	0.04	0.17	0.02	0.03	0.04	1.13	0.35	0.03	0.03
	15	0.00	0.01	0.04	0.05	0.03	0.10	0.12	0.05	0.96	0.21	0.03	0.03
	16	0.00	0.01	0.04	0.04	0.05	0.07	0.10	0.07	0.94	0.36	0.03	0.02
	17	0.01	0.01	0.06	0.02	0.01	0.10	0.10	0.06	0.86	0.37	0.03	0.02
	18	0.01	0.01	0.03	0.20	0.02	0.01	0.14	0.14	1.15	0.24	0.03	0.03
	19	0.01	0.01	0.02	0.07	0.01	0.02	0.02	0.30	0.11	1.02	0.30	0.03	0.03
	20	0.00	0.01	0.01	0.06	0.01	0.02	0.14	0.08	0.75	0.37	0.03	0.03

（续）

年份	日期	1 月	2 月	3 月	4 月	5 月	6 月	7 月	8 月	9 月	10 月	11 月	12 月
	21	0.00	0.01	0.02	0.08	0.01	0.02	0.08	0.13	0.64	0.10	0.03	0.02
	22	0.00	0.01	0.04	0.10	0.01	0.01	0.03	0.08	0.59	0.06	0.03	0.02
	23	0.00	0.01	0.04	0.10	0.01	0.02	0.38	0.19	0.47	0.03	0.03	0.03
	24	0.00	0.01	0.04	0.10	0.01	0.07	0.11	0.09	0.57	0.03	0.03	0.03
	25	0.00	0.01	0.04	0.08	0.01	0.11	0.04	0.07	0.44	0.03	0.03	0.03
	26	0.01	0.01	0.04	0.06	0.01	0.16	0.05	0.21	0.49	0.03	0.01	0.03
2014	27	0.01	0.03	0.04	0.05	0.01	0.11	0.03	0.24	0.50	0.03	0.03	0.03
	28	0.00	0.04	0.03	0.05	0.01	0.08	0.15	0.14	0.42	0.03	0.03	0.03
	29	0.00		0.03	0.02	0.01	0.10	0.40	0.08	0.29	0.03	0.03	0.03
	30	0.00		0.05	0.01	0.01	0.07	0.43	0.09	0.36	0.03	0.03	0.03
	31	0.00		0.04		0.01		0.46	0.09		0.03		0.03
	平均	0.00	0.01	0.05	0.06	0.02	0.07	0.16	0.22	0.64	0.73	0.00	0.03
	最大	0.01	0.04	0.06	0.20	0.07	0.33	0.46	1.01	2.78	2.51	0.00	0.03
	最大日期	7 日	28 日	17 日	18 日	10 日	13 日	31 日	9 日	11 日	1 日	1 日	31 日
	最小	0.00	0.00	0.01	0.01	0.00	0.01	0.02	0.04	0.07	0.35	0.00	0.02
	最小日期	22 日	6 日	20 日	30 日	3 日	22 日	14 日	14 日	6 日	14 日	26 日	16 日
	1	0.00	0.03	0.02	0.06	0.01	0.05	0.05	0.09	0.08	0.92	0.34	0.09
	2	0.02	0.03	0.02	0.06	0.01	0.04	0.07	0.09	0.09	0.86	0.34	0.09
	3	0.02	0.03	0.01	0.04	0.01	0.04	0.09	0.09	0.10	0.92	0.34	0.08
	4	0.02	0.04	0.01	0.04	0.01	0.04	0.09	0.09	0.17	1.11	0.34	0.08
	5	0.02	0.04	0.02	0.04	0.01	0.03	0.08	0.07	0.10	0.98	0.26	0.04
	6	0.02	0.04	0.03	0.04	0.01	0.03	0.08	0.05	0.09	0.96	0.19	0.02
	7	0.02	0.04	0.03	0.03	0.01	0.03	0.08	0.57	0.09	0.91	0.17	0.02
	8	0.02	0.03	0.02	0.03	0.00	0.02	0.37	0.09	0.90	0.10	0.02	
	9	0.02	0.02	0.02	0.03	0.00	0.01	0.08	0.08	1.21	0.92	0.10	0.02
	10	0.02	0.02	0.02	0.02	0.00	0.01	0.07	0.08	2.85	0.49	0.11	0.01
	11	0.02	0.02	0.02	0.02	0.00	0.01	0.05	0.07	0.29	0.10	0.14	0.01
2015	12	0.02	0.02	0.02	0.02	0.00	0.02	0.05	0.06	0.13	0.10	0.15	0.01
	13	0.02	0.02	0.03	0.01	0.00	0.04	0.05	0.06	0.11	0.09	0.12	0.02
	14	0.02	0.02	0.02	0.01	0.05	0.04	0.07	0.05	0.10	0.09	0.11	0.01
	15	0.02	0.02	0.03	0.01	0.04	0.04	0.08	0.05	0.10	0.08	0.11	0.01
	16	0.02	0.02	0.03	0.01	0.05	0.03	0.06	0.05	0.11	0.07	0.10	0.01
	17	0.02	0.02	0.03	0.01	0.05	0.02	0.05	0.48	0.17	0.08	0.10	0.01
	18	0.02	0.02	0.03	0.02	0.06	0.02	0.08	0.19	0.12	0.07	0.10	0.01
	19	0.02	0.02	0.02	0.02	0.05	0.01	0.08	0.10	0.11	0.07	0.10	0.01
	20	0.02	0.02	0.02	0.01	0.05	0.02	0.07	0.09	0.10	0.07	0.10	0.01
	21	0.02	0.02	0.02	0.01	0.09	0.02	0.08	0.09	0.10	0.06	0.10	0.01
	22	0.02	0.02	0.02	0.01	0.08	0.02	0.09	0.08	0.11	0.09	0.10	0.01

（续）

年份	日期	1 月	2 月	3 月	4 月	5 月	6 月	7 月	8 月	9 月	10 月	11 月	12 月
	23	0.02	0.03	0.03	0.01	0.04	0.24	0.10	0.07	0.10	0.32	0.10	0.01
	24	0.02	0.03	0.02	0.01	0.04	0.10	0.10	0.07	0.10	0.34	0.09	0.01
	25	0.02	0.03	0.03	0.01	0.04	0.04	0.10	0.08	0.28	0.34	0.08	0.01
	26	0.02	0.03	0.03	0.01	0.04	0.04	0.10	0.09	0.98	0.34	0.08	0.01
	27	0.02	0.02	0.03	0.01	0.02	0.07	0.10	0.09	1.09	0.34	0.08	0.01
	28	0.02	0.02	0.03	0.01	0.02	0.06	0.09	0.07	0.99	0.34	0.09	0.01
2015	29	0.02		0.04	0.01	0.03	0.07	0.09	0.08	1.02	0.34	0.09	0.01
	30	0.02		0.04	0.01	0.02	0.05	0.09	0.08	0.98	0.34	0.09	0.01
	31	0.02		0.04		0.01		0.09	0.07		0.34		0.01
	平均	0.02	0.03	0.02	0.02	0.03	0.04	0.08	0.12	0.40	0.42	0.14	0.02
	最大流量	0.024 7	0.04	0.04	0.06	0.09	0.24	0.10	0.57	2.85	1.11	0.34	0.09
	最大日期	31 日	5 日	31 日	2 日	21 日	23 日	23 日	7 日	10 日	4 日	1 日	1 日
	最小	0.00	0.02	0.01	0.01	0.00	0.01	0.05	0.05	0.08	0.06	0.08	0.01
	最小日期	7 日	17 日	4 日	17 日	10 日	16 日	11 日	6 日	1 日	11 日	25 日	26 日
	1	0.08	0.08	0.08	0.07	0.06	0.09	0.41	0.10	0.04	0.07	0.03	0.01
	2	0.08	0.08	0.08	0.07	0.06	0.09	0.79	1.06	0.04	0.07	0.01	0.02
	3	0.08	0.08	0.08	0.07	0.06	0.09	0.46	0.10	0.04	0.07	0.01	0.02
	4	0.08	0.08	0.08	0.07	0.06	0.09	0.37	0.32	0.04	0.07	0.00	0.01
	5	0.08	0.08	0.07	0.07	0.06	0.08	0.56	0.33	0.04	0.06	0.01	0.01
	6	0.08	0.08	0.07	0.07	0.06	0.09	0.49	0.27	0.05	0.07	0.01	0.01
	7	0.08	0.08	0.07	0.07	0.06	0.08	0.58	0.27	0.04	0.06	0.01	0.01
	8	0.08	0.08	0.07	0.07	0.06	0.08	0.42	0.29	0.04	0.06	0.01	0.01
	9	0.08	0.08	0.07	0.07	0.06	0.08	0.44	1.64	0.04	0.06	0.01	0.01
	10	0.08	0.08	0.07	0.07	0.06	0.08	0.34	0.48	0.05	0.06	0.01	0.01
	11	0.08	0.08	0.08	0.07	0.06	0.08	0.50	0.05	0.04	0.07	0.01	0.01
2016	12	0.08	0.08	0.07	0.07	0.06	0.08	0.45	0.05	0.05	0.06	0.01	0.01
	13	0.08	0.08	0.07	0.07	0.08	0.08	2.28	0.05	0.05	0.06	0.01	0.01
	14	0.08	0.08	0.07	0.06	0.08	0.08	1.12	0.04	0.16	0.07	0.01	0.01
	15	0.08	0.08	0.07	0.06	0.08	0.09	0.35	0.06	0.06	0.07	0.01	0.01
	16	0.08	0.08	0.07	0.07	0.08	0.09	0.30	0.06	0.04	0.07	0.01	0.01
	17	0.08	0.08	0.07	0.07	0.08	0.09	0.26	0.05	0.03	0.08	0.01	0.01
	18	0.08	0.08	0.07	0.07	0.08	0.09	4.63	0.04	0.28	0.06	0.01	0.01
	19	0.08	0.08	0.07	0.07	0.08	0.09	0.29	0.04	0.28	0.06	0.01	0.01
	20	0.08	0.08	0.07	0.07	0.08	0.09	0.45	0.04	0.06	0.07	0.02	0.02
	21	0.08	0.08	0.07	0.07	0.08	0.09	0.26	0.03	0.05	0.08	0.02	0.02
	22	0.08	0.08	0.07	0.07	0.08	0.09	0.59	0.03	0.05	0.07	0.02	0.02
	23	0.08	0.08	0.07	0.07	0.08	0.09	0.16	0.03	0.06	0.07	0.02	0.02
	24	0.08	0.07	0.07	0.07	0.08	0.09	0.11	0.03	0.06	0.08	0.02	0.02

（续）

年份	日期	1月	2月	3月	4月	5月	6月	7月	8月	9月	10月	11月	12月
	25	0.08	0.07	0.07	0.07	0.08	0.09	0.10	0.03	0.06	0.07	0.02	0.02
	26	0.08	0.07	0.07	0.07	0.08	0.09	0.10	0.03	0.06	0.06	0.02	0.02
	27	0.08	0.08	0.07	0.07	0.08	0.09	0.10	0.03	0.06	0.05	0.02	0.02
	28	0.08	0.08	0.07	0.06	0.08	0.09	0.10	0.03	0.07	0.03	0.02	0.02
	29	0.08	0.08	0.07	0.06	0.08	0.09	0.11	0.03	0.07	0.02	0.02	0.02
2016	30	0.08		0.07	0.06	0.08	0.09	0.11	0.03	0.06	0.02	0.01	0.01
	31	0.08		0.07		0.09		0.92	0.04		0.02		0.01
	平均	0.08	0.08	0.07	0.07	0.07	0.09	0.59	0.18	0.07	0.06	0.01	0.01
	最大	0.08	0.08	0.08	0.07	0.09	0.09	4.63	1.64	0.28	0.08	0.03	0.02
	最大日期	31日	5日	1日	2日	31日	22日	18日	9日	18日	21日	25日	20日
	最小	0.08	0.07	0.07	0.06	0.06	0.08	0.10	0.03	0.03	0.02	0.00	0.01
	最小日期	7日	17日	4日	17日	4日	7日	28日	19日	17日	31日	1日	2日

表 4 - 2　2014—2016 年盐亭站万安小流域水文观测堰（YGAFZ23CLY_01）逐日产沙模数（悬移质）

单位：t/hm²

年份	日期	1月	2月	3月	4月	5月	6月	7月	8月	9月	10月	11月	12月
	1	0.00	0.00	0.00	0.00	0.00	0.00	0.00	0.01	0.00	0.17	0.00	0.00
	2	0.00	0.00	0.00	0.00	0.00	0.00	0.00	0.01	0.00	0.03	0.00	0.00
	3	0.00	0.00	0.00	0.00	0.00	0.00	0.00	0.00	0.00	0.02	0.00	0.00
	4	0.00	0.00	0.00	0.00	0.00	0.00	0.00	0.01	0.00	0.02	0.00	0.00
	5	0.00	0.00	0.00	0.00	0.00	0.00	0.00	0.01	0.00	0.01	0.00	0.00
	6	0.00	0.00	0.00	0.00	0.00	0.00	0.00	0.00	0.00	0.01	0.00	0.00
	7	0.00	0.00	0.00	0.00	0.00	0.00	0.00	0.00	0.00	0.01	0.00	0.00
	8	0.00	0.00	0.00	0.00	0.00	0.00	0.00	0.00	0.00	0.01	0.00	0.00
	9	0.00	0.00	0.00	0.00	0.00	0.00	0.00	0.01	0.03	0.01	0.00	0.00
	10	0.00	0.00	0.00	0.00	0.00	0.00	0.00	0.01	0.01	0.01	0.00	0.00
	11	0.00	0.00	0.00	0.00	0.00	0.00	0.00	0.00	0.27	0.01	0.00	0.00
2014	12	0.00	0.00	0.00	0.00	0.00	0.00	0.00	0.00	0.02	0.00	0.00	0.00
	13	0.00	0.00	0.00	0.00	0.00	0.00	0.00	0.00	0.15	0.00	0.00	0.00
	14	0.00	0.00	0.00	0.00	0.00	0.00	0.00	0.00	0.04	0.01	0.00	0.00
	15	0.00	0.00	0.00	0.00	0.00	0.00	0.00	0.00	0.03	0.00	0.00	0.00
	16	0.00	0.00	0.00	0.00	0.00	0.00	0.00	0.00	0.03	0.00	0.00	0.00
	17	0.00	0.00	0.00	0.00	0.00	0.00	0.00	0.00	0.02	0.00	0.00	0.00
	18	0.00	0.00	0.00	0.00	0.00	0.00	0.00	0.00	0.04	0.00	0.00	0.00
	19	0.00	0.00	0.00	0.00	0.00	0.00	0.00	0.00	0.03	0.00	0.00	0.00
	20	0.00	0.00	0.00	0.00	0.00	0.00	0.00	0.00	0.02	0.00	0.00	0.00
	21	0.00	0.00	0.00	0.00	0.00	0.00	0.00	0.00	0.01	0.00	0.00	0.00
	22	0.00	0.00	0.00	0.00	0.00	0.00	0.00	0.00	0.01	0.00	0.00	0.00
	23	0.00	0.00	0.00	0.00	0.00	0.00	0.01	0.00	0.01	0.00	0.00	0.00

（续）

年份	日期	1月	2月	3月	4月	5月	6月	7月	8月	9月	10月	11月	12月
	24	0.00	0.00	0.00	0.00	0.00	0.00	0.00	0.00	0.01	0.00	0.00	0.00
	25	0.00	0.00	0.00	0.00	0.00	0.00	0.00	0.00	0.01	0.00	0.00	0.00
	26	0.00	0.00	0.00	0.00	0.00	0.00	0.00	0.00	0.01	0.00	0.00	0.00
	27	0.00	0.00	0.00	0.00	0.00	0.00	0.00	0.00	0.01	0.00	0.00	0.00
2014	28	0.00	0.00	0.00	0.00	0.00	0.00	0.00	0.00	0.01	0.00	0.00	0.00
	29	0.00		0.00	0.00	0.00	0.00	0.01	0.00	0.00	0.00	0.00	0.00
	30	0.00		0.00	0.00	0.00	0.00	0.01	0.00	0.00	0.00	0.00	0.00
	31	0.00		0.00		0.00		0.01	0.00		0.00		0.00
	平均	0.00	0.00	0.00	0.00	0.00	0.00	0.00	0.00	0.03	0.01	0.00	0.00
	最大	0.00	0.00	0.00	0.00	0.00	0.00	0.01	0.03	0.27	0.17	0.00	0.00
	最大日期	2日	28日	17日	12日	11日	13日	31日	9日	11日	1日	1日	1日
	1	0.000	0.000	0.000	0.000	0.000	0.000	0.000	0.000	0.000	0.000	0.000	0.000
	2	0.000	0.000	0.000	0.000	0.000	0.001	0.000	0.000	0.000	0.000	0.000	0.000
	3	0.000	0.000	0.000	0.000	0.000	0.000	0.000	0.000	0.000	0.000	0.000	0.000
	4	0.000	0.000	0.000	0.000	0.000	0.000	0.000	0.000	0.000	0.000	0.000	0.000
	5	0.000	0.000	0.000	0.000	0.000	0.000	0.000	0.000	0.000	0.000	0.000	0.000
	6	0.000	0.000	0.000	0.000	0.000	0.000	0.000	0.000	0.000	0.000	0.000	0.000
	7	0.000	0.000	0.000	0.000	0.000	0.000	0.000	0.004	0.000	0.000	0.000	0.000
	8	0.000	0.000	0.000	0.000	0.000	0.000	0.000	0.000	0.000	0.000	0.000	0.000
	9	0.000	0.000	0.000	0.000	0.000	0.000	0.000	0.000	0.061	0.000	0.000	0.000
	10	0.000	0.000	0.000	0.000	0.000	0.000	0.000	0.000	0.196	0.000	0.000	0.000
	11	0.000	0.000	0.000	0.000	0.000	0.000	0.000	0.000	0.218	0.000	0.000	0.000
	12	0.000	0.000	0.000	0.000	0.000	0.000	0.000	0.000	0.000	0.000	0.000	0.000
	13	0.000	0.000	0.000	0.000	0.000	0.000	0.000	0.000	0.000	0.000	0.000	0.000
2015	14	0.000	0.000	0.000	0.000	0.000	0.000	0.000	0.000	0.000	0.000	0.000	0.000
	15	0.000	0.000	0.000	0.000	0.000	0.000	0.000	0.000	0.000	0.000	0.000	0.000
	16	0.000	0.000	0.000	0.000	0.000	0.000	0.000	0.000	0.000	0.000	0.000	0.000
	17	0.000	0.000	0.000	0.000	0.000	0.000	0.000	0.002	0.000	0.000	0.000	0.000
	18	0.000	0.000	0.000	0.000	0.000	0.000	0.000	0.005	0.000	0.000	0.000	0.000
	19	0.000	0.000	0.000	0.000	0.000	0.000	0.000	0.000	0.000	0.000	0.000	0.000
	20	0.000	0.000	0.000	0.000	0.000	0.000	0.000	0.000	0.000	0.000	0.000	0.000
	21	0.000	0.000	0.000	0.000	0.001	0.000	0.000	0.000	0.000	0.000	0.000	0.000
	22	0.000	0.000	0.000	0.000	0.000	0.000	0.000	0.000	0.000	0.000	0.000	0.000
	23	0.000	0.000	0.000	0.000	0.000	0.004	0.001	0.000	0.000	0.000	0.000	0.000
	24	0.000	0.000	0.000	0.000	0.000	0.001	0.001	0.000	0.000	0.000	0.000	0.000
	25	0.000	0.000	0.000	0.000	0.000	0.000	0.000	0.000	0.000	0.000	0.000	0.000
	26	0.000	0.000	0.000	0.000	0.000	0.000	0.000	0.000	0.000	0.000	0.000	0.000
	27	0.000	0.000	0.000	0.000	0.000	0.000	0.000	0.000	0.000	0.000	0.000	0.000

（续）

年份	日期	1月	2月	3月	4月	5月	6月	7月	8月	9月	10月	11月	12月
	28	0.000	0.000	0.000	0.000	0.000	0.000	0.000	0.000	0.000	0.000	0.000	0.000
	29	0.000		0.000	0.000	0.000	0.000	0.000	0.000	0.000	0.000	0.000	0.000
	30	0.000		0.000	0.000	0.000	0.000	0.000	0.000	0.000	0.000	0.000	0.000
2015	31	0.000		0.000		0.000		0.000		0.000			0.000
	平均	0.000	0.000	0.000	0.000	0.000	0.000	0.000	0.000	0.015	0.000	0.000	0.000
	最大	0.000	0.000	0.000	0.000	0.001	0.004	0.001	0.005	0.218	0.000	0.000	0.000
	最大日期	31日	5日	31日	2日	21日	23日	23日	7日	10日	4日	1日	1日
	1	0.00	0.00	0.00	0.00	0.00	0.00	0.00	0.00	0.00	0.00	0.00	0.01
	2	0.00	0.00	0.00	0.00	0.00	0.00	0.00	0.07	0.00	0.00	0.00	0.02
	3	0.00	0.00	0.00	0.00	0.00	0.00	0.00	0.00	0.00	0.00	0.00	0.02
	4	0.00	0.00	0.00	0.00	0.00	0.00	0.00	0.00	0.00	0.00	0.00	0.01
	5	0.00	0.00	0.00	0.00	0.00	0.00	0.00	0.00	0.00	0.00	0.01	0.01
	6	0.00	0.00	0.00	0.00	0.00	0.00	0.00	0.00	0.00	0.00	0.01	0.01
	7	0.00	0.00	0.00	0.00	0.00	0.00	0.00	0.00	0.00	0.00	0.01	0.01
	8	0.00	0.00	0.00	0.00	0.00	0.00	0.00	0.00	0.00	0.00	0.01	0.01
	9	0.00	0.00	0.00	0.00	0.00	0.00	0.06	0.04	0.00	0.00	0.01	0.01
	10	0.00	0.00	0.00	0.00	0.00	0.00	0.00	0.00	0.00	0.00	0.01	0.01
	11	0.00	0.00	0.00	0.00	0.00	0.00	0.00	0.00	0.00	0.00	0.01	0.01
	12	0.00	0.00	0.00	0.00	0.00	0.00	0.00	0.00	0.00	0.00	0.01	0.01
	13	0.00	0.00	0.00	0.09	0.00	0.00	0.15	0.00	0.00	0.00	0.01	0.01
	14	0.00	0.00	0.00	0.09	0.13	0.00	0.01	0.00	0.05	0.00	0.01	0.01
	15	0.00	0.00	0.00	0.00	0.00	0.00	0.00	0.00	0.03	0.00	0.01	0.01
2016	16	0.00	0.00	0.00	0.00	0.00	0.00	0.00	0.00	0.00	0.00	0.01	0.01
	17	0.00	0.00	0.00	0.00	0.00	0.00	0.00	0.00	0.00	0.00	0.01	0.01
	18	0.00	0.00	0.00	0.00	0.00	0.00	2.63	0.00	0.03	0.00	0.01	0.01
	19	0.00	0.00	0.00	0.00	0.00	0.00	1.01	0.00	0.03	0.00	0.01	0.01
	20	0.00	0.00	0.00	0.00	0.00	0.00	0.00	0.00	0.00	0.00	0.02	0.02
	21	0.00	0.00	0.06	0.00	0.00	0.00	0.00	0.00	0.00	0.00	0.02	0.02
	22	0.00	0.00	0.05	0.00	0.00	0.03	0.11	0.00	0.00	0.00	0.02	0.02
	23	0.00	0.00	0.00	0.00	0.00	0.03	0.02	0.00	0.00	0.00	0.02	0.02
	24	0.00	0.00	0.00	0.00	0.00	0.00	0.00	0.00	0.00	0.00	0.02	0.02
	25	0.00	0.00	0.00	0.00	0.00	0.00	0.00	0.00	0.00	0.00	0.02	0.02
	26	0.00	0.00	0.00	0.00	0.00	0.00	0.00	0.00	0.00	0.00	0.02	0.02
	27	0.00	0.00	0.00	0.00	0.00	0.00	0.00	0.00	0.00	0.00	0.02	0.02
	28	0.00	0.00	0.00	0.00	0.00	0.00	0.00	0.00	0.00	0.00	0.02	0.02
	29	0.00	0.00	0.00	0.00	0.00	0.00	0.00	0.00	0.00	0.00	0.02	0.02
	30	0.00		0.00	0.00	0.00	0.00	0.00	0.00	0.00	0.00	0.01	0.01
	31	0.00		0.00		0.00		0.28	0.00		0.00		0.01

（续）

年份	日期	1月	2月	3月	4月	5月	6月	7月	8月	9月	10月	11月	12月
	平均	0.00	0.00	0.00	0.01	0.01	0.00	0.14	0.00	0.01	0.00	0.01	0.01
2016	最大	0.00	0.00	0.06	0.09	0.13	0.03	2.63	0.07	0.05	0.00	0.02	0.02
	最大日期	31日	5日	1日	2日	31日	22日	18日	9日	18日	21日	25日	20日

表4-3　2014—2016年盐亭站万安小流域水文观测堰（YGAFZ23CLY_01）年度水文特征数据

项目	2014年	2015年	2016年
最大流量/（m³/s）	2.78	2.85	4.63
最大流量日期	9月11日	9月11日	7月18日
最小流量/（m³/s）	0.00	0.01	0.00
平均流量/（m³/s）	0.14	0.11	0.12
径流量/m³	4 450 667.5	3 553 264.2	4 167 350.6
径流模数/（m³/hm²）	3 600.86	2 874.8	3 371.6
径流深/mm	360.09	287.5	337.1
最大产沙模数/（t/hm²）	0.27	0.218	
最大产沙模数日期	9月11日	9月10日	
最小产沙模数（t/hm²）	0.00	0.000 0	
平均产沙模数（t/hm²）	0.003 4	0.001 4	
最大含沙量/（g/L）			2.634
最大含沙量日期			7月18日
最小含沙量/（g/L）			0.001
平均含沙量/（g/L）			0.016

4.1.2　不同坡度标准径流小区径流泥沙特征

4.1.2.1　概述

本数据集是在盐亭站不同坡度水土流失观测场（YGAFZ30CRJ_01）产生的，包括盐亭站2014—2016年1个长期标准径流观测小区的坡度（°）、年降雨量（mm）、年降雨侵蚀力［MJ·mm/（hm²·h）］、径流深（mm）、径流系数（%）、土壤流失量（t/hm²）数据。具体样地信息见2.3.5。

4.1.2.2　数据采集和处理方法

①采样准备：取样瓶、米尺、木棍、瓶式采样器、记录笔、记录表、记号笔。

②填写记录表。对照记录表填写好小区号、观测日期、观测人等项目。

③检查。雨季前检查小区边缘土壤是否过度冲刷或者淤积过高，雨季观测过程中随时检查集流池等是否有异常现象，主要侧重于有无溢流及漏水等现象发生，若有，做好相应的记录，并及时整改。

④对每个小区进行拍照，并记录照片编号。

⑤测量径流深度。打开池盖，将米尺垂直放入池中至池底，读取水面所在刻度值，填入记录表

中。每个集流池，应在不同位置测量水深 3 次。

⑥取样方法。用木棍搅动集流池中的水沙，使集流池底沉积的泥沙与上层水充分混合达到均匀，用瓶式采样器在集流池的不同深度取样，装入取样瓶中，记录瓶号。再次将泥沙和水样搅拌均匀，取样做好记录。每个集流池内取样 2 个样品。

⑦清洗径流池。打开集流池底阀，然后一边搅动，一边放出水沙，最后用清水将集流池冲洗干净。拧紧底阀，盖好池盖，进入下一个小区的取样工作。

⑧泥沙样品处理。将取样品带回室内，记录样瓶内水样体积，静置 12h 以上，缓慢倾倒上层清水，然后将稀泥移烧杯中，用洗瓶将样瓶内壁的泥沙颗粒冲洗并全部转移到烧杯中，把烧杯放入烘箱，在 105℃ 下烘至恒重，一般在 12h 以上，并注意样瓶与相对应记录烧杯的编号。

⑨称量。取出烧杯，在干燥器中冷却至室温后用电子天平依次称量，并在记录表中做好相应的记录。

⑩泥沙计算。公式如下：

$$泥沙质量＝（干土质量＋烧杯质量）－烧杯质量$$
$$单位体积径流含沙量＝泥沙质量÷样品体积$$

（11）径流量的计算。小产流事件发生径流量由集流桶收集时，径流量计算公式为

$$Q_1＝（\pi d^2）/4\times h_1$$

式中：Q_1 为集流桶产流量（m³）；d 为集流池直径（m）；h_1 为集流桶内径流深度（m）。

大产流事件发生时，径流由集流桶和径流池共同收集，径流量计算公式为

$$Q＝Q_1＋5.7\times h_2$$

式中：Q 为产流总量（m³）；Q_1 为集流桶产流量（m³）；h_2 为集流池内径流深度（m）。

4.1.2.3　数据质量控制和评估

（1）数据获取过程的质量控制

观测过程中，不定期清扫径流收集槽，平整径流小区出水端，径流收集池都用彩钢盖覆盖，保证径流量收集都是径流小区地表径流，对于小产流事件，采用不锈钢集流桶收集，减小了观测误差。

（2）数据质量评估

野外观测试验的误差来源主要在于样品采集过程，通过对观测设施的完善和观测方法的改进，保证了观测数据的真实可靠性。

4.1.2.4　数据使用方法和建议

径流小区为不同坡度对照小区，在相同其他条件下，研究坡度对次降雨过程产流产沙作用的作用将有利于揭示水土流失坡度因子的关键作用，并对区域耕地改造保护水土流失治理方式提供重要依据。对于水文和水土流失模型的径流曲线、初损系数等参数的确定提供重要参考。

4.1.2.5　数据

盐亭站不同坡度标准径流小区产沙产流特征数据见表 4-4。

表 4-4　2014—2016 年标准径流小区逐年径流泥沙特征

年份	小区号	坡度/°	降雨量/mm	降雨侵蚀力/[MJ·mm/（hm²·h）]	径流深/mm	径流系数/%	土壤流失量/（t/hm²）
2014	1	6.5	806.9	4 784.71	27.13	11.51	0.85
	2	6.5	806.9	4 784.71	36.85	15.64	1.06
	3	6.5	806.9	4 784.71	0.00	0.00	0.00
	4	10	806.9	4 784.71			

（续）

年份	小区号	坡度/°	降雨量/mm	降雨侵蚀力/[MJ·mm/（hm²·h）]	径流深/mm	径流系数/%	土壤流失量/（t/hm²）
	5	10	806.9	4 784.71	7.37	3.13	0.39
	6	10	806.9	4 784.71	4.25	1.8	0.10
	7	15	806.9	4 784.71	27.14	11.52	1.43
	8	15	806.9	4 784.71			
	9	15	806.9	4 784.71	8.16	3.46	0.26
2014	10	20	806.9	4 784.71			
	11	20	806.9	4 784.71	14.13	6.00	0.25
	12	20	806.9	4 784.71	13.56	5.76	0.85
	13	25	806.9	4 784.71	5.44	2.31	0.25
	14	25	806.9	4 784.71			
	15	25	806.9	4 784.71	6.58	2.79	0.40
	1	6.5	723.3	4 121.3	22.79	0.03	0.23
	2	6.5	723.3	4 121.3	19.08	0.03	0.40
	3	6.5	723.3	4 121.3	39.22	0.05	0.50
	4	10	723.3	4 121.3	58.83	0.08	0.96
	5	10	723.3	4 121.3	37.90	0.05	2.13
	6	10	723.3	4 121.3	24.91	0.03	0.82
	7	15	723.3	4 121.3	55.39	0.08	1.17
2015	8	15	723.3	4 121.3	48.76	0.07	1.55
	9	15	723.3	4 121.3	39.75	0.05	0.48
	10	20	723.3	4 121.3	62.54	0.09	0.81
	11	20	723.3	4 121.3	28.09	0.04	1.02
	12	20	723.3	4 121.3	36.84	0.05	0.76
	13	25	723.3	4 121.3	47.17	0.07	0.69
	14	25	723.3	4 121.3	23.32	0.03	0.47
	15	25	723.3	4 121.3	22.26	0.03	1.18
	1	6.5	865.5	6 576.6	84.01	0.10	1.23
	2	6.5	865.5	6 576.6	87.70	0.10	2.50
	3	6.5	865.5	6 576.6	111.80	0.13	5.38
	4	10	865.5	6 576.6	119.50	0.14	7.19
	5	10	865.5	6 576.6	98.50	0.11	6.36
	6	10	865.5	6 576.6	94.90	0.11	4.21
	7	15	865.5	6 576.6	105.60	0.12	6.84
2016	8	15	865.5	6 576.6	95.20	0.11	4.41
	9	15	865.5	6 576.6	95.30	0.11	5.01
	10	20	865.5	6 576.6	99.70	0.12	6.39
	11	20	865.5	6 576.6	82.50	0.10	5.87
	12	20	865.5	6 576.6	89.70	0.10	4.25
	13	25	865.5	6 576.6	106.30	0.12	8.18
	14	25	865.5	6 576.6	81.30	0.09	5.19
	15	25	865.5	6 576.6	94.90	0.11	9.52

4.1.3　紫色土旱坡地不同比例秸秆还田的土壤养分特征

4.1.3.1　概述

秸秆还田是提高土壤肥力和修复土壤的重要方式。该数据集产生于盐亭站轮作制度与秸秆还田长期观测采样地（R＋NPK）（YGAFZ02B00＿01），样地信息详见 2.2.4。

4.1.3.2　数据采集和处理方法

试验设计为坡地长期秸秆还田制度对土壤肥力的影响进行辅助监测，小区编号为 R2、R8 和 R22 分别代表的试验处理是 RMW1（玉米—小麦还田 100%）、RMW2（玉米—小麦还田 50%）和 RMW3（玉米—小麦还田 30%）。

每年小麦收获和玉米收获季采集小区 0～15 cm 层的土样进行处理和实验室内分析获得土壤养分数据。各指标测试分析方法均为国家标准和 CERN 规范方法。

4.1.3.3　数据质量控制和评估

每年两季采集样品，按照 CERN 观测指标体系及方法进行质控，数据每年均提交土壤分中心进行最后的质控和评估。

4.1.3.4　数据使用方法和建议

测定指标为采样深度（cm），有机质（g/kg），全氮（g/kg），速效氮（碱解氮）（mg/kg），有效磷（mg/kg），速效钾（mg/kg），缓效钾（mg/kg），水提 pH。

4.1.3.5　数据

盐亭站紫色土旱坡地不同比例秸秆还田的土壤养分特征见表 4－5。

表 4－5　2006—2010 年紫色土旱坡地不同比例秸秆还田的土壤养分特征

采样日期	小区编码	收获季	土壤有机质/(g/kg)	全氮/(g/kg)	速效氮/(mg/kg)	有效磷/(mg/kg)	速效钾/(mg/kg)	缓效钾/(mg/kg)	水提 pH
2006－05－20	R2	小麦收获	8.41		42.31	8.78	115.04		8.54
2006－05－20	R8	小麦收获	10.07		47.24	7.48	103.74		8.55
2006－05－20	R22	小麦收获	10.10		45.58	8.68	89.74		8.54
2006－09－26	R2	玉米收获	9.09		50.05	5.90	119.94		8.67
2006－09－26	R8	玉米收获	10.51		57.90	6.21	116.67		8.56
2006－09－26	R22	玉米收获	13.18		55.88	7.76	114.67		8.55
2007－05－20	R2	小麦收获	11.50	0.84	67.27	9.65	104.16	449.89	8.38
2007－05－20	R8	小麦收获	11.17	0.77	73.52	6.25	83.34	541.04	8.48
2007－05－20	R22	小麦收获	11.28	0.73	69.82	10.10	87.54	378.10	8.37
2007－09－26	R2	玉米收获	10.44	0.62	42.64	3.68	143.90	494.16	8.71
2007－09－26	R22	玉米收获	11.46	0.73	50.55	1.96	115.82	190.20	8.62
2008－05－31	R2	小麦收获			65.66	7.84	121.99		
2008－05－31	R8	小麦收获			73.13	8.08	109.35		
2008－05－31	R22	小麦收获			72.64	7.99	97.10		
2008－10－10	R2	玉米收获	12.67		100.38	9.50	188.47		8.53
2008－10－10	R8	玉米收获	11.84		84.51	4.57	165.46		8.49
2008－10－10	R22	玉米收获	11.57		55.91	7.13	141.02		8.42
2009－05－21	R2	小麦收获	13.68	1.01	68.42	11.93	220.15	712.28	8.16
2009－05－21	R8	小麦收获	12.54	0.92	73.13	14.62	166.94	599.84	8.13

（续）

采样日期	小区编码	收获季	土壤有机质/(g/kg)	全氮/(g/kg)	速效氮/(mg/kg)	有效磷/(mg/kg)	速效钾/(mg/kg)	缓效钾/(mg/kg)	水提 pH
2009 - 05 - 21	R22	小麦收获	12.56	0.80	64.26	13.09	165.89	500.26	8.06
2009 - 09 - 29	R2	玉米收获	14.05	0.94	56.81	11.89	181.65	651.91	8.58
2009 - 09 - 29	R8	玉米收获	15.86	1.03	76.02	15.17	170.80	663.04	8.40
2009 - 09 - 29	R22	玉米收获	14.94	0.87	67.55	11.51	141.96	577.34	8.11
2010 - 09 - 28	R2	玉米收获	14.60	1.06	82.07	11.98	168.10	630.39	8.48
2010 - 09 - 28	R8	玉米收获	15.60	1.04	76.75	12.18	141.77	656.34	8.34
2010 - 09 - 28	R22	玉米收获	13.53	0.89	62.75	12.13	125.48	590.81	8.06

4.1.4　2013—2015 年川中丘陵区桤柏混交林林地凋落物月动态监测

4.1.4.1　概述

桤柏混交林是长江上游亚热带丘陵区防护林的主要林种，也是该区域最重要的景观之一，开展该林型的凋落物的监测，对于研究这种森林生态系统的生产力及对林下土壤肥力影响研究很重要的指标。

4.1.4.2　数据采集和处理方法

该数据集产生于盐亭站人工桤柏混交林林地辅助观测场（YGAFZ06），样地详细信息见 2.2.6。在样地内的坡上、坡下以及中央布设五个 1 m 见方的收纳框，每月 13 日收集落入框内的凋落物，带回实验室进行叶、茎和果的分拣，然后称重并记录，单位为 g。

4.1.4.3　数据质量控制和评估

每月定时收集，分拣仔细，记录清晰，数据可靠真实。

4.1.4.4　数据

2013—2015 年川中丘陵区桤柏混交林林地凋落物月动态监测数据见表 4 - 6。

表 4 - 6　2013—2015 年川中丘陵区桤柏混交林林地凋落物月动态

单位：g

采集日期	样点号	叶	茎	果实	采集日期	样点号	叶	茎	果实
2013 - 01 - 13	N1	6.61	17.55	2.26	2013 - 03 - 13	N5	7.40	0.38	0.00
2013 - 01 - 13	N2	6.25	10.31	2.57	2013 - 04 - 13	N1	65.84	39.49	4.73
2013 - 01 - 13	N3	11.45	5.09	2.81	2013 - 04 - 13	N2	35.99	20.14	0.00
2013 - 01 - 13	N4	15.21	7.90	0.00	2013 - 04 - 13	N3	79.57	19.22	9.36
2013 - 01 - 13	N5	5.04	4.76	0.00	2013 - 04 - 13	N4	77.73	38.05	3.48
2013 - 02 - 13	N1	6.76	0.00	0.00	2013 - 04 - 13	N5	43.98	23.89	1.48
2013 - 02 - 13	N2	4.64	0.00	0.00	2013 - 05 - 13	N1	40.01	4.17	0.00
2013 - 02 - 13	N3	7.45	0.00	0.00	2013 - 05 - 13	N2	35.26	1.35	0.00
2013 - 02 - 13	N4	13.11	0.97	0.00	2013 - 05 - 13	N3	55.47	3.15	0.00
2013 - 02 - 13	N5	0.00	0.00	0.00	2013 - 05 - 13	N4	48.65	1.97	0.00
2013 - 03 - 13	N1	3.05	1.16	0.00	2013 - 05 - 13	N5	47.32	1.18	0.00
2013 - 03 - 13	N2	2.28	1.32	1.99	2013 - 06 - 13	N1	77.33	7.80	0.00
2013 - 03 - 13	N3	2.56	0.00	0.00	2013 - 06 - 13	N2	61.23	11.79	0.00
2013 - 03 - 13	N4	3.36	1.00	0.00	2013 - 06 - 13	N3	109.13	11.85	6.93

（续）

采集日期	样点号	叶	茎	果实	采集日期	样点号	叶	茎	果实
2013 - 06 - 13	N4	98.03	6.30	0.00	2014 - 02 - 13	N3	1.71	0.00	0.00
2013 - 06 - 13	N5	50.17	3.76	0.00	2014 - 02 - 13	N4	0.51	0.00	0.00
2013 - 07 - 13	N1	19.67	10.42	0.00	2014 - 02 - 13	N5	1.00	0.00	0.00
2013 - 07 - 13	N2	21.44	2.82	5.66	2014 - 03 - 14	N1	0.35	3.89	0.00
2013 - 07 - 13	N3	20.53	11.92	4.33	2014 - 03 - 14	N2	0.17	0.00	0.00
2013 - 07 - 13	N4	19.88	20.17	0.00	2014 - 03 - 14	N3	0.52	0.00	0.00
2013 - 07 - 13	N5	14.55	2.98	0.00	2014 - 03 - 14	N4	0.05	0.00	0.00
2013 - 08 - 13	N1	39.02	8.98	0.00	2014 - 03 - 14	N5	0.17	4.79	0.00
2013 - 08 - 13	N2	31.07	30.29	3.23	2014 - 04 - 13	N1	18.07	13.31	0.00
2013 - 08 - 13	N3	31.42	28.01	2.62	2014 - 04 - 13	N2	15.36	6.13	0.00
2013 - 08 - 13	N4	29.90	20.47	2.82	2014 - 04 - 13	N3	25.90	12.28	0.00
2013 - 08 - 13	N5	21.47	19.89	2.88	2014 - 04 - 13	N4	13.51	7.01	0.00
2013 - 09 - 13	N1	17.48	4.38	0.62	2014 - 04 - 13	N5	14.92	13.99	0.00
2013 - 09 - 13	N2	13.83	5.07	0.00	2014 - 05 - 13	N1	48.41	0.96	0.00
2013 - 09 - 13	N3	9.30	35.83	0.00	2014 - 05 - 13	N2	34.08	0.00	2.23
2013 - 09 - 13	N4	8.02	2.05	1.77	2014 - 05 - 13	N3	49.36	0.00	0.00
2013 - 09 - 13	N5	6.46	8.88	0.43	2014 - 05 - 13	N4	44.71	4.87	0.00
2013 - 10 - 13	N1	7.60	1.58	0.00	2014 - 05 - 13	N5	32.72	71.87	0.00
2013 - 10 - 13	N2	3.58	0.61	0.00	2014 - 06 - 13	N1	48.93	0.00	4.04
2013 - 10 - 13	N3	2.57	5.01	2.07	2014 - 06 - 13	N2	50.80	0.00	1.78
2013 - 10 - 13	N4	3.37	4.91	0.42	2014 - 06 - 13	N3	74.79	0.00	1.59
2013 - 10 - 13	N5	2.69	3.35	0.77	2014 - 06 - 13	N4	71.97	0.00	1.47
2013 - 11 - 13	N1	3.83	0.00	0.20	2014 - 06 - 13	N5	49.03	0.00	1.47
2013 - 11 - 13	N2	2.88	0.00	0.00	2014 - 07 - 13	N1	44.54	0.00	8.06
2013 - 11 - 13	N3	4.05	0.00	0.00	2014 - 07 - 13	N2	34.91	0.00	4.93
2013 - 11 - 13	N4	3.87	0.00	0.00	2014 - 07 - 13	N3	54.11	0.00	6.57
2013 - 11 - 13	N5	1.29	0.00	0.00	2014 - 07 - 13	N4	41.99	0.00	0.00
2013 - 12 - 13	N1	9.02	3.54	0.00	2014 - 07 - 13	N5	30.73	0.00	0.00
2013 - 12 - 13	N2	7.06	7.71	0.00	2014 - 08 - 13	N1	17.18	0.00	0.00
2013 - 12 - 13	N3	16.68	6.18	0.00	2014 - 08 - 13	N2	5.46	0.00	0.00
2013 - 12 - 13	N4	12.21	2.69	0.00	2014 - 08 - 13	N3	11.65	2.46	0.00
2013 - 12 - 13	N5	6.16	1.19	0.00	2014 - 08 - 13	N4	20.02	3.20	0.00
2014 - 01 - 13	N1	0.27	0.00	0.00	2014 - 08 - 13	N5	15.00	9.22	0.00
2014 - 01 - 13	N2	0.33	0.00	0.00	2014 - 09 - 13	N1	7.82	0.00	2.29
2014 - 01 - 13	N3	0.64	0.00	0.00	2014 - 09 - 13	N2	5.41	0.00	4.46
2014 - 01 - 13	N4	0.00	0.00	0.00	2014 - 09 - 13	N3	11.58	0.00	0.00
2014 - 01 - 13	N5	0.02	0.00	0.00	2014 - 09 - 13	N4	8.60	0.00	0.00
2014 - 02 - 13	N1	1.08	0.00	0.00	2014 - 09 - 13	N5	7.94	0.00	0.00
2014 - 02 - 13	N2	0.58	0.00	0.00	2014 - 10 - 13	N1	8.69	0.00	2.08

（续）

采集日期	样点号	叶	茎	果实	采集日期	样点号	叶	茎	果实
2014 - 10 - 13	N2	7.36	0.00	0.00	2015 - 05 - 13	N4	96.69	20.81	0.00
2014 - 10 - 13	N3	3.78	3.94	0.00	2015 - 05 - 13	N5	54.02	11.38	12.12
2014 - 10 - 13	N4	6.85	0.00	0.00	2015 - 06 - 13	N1	68.33	4.78	0.00
2014 - 10 - 13	N5	8.85	0.00	0.00	2015 - 06 - 13	N2	64.99	0.00	0.00
2014 - 11 - 13	N1	0.48	0.67	0.00	2015 - 06 - 13	N3	79.21	22.23	0.00
2014 - 11 - 13	N2	1.66	0.14	0.00	2015 - 06 - 13	N4	72.62	6.33	0.00
2014 - 11 - 13	N3	2.93	0.00	0.00	2015 - 06 - 13	N5	46.24	4.65	0.00
2014 - 11 - 13	N4	0.96	0.19	0.00	2015 - 07 - 13	N1	22.29	0.00	4.22
2014 - 11 - 13	N5	1.62	1.73	0.00	2015 - 07 - 13	N2	22.14	0.00	5.38
2014 - 12 - 13	N1	1.96	0.00	0.79	2015 - 07 - 13	N3	6.06	26.90	0.00
2014 - 12 - 13	N2	1.74	0.29	1.58	2015 - 07 - 13	N4	2.85	18.61	0.00
2014 - 12 - 13	N3	2.55	0.00	0.00	2015 - 07 - 13	N5	3.12	11.65	0.00
2014 - 12 - 13	N4	1.93	0.00	0.00	2015 - 08 - 13	N1	13.03	3.00	0.00
2014 - 12 - 13	N5	0.61	0.00	0.00	2015 - 08 - 13	N2	11.47	6.33	4.79
2015 - 01 - 13	N1	3.90	2.10	0.00	2015 - 08 - 13	N3	20.32	4.86	0.00
2015 - 01 - 13	N2	3.31	4.52	2.38	2015 - 08 - 13	N4	20.86	0.00	9.71
2015 - 01 - 13	N3	3.31	1.58	0.00	2015 - 08 - 13	N5	8.87	0.00	5.11
2015 - 01 - 13	N4	3.26	0.00	0.00	2015 - 09 - 13	N1	6.12	0.00	0.00
2015 - 01 - 13	N5	2.55	1.86	0.00	2015 - 09 - 13	N2	5.98	17.17	4.84
2015 - 02 - 13	N1	1.26	0.00	0.00	2015 - 09 - 13	N3	11.05	1.94	0.00
2015 - 02 - 13	N2	3.43	0.00	0.00	2015 - 09 - 13	N4	6.40	0.00	4.46
2015 - 02 - 13	N3	2.16	1.73	0.00	2015 - 09 - 13	N5	6.59	5.63	0.00
2015 - 02 - 13	N4	1.76	0.00	0.00	2015 - 10 - 13	N1	7.78	0.00	32.80
2015 - 02 - 13	N5	0.56	5.06	0.00	2015 - 10 - 13	N2	8.02	6.72	11.58
2015 - 03 - 13	N1	2.89	0.00	0.00	2015 - 10 - 13	N3	11.45	4.00	14.03
2015 - 03 - 13	N2	2.90	0.00	0.00	2015 - 10 - 13	N4	9.22	0.00	9.79
2015 - 03 - 13	N3	3.14	0.00	0.00	2015 - 10 - 13	N5	7.30	3.17	7.50
2015 - 03 - 13	N4	2.23	0.00	0.00	2015 - 11 - 13	N1	3.98	3.58	30.29
2015 - 03 - 13	N5	2.32	0.00	0.00	2015 - 11 - 13	N2	6.34	0.00	11.22
2015 - 04 - 13	N1	26.33	4.69	0.00	2015 - 11 - 13	N3	7.62	1.48	25.35
2015 - 04 - 13	N2	20.56	5.39	0.00	2015 - 11 - 13	N4	5.50	0.00	7.96
2015 - 04 - 13	N3	40.00	7.77	0.00	2015 - 11 - 13	N5	2.51	0.00	6.50
2015 - 04 - 13	N4	29.80	4.55	0.00	2015 - 12 - 13	N1	4.03	0.00	8.00
2015 - 04 - 13	N5	17.09	0.00	0.00	2015 - 12 - 13	N2	1.91	0.00	8.60
2015 - 05 - 13	N1	53.49	23.18	0.00	2015 - 12 - 13	N3	1.20	11.58	3.06
2015 - 05 - 13	N2	58.69	15.73	0.00	2015 - 12 - 13	N4	1.87	0.00	3.05
2015 - 05 - 13	N3	124.47	25.55	0.00	2015 - 12 - 13	N5	1.67	0.00	2.57

4.2　区域统计数据

4.2.1　2016 年四川省主要城市气候要素统计数据

2016 年四川省主要城市气候要素统计数据见表 4-7。

表 4-7　2016 年四川省主要城市平均气温、降水量、相对湿度和日照时数月统计数据

气候要素	城市	1 月	2 月	3 月	4 月	5 月	6 月	7 月	8 月	9 月	10 月	11 月	12 月	平均
气温/℃	成都市	5.7	7.3	13.1	17.6	20.8	24.7	25.9	26.5	21.5	17.9	11.9	8.5	16.8
	自贡市	7.7	10.0	15.9	19.4	22.7	26.0	28.3	29.1	22.7	19.8	13.8	10.6	18.8
	攀枝花市	12.2	14.4	21.0	24.0	25.8	26.2	24.9	26.2	22.1	21.7	16.9	14.0	20.8
	泸州市	7.4	9.4	15.4	19.0	22.0	25.2	27.8	28.2	22.1	19.3	13.3	10.6	18.3
	德阳市	6.2	8.1	13.8	18.4	21.3	25.7	26.6	27.5	22.2	18.2	12.1	8.7	17.4
	绵阳市	6.5	8.8	14.4	18.9	21.6	26.2	27.2	28.2	22.7	18.5	12.4	9.0	17.9
	广元市	5.2	7.0	13.3	17.8	20.1	26.1	26.3	26.6	21.7	16.8	10.9	7.4	16.6
	遂宁市	6.5	8.9	15.0	18.7	21.7	25.8	28.2	28.4	22.5	18.7	12.7	9.3	18.0
	内江市	6.7	8.8	15.1	18.4	21.7	25.4	27.9	28.3	22.1	19.0	13.0	9.8	18.0
	乐山市	7.6	10.3	15.3	19.2	22.6	25.9	27.4	28.6	22.4	19.5	14.0	10.8	18.6
	南充市	6.3	8.7	14.5	18.6	21.2	25.4	28.2	28.1	22.5	18.4	12.5	9.1	17.8
	眉山市	6.8	9.1	14.6	19.0	22.2	26.2	27.0	28.1	22.4	19.1	13.3	10.1	18.2
	宜宾市	8.1	9.9	15.8	19.7	23.0	26.1	28.4	28.8	22.7	19.8	14.2	11.3	19.0
	广安市	5.8	8.6	14.6	18.6	21.6	25.3	28.7	28.1	22.2	18.3	12.1	8.9	17.7
	达州市	7.0	8.8	14.6	19.4	22.3	25.9	29.7	29.6	23.9	19.0	12.7	9.5	18.5
	雅安市	6.3	8.9	13.4	17.8	20.8	24.6	25.8	27.0	21.0	17.7	12.5	9.5	17.1
	巴中市	6.2	8.1	14.2	18.8	21.2	26.0	28.5	28.6	23.0	18.6	12.3	8.7	17.9
	资阳市	6.4	9.0	15.2	18.8	22.2	25.7	27.5	28.3	22.2	18.8	13.0	9.9	18.1
	马尔康市	−1.2	3.1	7.0	10.3	13.5	15.6	17.3	18.7	13.4	10.0	5.4	1.1	9.5
	康定市	−2.4	−0.6	5.3	8.5	12.5	15.3	16.6	17.6	11.9	10.0	4.4	1.4	8.4
	西昌市	9.7	9.8	16.7	18.8	21.8	22.1	23.3	24.5	19.4	19.3	14.2	11.2	17.6
降水量/mm	成都市	11.4	25.0	33.9	59.2	89.3	80.3	349.9	173.0	126.3	13.6	20.7	1.3	151.4
	自贡市	21.2	25.5	37.5	96.2	106.0	161.4	178.4	98.6	143.2	23.8	27.8	15.2	143.8
	攀枝花市	0.8	2.9	3.0	10.1	66.3	135.4	326.1	70.1	259.5	57.3	20.6	3.2	147.0
	泸州市	66.1	30.4	115.3	92.2	127.9	257.5	158.6	257.1	204.3	61.3	43.0	30.0	222.1
	德阳市	8.2	2.2	37.3	38.1	130.7	50.9	197.2	129.0	166.7	13.7	29.4	0.5	123.7

（续）

气候要素	城市	1月	2月	3月	4月	5月	6月	7月	8月	9月	10月	11月	12月	平均
降水量/mm	绵阳市	8.6	2.4	32.5	25.3	107.6	25.6	158.4	70.3	83.9	17.6	12.1	1.2	83.9
	广元市	7.9	14.5	25.3	39.5	159.0	10.0	304.9	70.9	86.3	38.8	23.2	2.9	120.5
	遂宁市	23.0	15.6	32.4	85.0	111.7	110.3	162.2	97.4	73.3	116.9	37.4	9.6	134.6
	内江市	33.3	28.4	29.0	117.8	142.2	139.1	131.5	84.4	133.0	51.6	27.7	19.6	144.2
	乐山市	23.1	18.1	52.8	113.9	74.8	145.2	314.9	157.3	232.0	29.7	12.8	13.2	182.7
	南充市	27.4	14.6	36.8	69.6	150.3	104.5	181.4	61.8	75.5	111.3	65.5	12.6	140.2
	眉山市	16.6	52.8	45.5	73.8	82.6	128.2	367.1	104.5	174.9	22.5	8.2	6.4	166.6
	宜宾市	20.6	16.2	51.8	106.8	89.3	412.8	177.1	265.8	250.9	30.6	37.4	23.2	228.1
	广安市	34.0	15.1	52.0	55.5	121.0	225.0	153.8	161.2	57.2	98.4	108.1	13.2	168.4
	达州市	21.0	22.9	68.6	48.4	185.0	279.9	97.2	89.2	74.1	160.9	76.5	7.8	174.1
	雅安市	39.5	46.4	80.2	107.4	155.7	201.5	474.4	111.4	221.6	78.3	43.9	20.6	243.2
	巴中市	11.2	9.6	14.5	78.4	135.6	121.0	146.4	76.2	47.3	161.4	51.2	10.3	132.8
	资阳市	15.7	43.3	20.3	75.0	85.5	169.3	211.0	37.1	157.3	18.4	9.4	5.9	130.5
	马尔康市	6.6	2.1	29.2	80.0	101.7	111.0	123.8	60.0	132.1	121.4	10.4	2.8	120.2
	康定市	14.6	52.2	23.4	123.4	78.1	169.8	169.1	46.1	219.3	28.6	11.5	4.3	144.7
	西昌市		8.4	10.9	47.8	122.4	379.4	135.2	97.5	202.3	15.8	99.5	12.3	188.6
相对湿度/%	成都市	80	75	77	82	76	80	86	83	88	83	84	85	82
	自贡市	82	70	72	81	74	80	81	76	88	83	84	86	80
	攀枝花市	53	48	36	40	46	63	74	69	80	75	69	67	60
	泸州市	93	82	83	89	86	88	88	86	95	91	89	88	88
	德阳市	75	67	72	77	72	74	83	79	84	81	82	83	77
	绵阳市	69	60	64	70	66	66	76	72	78	75	77	80	71
	广元市	63	57	61	68	67	59	75	77	78	75	76	73	69
	遂宁市	85	72	70	81	75	76	80	78	87	86	88	91	81
	内江市	87	74	75	84	78	80	82	79	89	86	86	89	82
	乐山市	81	68	74	80	72	72	75	71	81	77	75	80	76
	南充市	79	67	65	73	69	68	70	66	76	77	79	81	73
	眉山市	83	73	78	80	75	77	87	82	89	87	85	88	82
	宜宾市	81	73	74	77	72	77	76	76	88	85	85	87	79
	广安市	87	74	69	81	75	79	75	75	87	88	90	90	81
	达州市	77	73	67	75	71	73	70	68	78	84	87	85	76
	雅安市	82	71	77	79	77	77	82	78	86	87	84	83	80
	巴中市	74	66	63	72	70	68	71	70	77	80	83	83	73

（续）

气候要素	城市	1月	2月	3月	4月	5月	6月	7月	8月	9月	10月	11月	12月	平均
相对湿度/%	资阳市	83	69	71	79	72	78	82	77	86	83	81	85	79
	马尔康市	52	41	50	63	65	71	76	69	83	76	58	45	62
	康定市	68	66	62	74	74	81	85	78	90	85	79	74	76
	西昌市	46	51	41	52	52	72	71	62	81	65	61	62	60
日照时数/h	成都市	60.4	110.4	63.5	81.6	105.8	130.4	123.5	171.1	76.4	53.0	63.3	49.1	90.7
	自贡市	33.4	104.0	99.1	98.1	139.1	155.4	176.0	218.7	70.8	59.5	51.1	36.7	103.5
	攀枝花市	239.3	196.0	290.0	275.0	265.9	193.9	183.4	264.8	134.4	236.2	242.2	230.0	229.3
	泸州市	28.8	91.8	110.1	96.7	129.0	158.8	247.2	218.1	60.2	67.1	43.9	38.1	107.5
	德阳市	61.3	124.4	65.7	96.1	125.3	146.3	143.1	208.8	87.8	49.9	39.6	31.2	98.3
	绵阳市	63.0	140.5	78.0	102.6	147.0	145.0	163.9	209.0	97.3	57.5	37.5	52.9	107.9
	广元市	75.0	121.6	92.0	116.3	141.3	187.1	180.7	193.6	116.9	76.8	50.6	70.8	118.5
	遂宁市	47.4	98.0	98.0	88.7	142.3	165.4	179.0	195.6	52.8	77.6	29.7	26.7	100.1
	内江市	34.5	111.5	98.5	75.8	147.4	153.0	199.5	214.7	57.6	55.1	47.8	20.8	101.4
	乐山市	52.8	104.8	71.1	60.5	126.6	158.8	140.9	196.4	50.1	45.1	29.8	27.2	88.7
	南充市	42.5	108.3	97.9	106.2	153.1	183.3	233.0	226.8	76.3	70.4	43.2	38.7	115.0
	眉山市	30.0	79.6	55.9	83.1	127.4	143.7	155.4	188.0	60.4	39.1	21.2	12.2	83.0
	宜宾市	33.4	88.5	70.1	88.1	147.5	161.6	185.1	200.9	65.9	59.9	57.3	48.3	100.6
	广安市	35.7	91.6	106.8	98.4	153.1	177.9	250.9	220.4	74.8	65.5	40.8	37.0	112.7
	达州市	33.2	91.4	102.4	91.6	147.4	139.7	214.4	223.6	90.3	71.4	31.2	36.8	106.1
	雅安市	47.5	82.2	66.0	57.5	101.0	132.5	123.8	164.5	39.9	37.0	18.1	48.8	76.6
	巴中市	65.2	132.0	126.2	161.2	172.3	228.8	245.5	261.5	117.2	94.7	36.2	79.4	143.4
	资阳市	51.0	169.1	115.6	121.8	191.9	186.1	200.0	248.9	87.6	67.5	70.6	43.1	129.4
	马尔康市	172.9	174.1	195.0	160.5	222.0	195.1	185.1	220.5	91.4	159.8	180.7	196.0	179.4
	康定市	120.7	132.8	183.4	139.1	189.9	123.0	127.4	203.3	50.9	146.1	137.9	156.9	142.6
	西昌市	242.6	167.5	245.6	197.9	233.1	138.5	137.1	213.8	71.6	169.9	207.9	200.2	185.5

注：数据由四川省气象局提供，并引自《2017 年四川省统计年鉴》。

4.2.2 四川省各县（市、区）年末常住人口、城镇化率、社会及农业经济等数据（2016 年）

数据见表 4-8。

表4-8　四川省各县（市、区）年末常住人口、城镇化率、社会农业经济等数据（2016年）

县（市、区）	年末常住人口/万人	城镇人口/万人	乡村人口/万人	城镇化率/%	地区生产总值/万元	第一产业总产值/万元	第二产业总产值/万元	第三产业总产值/万元	人均地区生产总值/元	年末实有耕地面积/hm²	化肥施用量（折纯量）/t	农村用电量/（万kW·h）	粮食播种面积/hm²	粮食产量/t	油料产量/t
成都市															
锦江区	70.13	70.13	—	100.00	8 345 913	6 404	938 017	7 401 492	119 176	862	35	6 916			
青羊区	84.12	84.12	—	100.00	9 456 488	375	1 564 224	7 891 889	112 430	435	22	4 528	11	52	
金牛区	121.13	121.13	—	100.00	9 500 519	845	1 958 026	7 541 648	78 686	860	40	6 050	20	134	117
武侯区	176.81	176.81	—	100.00	8 678 206	67	1 719 340	6 958 799	79 932	487	37	1 910	59	307	126
成华区	94.56	94.56	—	100.00	7 562 006	933	1 382 054	6 179 019	80 038	1 395	130	6 791	39	307	
龙泉驿区	85.95	57.31	28.64	66.68	10 392 210	268 217	7 984 775	2 139 218	122 276	8 042	3 747	14 812	5 983	27 059	4 712
青白江区	40.21	21.35	18.86	53.10	3 670 094	144 020	2 613 540	912 534	91 661	19 253	5 531	15 925	19 327	111 793	13 506
新都区	88.39	58.60	29.79	66.30	6 321 698	264 162	3 754 342	2 303 194	72 974	25 817	10 657	36 562	26 990	194 352	21 455
温江区	49.87	35.70	14.17	71.58	4 264 588	178 313	2 127 165	1 959 110	85 772	13 518	3 036	5 817	1 090	8 467	1 398
双流区	135.99	93.17	42.82	68.51	9 671 540	353 256	4 566 353	4 751 931	72 642	41 567	6 943	59 378	27 810	181 912	28 930
郫都区	84.02	57.23	26.79	68.12	4 627 253	223 043	2 643 626	1 760 584	55 569	20 652	14 665	24 939	7 805	57 504	10 032
金堂县	71.60	28.71	42.89	40.10	3 236 557	434 820	1 482 262	1 319 475	44 896	57 212	23 607	10 445	61 229	319 731	46 481
大邑县	50.93	23.17	27.76	45.49	2 042 304	334 842	864 059	843 403	40 155	29 824	8 107	16 342	31 176	196 280	12 107
蒲江县	25.41	10.29	15.12	40.51	1 179 685	184 788	587 268	407 629	46 463	23 794	5 764	7 043	12 094	53 179	15 914
新津县	31.71	17.37	14.34	54.80	2 592 004	168 593	1 510 811	912 600	82 312	15 432	6 275	9 492	14 582	103 323	10 386
都江堰市	68.50	39.50	29.00	57.66	3 062 245	256 326	1 111 523	1 694 396	44 861	26 768	11 098	24 809	20 863	146 904	21 824
彭州市	77.75	33.11	44.64	42.58	3 607 288	481 506	2 048 538	1 077 244	46 582	50 928	19 830	30 488	41 863	286 028	17 442
邛崃市	61.78	28.55	33.23	46.21	2 281 261	355 767	1 049 952	875 542	36 926	44 439	17 187	12 784	42 811	276 648	38 056
崇州市	66.45	28.27	38.18	42.54	2 540 435	336 422	1 234 032	969 981	38 237	39 115	16 843	30 218	41 309	273 085	24 732
简阳市	106.45	45.02	61.43	42.29	3 658 526	587 017	1 975 879	1 095 630	34 567	109 149	32 207	38 013	156 179	667 293	67 597
自贡市															
自流井区	41.09	37.03	4.06	90.12	3 165 631	45 900	1 458 803	1 660 928	77 079	6 488	3 255	2 082	5 036	27 801	2 449
贡井区	28.84	14.50	14.34	50.28	1 319 251	157 796	843 074	318 381	47 713	22 282	12 568	5 451	19 723	106 952	11 050
大安区	37.82	19.11	18.71	50.54	2 098 230	141 493	1 470 836	485 901	55 421	23 124	10 249	11 248	20 110	107 198	10 729

（续）

县（市、区）	年末常住人口/万人	城镇人口/万人	乡村人口/万人	城镇化率/%	地区生产总值/万元	第一产业总产值/万元	第二产业总产值/万元	第三产业总产值/万元	人均地区生产总值/元	年末实有耕地面积/hm²	化肥施用量（折纯量）/t	农村用电量/（万kW·h）	粮食播种面积/hm²	粮食产量/t	油料产量/t
沿滩区	31.48	12.66	18.82	40.20	1 322 899	164 937	901 244	256 718	43 402	26 466	19 123	7 861	28 804	172 084	9 000
荣县	59.38	22.34	37.04	37.63	2 016 271	430 078	1 030 629	555 564	34 030	66 226	23 457	11 403	72 613	425 532	14 826
富顺县	79.47	31.00	48.47	39.01	2 425 628	421 117	1 244 112	760 399	29 858	72 061	27 090	11 041	70 828	506 832	17 656
攀枝花市															
东区	38.30	37.89	0.41	98.93	4 120 366	6 412	2 563 211	1 550 743	107 581	493	227	2 728	196	958	43
西区	14.88	14.40	0.48	96.77	1 158 052	9 306	957 213	191 533	77 617	1 064	227	489	577	2 631	26
仁和区	27.11	13.01	14.10	48.00	2 176 828	99 731	1 748 665	328 432	80 326	19 209	9 019	4 994	12 860	66 106	876
米易县	23.26	9.56	13.70	41.10	1 450 903	129 524	950 862	370 517	62 919	26 241	8 113	7 141	13 744	90 330	1 202
盐边县	20.01	5.87	14.14	29.34	1 240 690	97 532	933 597	209 561	61 942	27 876	11 066	5 530	15 126	69 084	1 532
泸州市															
江阳区	61.12	45.37	15.75	74.23	4 303 197	208 310	2 742 043	1 352 844	70 648	30 444	13 957	9 035	31 138	212 451	5 249
纳溪区	46.41	31.70	14.71	68.31	1 353 385	204 020	806 726	342 639	29 256	41 496	9 618	7 209	34 286	217 088	5 575
龙马潭区	37.33	28.83	8.50	77.23	2 084 117	102 205	1 449 149	532 763	56 865	15 656	6 503	5 376	10 967	78 947	1 437
泸县	86.89	33.16	53.73	38.16	2 803 245	477 014	1 641 778	684 453	32 310	84 807	35 642	24 049	74 493	543 426	11 122
合江县	70.75	26.62	44.13	37.62	1 780 610	357 370	766 084	657 156	25 146	71 836	12 729	16 297	81 075	517 635	4 262
叙永县	58.08	18.93	39.15	32.59	1 093 350	215 414	509 207	368 729	18 844	78 168	16 990	13 155	60 120	244 993	5 134
古蔺县	70.06	19.94	50.12	28.47	1 401 135	216 344	816 394	368 397	19 965	89 769	14 917	6 178	77 836	241 292	16 548
德阳市															
旌阳区	74.80	50.63	24.17	67.69	5 000 819	301 359	2 761 392	1 938 068	66 901	32 094	16 720	51 215	33 156	225 451	28 672
中江县	107.84	41.09	66.75	38.10	3 111 510	795 268	1 321 542	994 700	28 818	101 767	77 000	47 005	132 620	800 378	76 290
罗江县	22.20	9.59	12.61	43.20	971 690	191 941	513 293	266 456	43 869	24 848	19 878	13 597	18 885	127 322	37 965
广汉市	59.60	30.47	29.13	51.12	3 556 673	332 165	2 139 426	1 085 082	59 877	32 422	25 950	56 958	47 010	318 774	31 852
什邡市	41.86	20.75	21.11	49.57	2 506 197	273 506	1 387 451	845 240	59 900	23 525	24 989	21 894	26 251	189 639	13 610
绵竹市	45.67	21.98	23.69	48.13	2 377 653	300 923	1 340 972	735 758	52 210	34 354	23 610	28 983	44 412	281 867	13 038

（续）

县（市、区）	年末常住人口/万人	城镇人口/万人	乡村人口/万人	城镇化率/%	地区生产总值/万元	第一产业总产值/万元	第二产业总产值/万元	第三产业总产值/万元	人均地区生产总值/元	年末实有耕地面积/hm²	化肥施用量（折纯量）/t	农村用电量/（万kW·h）	粮食播种面积/hm²	粮食产量/t	油料产量/t
绵阳市															
涪城区	90.69	69.70	20.99	76.85	6 727 058	225 254	3 903 890	2 597 914	75 475	16 910	16 488	20 477	14 079	84 026	18 296
游仙区	51.72	26.67	25.05	51.56	2 022 330	283 607	1 055 472	683 251	38 809	39 300	25 144	10 731	35 541	224 213	35 255
安州区	38.74	18.01	20.73	46.48	1 179 514	285 381	527 731	366 402	30 463	37 783	16 580	9 422	40 379	253 660	39 399
三台县	105.27	37.95	67.32	36.05	2 233 570	754 996	610 088	868 486	21 252	118 265	53 029	21 822	129 984	742 744	120 085
盐亭县	45.44	16.75	28.69	36.87	941 856	355 872	261 567	324 417	20 805	61 079	43 600	13 493	57 841	302 933	37 345
梓潼县	30.63	11.20	19.43	36.56	917 823	272 723	369 513	275 587	29 984	51 393	17 235	10 236	39 989	215 663	54 923
北川县	22.09	8.39	13.70	37.97	438 859	103 949	155 435	179 475	20 243	17 201	8 440	3 273	17 452	46 947	7 099
平武县	17.10	5.12	11.98	29.97	372 252	81 590	193 928	96 734	21 693	31 849	6 822	5 630	34 038	62 502	5 557
江油市	79.41	44.35	35.06	55.85	3 470 945	439 537	1 674 448	1 356 960	43 726	70 691	32 340	21 191	51 084	304 772	45 939
广元市															
利州区	55.10	39.42	15.68	71.54	2 235 755	92 716	1 182 707	960 332	40 650	21 589	10 592	4 855	15 003	80 125	3 224
昭化区	18.35	6.17	12.18	33.65	449 605	114 391	201 562	133 652	24 502	40 136	18 230	3 431	25 019	129 220	19 899
朝天区	19.25	6.54	12.71	33.99	400 007	78 871	203 446	117 690	20 801	32 692	7 825	2 754	25 688	104 209	6 479
旺苍县	40.70	15.91	24.79	39.08	964 791	159 540	526 522	278 729	23 728	46 401	11 885	3 785	35 685	208 141	15 586
青川县	21.19	6.92	14.27	32.67	318 113	73 904	129 854	114 355	15 019	33 541	4 978	3 007	27 031	108 308	9 959
剑阁县	48.26	16.42	31.84	34.02	982 985	253 291	368 769	360 925	20 385	92 399	32 183	10 991	73 850	420 857	107 494
苍溪县	60.65	20.34	40.31	33.53	1 248 844	291 690	538 006	419 148	20 598	86 839	24 499	14 162	62 354	375 623	54 988
遂宁市															
船山区	67.15	54.24	12.91	80.77	2 863 102	153 835	1 617 683	1 091 584	42 733	28 510	10 750	3 770	25 302	131 137	26 603
安居区	64.60	17.77	46.83	27.51	1 304 203	368 440	548 215	387 548	20 192	76 191	38 160	4 910	83 510	431 435	31 201
蓬溪县	53.69	17.85	35.84	33.25	1 325 320	263 013	635 929	426 378	24 176	59 712	38 244	8 033	62 071	348 577	48 789
射洪县	95.78	47.19	48.59	49.27	3 207 649	432 400	1 820 577	954 672	33 951	70 661	32 012	15 271	84 039	439 347	28 177
大英县	48.58	17.99	30.59	37.03	1 423 317	244 811	785 671	392 835	29 335	36 314	20 442	4 995	46 271	257 610	25 643

（续）

县（市、区）	年末常住人口/万人	城镇人口/万人	乡村人口/万人	城镇化率/%	地区生产总值/万元	第一产业总产值/万元	第二产业总产值/万元	第三产业总产值/万元	人均地区生产总值/元	年末实有耕地面积/hm²	化肥施用量（折纯量）/t	农村用电量/（万kW·h）	粮食播种面积/hm²	粮食产量/t	油料产量/t
内江市															
市中区	52.96	29.83	23.13	56.33	2 613 749	165 128	1 703 074	745 547	49 767	22 243	8 990	12 696	23 283	111 315	8 757
东兴区	76.53	37.86	38.67	49.47	2 103 219	484 707	882 087	736 425	27 482	65 858	40 515	10 228	65 878	340 531	33 065
威远县	59.27	28.01	31.26	47.26	3 173 583	426 305	2 114 016	633 262	53 409	55 460	20 844	28 849	63 391	314 082	20 702
资中县	121.12	45.18	75.94	37.30	2 559 449	660 443	1 135 059	763 947	21 132	84 547	46 322	27 728	107 265	530 216	40 084
隆昌县	64.78	34.09	30.69	52.62	2 526 615	308 661	1 582 130	635 824	39 033	46 228	12 153	18 613	48 826	271 882	11 376
乐山市															
乐山市中区	68.18	48.17	20.01	70.65	3 109 431	198 345	1 353 812	1 557 274	45 680	25 705	8 548	14 378	16 699	106 163	10 780
沙湾区	17.53	8.99	8.54	51.28	1 864 258	88 631	1 448 661	326 966	105 744	13 310	19 290	8 346	10 788	45 705	2 556
五通桥区	32.15	17.35	14.80	53.97	1 471 541	128 679	1 033 604	309 258	45 700	15 906	4 797	7 223	16 031	85 072	3 492
金口河区	4.69	2.11	2.58	44.99	199 130	19 194	121 419	58 517	41 485	3 664	638	946	4 998	10 976	204
犍为县	42.43	15.90	26.53	37.47	1 461 684	260 055	706 808	494 821	34 490	54 519	11 658	12 512	37 686	247 405	11 290
井研县	29.80	10.99	18.81	36.88	866 677	217 017	380 447	269 213	29 181	43 174	14 200	12 198	40 944	218 158	14 446
夹江县	33.25	13.39	19.86	40.27	1 370 061	195 690	716 987	457 384	41 192	21 391	16 495	14 868	22 553	113 610	13 400
沐川县	21.15	6.75	14.40	31.91	583 768	130 696	258 969	194 103	27 575	26 590	6 608	6 909	20 148	77 990	5 818
峨边县	13.56	5.35	8.21	39.45	377 994	43 679	193 850	140 465	27 855	17 560	2 167	3 577	14 079	39 691	1 492
马边县	18.66	4.97	13.69	26.63	349 327	78 095	148 524	122 708	18 821	27 335	8 118	3 822	26 494	66 366	2 627
峨眉山市	45.10	25.13	19.97	55.72	2 411 977	172 587	1 247 034	992 356	53 647	23 568	6 182	21 603	21 303	95 440	13 122
南充市															
顺庆区	71.75	57.32	14.43	79.89	3 155 355	228 354	1 397 023	1 529 978	44 149	24 076	13 706	4 512	26 467	141 783	16 565
高坪区	60.85	27.56	33.29	45.28	1 402 672	273 771	738 539	390 362	23 139	35 663	15 207	3 521	35 701	213 412	21 785
嘉陵区	61.80	27.06	34.74	43.79	1 370 138	348 861	663 028	358 249	22 217	58 752	28 039	8 235	65 299	330 014	38 950
南部县	93.85	39.00	54.85	41.55	2 890 081	571 861	1 531 616	786 604	30 864	94 535	22 232	16 405	104 761	526 985	75 099
营山县	74.96	28.92	46.04	38.58	1 549 548	396 685	685 334	467 529	20 763	71 179	36 690	9 154	63 601	379 945	49 554

（续）

县（市、区）	年末常住人口/万人	城镇人口/万人	乡村人口/万人	城镇化率/%	地区生产总值/万元	第一产业总产值/万元	第二产业总产值/万元	第三产业总产值/万元	人均地区生产总值/元	年末实有耕地面积/hm²	化肥施用量（折纯量）/t	农村用电量/（万kW·h）	粮食播种面积/hm²	粮食产量/t	油料产量/t
蓬安县	57.08	22.09	34.99	38.69	1 418 475	375 968	654 200	388 307	24 886	54 270	32 600	6 020	59 253	337 629	45 631
仪陇县	93.41	35.92	57.49	38.45	1 688 761	581 735	635 409	471 617	18 124	69 633	28 278	5 854	81 742	491 516	64 253
西充县	53.33	20.02	33.31	37.55	1 100 099	316 771	436 326	347 002	20 717	49 815	15 257	6 322	72 114	363 352	41 107
阆中市	73.19	30.69	42.50	41.93	1 938 875	455 800	864 853	618 222	26 553	76 932	36 768	5 480	65 001	367 635	42 361
眉山市															
东坡区	84.12	45.77	38.35	54.41	3 822 268	462 734	2 013 673	1 345 861	45 492	55 980	45 630	37 012	60 366	419 080	43 274
彭山区	31.90	16.63	15.27	52.14	1 341 020	136 969	773 920	430 131	42 104	20 140	11 187	4 035	164 374	834 144	43 170
仁寿县	121.92	43.00	78.92	35.28	3 678 982	736 875	1 835 067	1 107 040	30 089	116 777	69 248	24 270	24 541	152 856	10 470
洪雅县	30.83	12.56	18.27	40.76	1 085 300	161 563	605 095	318 642	35 260	25 454	8 608	7 042	19 584	128 127	10 586
丹棱县	14.53	5.69	8.84	39.22	542 771	105 814	279 061	157 896	37 614	10 979	4 884	4 982	13 635	79 423	7 472
青神县	16.79	6.53	10.26	38.97	701 976	90 499	362 661	248 816	41 859	12 827	5 002	5 020	15 514	90 783	7 865
宜宾市															
翠屏区	86.69	64.70	21.99	74.63	5 448 550	237 593	3 216 640	1 994 317	63 370	46 681	10 718	16 912	32 608	215 503	12 086
南溪区	34.29	17.80	16.49	51.90	1 167 350	221 465	611 347	334 538	34 133	32 712	8 375	6 956	26 738	173 410	7 513
宜宾县	77.57	26.86	50.71	34.63	2 346 417	427 990	1 224 113	694 314	30 323	124 862	19 328	35 847	86 674	520 761	35 982
江安县	41.71	18.36	23.35	44.03	1 327 022	237 147	753 915	335 960	31 815	38 353	5 611	6 916	34 895	232 454	7 941
长宁县	34.44	14.67	19.77	42.61	1 180 729	242 671	548 914	389 144	34 274	34 737	4 974	13 966	34 909	212 721	13 676
高县	41.40	15.97	25.43	38.57	1 220 131	212 266	697 838	310 027	29 472	56 415	12 092	11 380	44 722	233 900	11 264
珙县	37.40	18.40	19.00	49.19	1 327 573	181 076	821 191	325 306	35 497	34 417	6 938	6 655	32 189	146 127	9 380
筠连县	33.24	12.51	20.73	37.65	1 198 521	204 778	705 569	288 174	36 057	36 983	4 246	12 233	34 354	155 003	3 033
兴文县	38.65	13.95	24.70	36.10	878 805	196 271	351 628	330 906	22 738	44 444	5 280	8 227	37 149	211 653	4 613
屏山县	25.61	7.08	18.53	27.63	434 901	158 626	140 007	136 268	16 982	38 209	6 380	6 031	27 522	117 041	7 642
广安市															
广安区	62.56	29.56	33.00	47.25	1 565 442	253 672	420 529	891 241	25 229	54 794	21 865	9 367	55 675	335 585	33 092

（续）

县（市、区）	年末常住人口/万人	城镇人口/万人	乡村人口/万人	城镇化率/%	地区生产总值/万元	第一产业总产值/万元	第二产业总产值/万元	第三产业总产值/万元	人均地区生产总值/元	年末实有耕地面积/hm²	化肥施用量（折纯量）/t	农村用电量/（万 kW·h）	粮食播种面积/hm²	粮食产量/t	油料产量/t
前锋区	26.11	8.35	17.76	32.00	1 603 127	146 292	1 213 380	243 455	61 993	21 803	11 315	7 588	22 208	136 962	13 746
岳池县	78.87	28.25	50.62	35.82	2 035 542	410 251	931 722	693 569	25 819	84 143	20 451	14 706	89 804	532 850	30 816
武胜县	59.12	21.33	37.79	36.09	2 030 722	382 499	1 029 258	618 965	34 378	58 080	16 665	10 398	63 051	349 179	21 943
邻水县	71.47	25.84	45.63	36.15	2 119 246	389 945	1 038 737	690 564	29 661	74 667	28 156	6 586	89 996	456 799	36 836
华蓥市	28.34	13.38	14.96	47.20	1 432 162	119 612	936 522	376 028	50 589	14 293	9 964	4 272	21 812	104 318	2 358
达州市															
通川区	65.55	44.70	20.85	68.20	2 076 214	217 351	845 829	1 013 034	32 219	31 382	12 859	8 486	34 140	205 189	18 431
达川区	102.48	43.86	58.62	42.80	2 404 443	500 685	1 033 024	870 734	23 513	103 591	28 955	26 362	88 394	502 765	57 069
宣汉县	103.15	39.42	63.73	38.22	2 425 270	590 070	1 023 661	811 539	23 530	117 389	43 072	11 024	111 457	580 005	88 068
开江县	45.01	17.05	27.96	37.89	1 118 760	314 911	391 813	412 036	24 867	40 960	18 019	13 178	49 169	263 501	38 442
大竹县	88.97	35.71	53.26	40.14	2 835 561	572 238	1 322 232	941 091	31 889	96 071	49 703	9 079	105 150	541 015	44 909
渠县	112.99	40.50	72.49	35.84	2 355 428	612 047	923 004	820 377	20 846	103 736	42 716	10 345	110 510	552 847	58 271
万源市	41.62	16.21	25.41	38.95	1 256 975	292 879	473 234	490 862	30 201	57 402	24 889	7 188	58 754	279 805	28 014
雅安市															
雨城区	36.63	22.09	14.54	60.30	1 479 459	153 743	612 807	712 909	40 378	14 712	4 113	16 732	10 918	63 153	4 802
名山区	26.74	10.16	16.58	38.00	665 236	183 052	294 612	187 572	24 906	17 142	12 488	3 601	19 045	92 106	9 132
荥经县	15.13	6.28	8.85	41.50	660 164	63 803	395 882	200 479	43 719	9 365	4 289	4 425	12 328	51 053	6 293
汉源县	31.81	11.55	20.26	36.30	690 692	143 949	349 592	197 151	21 713	28 589	13 802	5 994	31 361	113 038	2 152
石棉县	12.78	5.44	7.34	42.60	760 309	56 064	544 878	159 367	59 492	6 340	2 429	4 057	7 352	27 589	2 657
天全县	13.82	5.43	8.39	39.30	537 936	74 944	309 679	153 313	38 868	12 285	5 520	5 223	13 675	70 661	4 688
芦山县	11.25	4.27	6.98	38.00	354 997	55 015	211 918	88 064	30 446	8 395	5 607	3 140	9 032	47 080	3 446
宝兴县	5.81	2.45	3.36	42.20	286 988	35 211	191 331	60 446	49 396	4 234	2 536	4 844	6 976	18 534	572
巴中市															
巴州区	73.49	45.00	28.49	61.23	1 411 173	154 778	594 097	662 298	19 379	53 249	30 486	11 625	50 521	286 160	20 286

（续）

县（市、区）	年末常住人口/（万人）	城镇人口/万人	乡村人口/万人	城镇化率/%	地区生产总值/万元	第一产业总产值/万元	第二产业总产值/万元	第三产业总产值/万元	人均地区生产总值/元	年末实有耕地面积/hm²	化肥施用量（折纯量）/t	农村用电量/（万kW·h）	粮食播种面积/hm²	粮食产量/t	油料产量/t
恩阳区	43.90	13.75	30.15	31.33	546 402	146 947	155 121	244 334	12 478	50 177	20 139	16 579	52 639	302 924	20 192
通江县	71.11	22.94	48.17	32.26	1 044 476	200 061	438 837	405 578	14 665	78 869	24 167	6 233	74 265	388 488	36 210
南江县	61.59	20.55	41.04	33.37	1 129 695	176 156	640 273	313 266	18 345	65 551	33 955	6 587	69 677	365 846	25 031
平昌县	81.05	27.24	53.81	33.60	1 314 859	221 276	711 035	382 548	15 918	78 209	31 143	29 509	73 473	389 314	42 367
资阳市															
雁江区	90.19	45.48	44.71	50.43	4 455 251	470 109	2 843 248	1 141 894	50 065	86 757	21 830	12 863	126 018	526 790	61 426
安岳县	112.62	37.98	74.64	33.72	3 044 190	751 955	1 329 188	963 047	27 055	155 276	15 398	28 476	141 579	731 919	76 760
乐至县	51.24	18.36	32.88	35.83	1 934 926	331 296	973 763	629 867	37 659	78 716	15 900	11 050	81 155	368 453	59 835
阿坝州															
马尔康市	5.98	2.98	3.00	49.83	242 924	23 154	35 208	184 562	40 691	6 392	141	1 846	3 990	9 346	
汶川县	10.02	4.60	5.42	45.93	566 473	35 724	373 810	156 939	57 277	6 200	2 390	3 929	3 117	11 054	958
理县	4.85	1.74	3.11	35.84	232 551	19 356	169 261	43 934	48 147	3 205	712	1 079	1 713	8 573	33
茂县	11.09	5.08	6.01	45.79	328 407	51 267	209 268	67 872	30 046	8 685	2 962	4 082	9 251	32 305	1 231
松潘县	7.51	2.81	4.70	37.41	192 932	33 684	59 212	100 036	25 724	13 411	1 011	1 897	5 229	18 980	269
九寨沟县	8.12	3.99	4.13	49.14	260 991	19 948	83 061	157 982	31 984	6 795	1 201	1 692	3 521	10 645	358
金川县	7.45	2.37	5.08	31.81	122 973	29 160	43 467	50 346	16 551	6 562	1 765	1 641	4 323	18 189	180
小金县	7.99	2.85	5.14	35.63	144 714	28 567	61 207	54 940	18 112	8 483	915	2 039	7 121	22 451	890
黑水县	6.05	2.15	3.90	35.66	217 343	23 696	154 585	39 062	34 999	7 574	1 289	3 093	5 658	15 338	
壤塘县	4.18	0.94	3.24	22.56	76 551	24 583	13 140	38 828	18 358	3 475	136	590	1 474	3 056	272
阿坝县	7.65	2.06	5.59	26.91	104 130	35 561	21 036	47 533	13 719	8 642	102	211	3 693	5 825	1 570
若尔盖县	7.74	2.21	5.53	28.60	164 280	75 013	30 950	58 317	21 116	4 171	241	878	1 904	5 048	1 568
红原县	4.83	1.60	3.23	33.06	121 435	39 327	34 351	47 757	25 142	129	108	146			
甘孜州															
康定市	13.53	7.09	6.44	52.38	550 841	48 685	243 534	258 622	40 924	7 572	144	1 334	6 800	22 204	99

（续）

县（市、区）	年末常住人口/万人	城镇人口/万人	乡村人口/万人	城镇化率/%	地区生产总值/万元	第一产业总产值/万元	第二产业总产值/万元	第三产业总产值/万元	人均地区生产总值/元	年末实有耕地面积/hm²	化肥施用量（折纯量）/t	农村用电量/(万kW·h)	粮食播种面积/hm²	粮食产量/t	油料产量/t
泸定县	8.89	3.78	5.11	42.51	183 031	34 342	77 317	71 372	20 612	5 319	892	2 361	3 863	13 188	2 252
丹巴县	7.04	2.13	4.91	30.29	141 754	35 623	56 144	49 987	20 136	7 701	325	1 610	2 777	11 411	1 092
九龙县	6.61	1.49	5.12	22.58	220 881	31 540	139 790	49 551	33 315	4 468	457	1 126	3 811	19 506	344
雅江县	5.52	1.29	4.23	23.37	108 557	26 104	45 222	37 231	20 029	4 164	35	66	2 840	10 602	133
道孚县	5.99	1.71	4.28	28.54	81 412	24 361	14 874	42 177	13 752	7 662	199	1 363	5 154	14 980	1 470
炉霍县	4.89	1.42	3.47	28.92	61 984	25 106	12 159	24 719	12 728	6 549	36	400	4 200	13 200	569
甘孜县	7.25	2.24	5.01	30.88	89 202	46 306	8 493	34 403	12 338	11 949	168	68	11 267	37 700	2 000
新龙县	5.13	0.79	4.34	15.40	85 703	36 234	12 934	36 535	16 772	6 351	58	377	3 420	12 105	731
德格县	8.65	1.56	7.09	18.00	78 194	35 476	12 096	30 622	9 092	4 728	136	225	4 740	14 402	
白玉县	6.07	1.16	4.91	19.12	110 412	34 722	51 231	24 459	18 433	7 387	35	395	3 467	11 400	600
石渠县	10.11	1.79	8.32	17.71	83 712	44 245	7 092	32 375	8 338	4 008	56	76	2 410	8 179	384
色达县	6.14	1.36	4.78	22.18	69 006	34 835	7 234	26 937	11 275	1 100	35	27	813	2 387	16
理塘县	7.31	2.78	4.53	38.05	103 894	40 326	18 167	45 401	14 310	4 917	54	489	3 967	13 885	897
巴塘县	5.25	1.60	3.65	30.52	106 624	31 465	40 959	34 200	20 624	6 682	274	186	3 927	15 505	809
乡城县	3.53	0.96	2.57	27.28	87 437	22 639	32 741	32 057	25 054	3 469	211	1 034	2 680	10 706	701
稻城县	3.34	0.80	2.54	23.82	65 127	20 563	15 079	29 485	19 676	4 949	74	283	2 963	11 059	1 102
得荣县	2.80	0.59	2.21	21.20	70 269	20 085	25 333	24 851	25 277	4 213	261	47	2 730	11 989	456
凉山州															
西昌市	77.50	44.62	32.88	57.57	4 572 006	430 242	2 262 176	1 879 588	59 804	48 099	16 120	9 693	52 916	295 071	3 119
木里县	13.69	2.06	11.63	15.05	297 390	57 060	156 204	84 126	22 029	16 540	1 204	480	16 305	51 798	81
盐源县	36.96	10.87	26.09	29.41	757 819	193 961	395 373	168 485	20 745	59 609	7 892	9 319	45 724	174 697	634
德昌县	22.10	7.94	14.16	35.93	681 963	172 043	304 606	205 314	30 998	18 891	8 369	4 685	16 458	94 938	1 012
会理县	44.26	18.48	25.78	41.75	2 190 338	409 601	1 261 358	519 379	49 522	70 676	21 868	6 312	52 815	279 389	4 652
会东县	37.70	14.24	23.46	37.77	1 240 795	395 247	559 007	286 541	33 044	55 318	22 456	5 650	47 013	251 616	20 397

（续）

县（市、区）	年末常住人口/万人	城镇人口/万人	乡村人口/万人	城镇化率/%	地区生产总值/万元	第一产业总产值/万元	第二产业总产值/万元	第三产业总产值/万元	人均地区生产总值/元	年末实有耕地面积/hm²	化肥施用量（折纯量）/t	农村用电量/（万kW·h）	粮食播种面积/hm²	粮食产量/t	油料产量/t
宁南县	19.14	6.12	13.02	31.97	541 051	163 888	211 284	165 879	28 825	23 949	7 521	14 800	17 300	81 250	1 018
普格县	17.46	3.84	13.62	21.99	241 943	81 906	74 244	85 793	14 376	26 808	4 038	1 689	19 300	73 866	356
布拖县	18.17	3.50	14.67	19.26	245 768	73 007	109 218	63 543	14 052	22 913	2 065	600	18 889	72 084	100
金阳县	17.33	2.76	14.57	15.93	289 306	68 268	150 296	70 742	16 850	18 074	2 436	1 413	20 953	62 793	186
昭觉县	25.91	5.47	20.44	21.11	274 784	102 145	77 757	94 882	10 667	42 070	3 650	3 056	19 251	106 014	
喜德县	17.32	4.20	13.12	24.25	199 930	70 274	55 768	73 888	11 685	31 181	3 550	1 066	21 162	80 385	220
冕宁县	35.80	13.97	21.83	39.02	1 072 629	206 403	595 879	270 347	30 004	32 631	9 530	5 937	32 784	175 379	3 687
越西县	29.32	7.80	21.52	26.60	360 119	118 124	118 620	123 375	12 522	32 152	8 520	4 165	27 669	119 600	8 286
甘洛县	22.30	4.49	17.81	20.13	266 874	63 579	102 717	100 578	12 678	23 143	10 710	2 260	22 977	81 760	1 843
美姑县	23.28	2.27	21.01	9.75	211 598	89 345	51 453	70 800	9 285	31 142	5 273	2 550	21 182	81 794	29
雷波县	23.98	6.70	17.28	27.94	594 879	112 021	355 558	127 300	25 433	25 538	2 845	5 100	23 745	90 975	2 100

注：数据来源于《四川省统计年鉴 2017》，其中年末实有耕地面积由四川省国土资源厅提供。

4.2.3　四川省人口状况、化肥施用量和农村用电量（1952—2016 年）

数据见表 4-9。

表 4-9　四川省常住人口、城镇化率、出生率、死亡率和自然增长率与化肥施用量和农村用电量（1952—2016）

年份	年末常住人口/万人	城镇化率/%	出生率/‰	死亡率/‰	自然增长率/‰	化肥施用量/万 t	氮肥/万 t	磷肥/万 t	钾肥/万 t	复合肥/万 t	农村用电量/（亿 kW·h）
1952			41.0	18.2	22.8	0.4	0.4				
1957			29.2	12.1	17.1	1.0	0.7	0.3			
1962			28.0	14.6	13.4	4.0	3.0	1.0			
1965			42.4	11.4	31.0	11.3	8.4	2.8	0.1		
1970			38.7	9.2	29.5	11.5	8.5	2.8	0.2		
1975			31.2	8.9	22.3	23.0	17.1	5.6	0.3		
1978			15.1	7.0	8.1	62.5	46.4	15.7	0.4		7.7
1980			13.0	6.8	6.2	80.4	52.6	24.0	1.0	1.1	9.4
1985			15.4	7.2	8.2	103.1	82.6	16.4	1.7	2.1	19.3
1990			19.1	7.7	11.4	143.9	101.4	28.2	2.6	11.7	33.0
1991			15.8	7.3	8.5	154.3	103.0	32.0	3.5	15.7	37.4
1992			16.3	7.0	9.3	154.0	100.2	32.2	4.3	17.2	40.6
1993			16.8	7.2	9.6	158.1	99.5	33.2	5.4	20.0	46.2
1994			16.9	7.0	9.9	170.0	104.9	35.1	6.2	23.7	53.8
1995			17.1	7.2	9.9	182.9	111.0	37.4	7.0	27.3	61.2
1996			16.6	7.3	9.3	192.8	117.8	38.4	7.4	29.2	64.1
1997			15.7	7.0	8.7	201.3	121.3	40.0	8.4	31.6	68.4
1998			14.6	7.1	7.5	205.3	123.7	40.3	8.8	32.5	73.5
1999			13.8	7.0	6.8	210.3	124.2	40.4	9.3	36.4	78.8
2000	8 234.8	26.7	12.1	7.0	5.1	212.6	123.0	42.0	10.0	37.5	82.8
2001	8 143.0	27.2	11.2	6.8	4.4	212.0	121.8	41.9	10.4	37.9	89.5
2002	8 110.0	28.2	10.4	6.5	3.9	209.6	118.5	42.3	11.0	37.8	93.0
2003	8 176.0	30.1	9.2	6.1	3.1	208.4	117.5	41.9	11.6	37.4	99.9
2004	8 090.0	31.1	9.1	6.3	2.8	214.7	120.2	42.9	12.2	39.3	107.8
2005	8 212.0	33.0	9.70	6.80	2.90	220.9	121.8	45.1	12.9	40.6	112.9
2006	8 169.0	34.3	9.14	6.28	2.86	228.2	124.7	46.6	13.7	43.0	117.7
2007	8 127.0	35.6	9.21	6.29	2.92	238.2	127.9	48.0	14.8	46.6	123.3
2008	8 138.0	37.4	9.54	7.15	2.39	242.8	128.6	48.9	15.8	48.0	128.2
2009	8 185.0	38.7	9.15	6.43	2.72	248.0	130.7	49.7	16.4	50.3	133.8
2010	8 041.8	40.2	8.93	6.62	2.31	248.0	129.6	49.2	16.4	51.1	141.7
2011	8 050.0	41.8	9.79	6.81	2.98	251.2	128.8	50.6	17.3	53.2	148.6
2012	8 076.2	43.5	9.89	6.92	2.97	252.8	127.9	50.7	17.5	55.0	156.0
2013	8 107.0	44.9	9.90	6.90	3.00	251.1	126.1	50.3	17.7	55.0	163.5
2014	8 140.2	46.3	10.22	7.02	3.20	250.2	125.7	49.9	17.7	56.9	169.6
2015	8 204.0	47.7	10.30	6.94	3.36	249.8	124.7	49.6	17.8	57.7	174.8
2016	8 262.0	49.2	10.48	6.99	3.49	249.0	121.9	48.9	17.9	60.2	183.1

4.2.4　四川省各市（州）农业用地情况、施肥用电情况、农作物总播与粮食作物播种面积与产量统计（2016年）

相关数据见表 4-10。

表 4-10　四川省各市（州）农业用地情况、施肥用电情况、农作物总播与粮食作物播种面积与产量统计（2016年）

市（州）	年末实有耕地面积/万 hm²	设施农业用地面积/万 hm²	耕地灌溉面积/万 hm²	农作物总播种面积/万 hm²	化肥施用量/万 t	氮肥/万 t	磷肥/万 t	钾肥/万 t	复合肥/万 t	农村用电量/亿 kW·h	粮食播种面积/万 hm²	粮食产量/万 t	豆类播种面积/万 hm²	豆类产量/万 t	薯类播种面积/万 hm²	薯类产量/万 t
全省	673.543	15.212	281.355	972.86	248.98	121.94	48.93	17.93	60.19	183.08	645.39	3 483.5	52.06	105.8	128.38	531.1
成都市	52.955	1.718	37.211	88.627	18.58	7.19	3.65	1.97	5.77	36.33	51.13	290.4	4.78	10.7	8.37	30.0
自贡市	21.665	1.071	9.737	31.371	9.57	4.25	2.55	1.05	1.73	4.91	21.71	134.6	1.92	5.9	3.05	14.7
攀枝花市	7.488	0.369	3.852	7.093	2.87	1.03	0.32	0.32	1.19	2.09	4.25	22.9	0.59	1	0.17	0.6
泸州市	41.218	0.522	14.941	48.658	11.04	5.34	2.13	0.7	2.87	8.13	36.99	205.6	1.62	3.2	7.33	29.8
德阳市	24.901	0.827	15.42	45.928	18.81	9.38	2.99	0.93	5.52	21.97	30.23	194.3	1.3	3.5	2.79	11.0
绵阳市	44.447	0.534	21.868	66.457	21.97	10.33	5.74	1.12	4.79	11.63	42.04	223.7	2.3	5.3	4.92	17.4
广元市	35.36	0.358	8.86	43.257	11.02	5.3	2.25	0.93	2.53	4.3	26.47	142.7	1.29	3.1	3.7	17.3
遂宁市	27.139	0.555	12.708	41.551	13.96	7.06	2.81	1.06	3.03	3.7	30.12	160.8	2.92	7.4	5.98	33.9
内江市	27.434	0.866	12.911	45.435	12.88	8.25	2.86	0.37	1.41	9.81	30.87	156.8	2.91	10	5.94	23.0
乐山市	27.272	0.887	13.859	35.844	9.87	5.12	1.6	0.47	2.68	10.64	23.17	110.7	2.25	3.4	6.19	16.7
南充市	53.486	1.813	20.549	92.043	22.88	11.71	5.51	1.11	4.55	6.55	57.39	315.2	4.34	16	11.36	55.1
眉山市	24.216	0.882	16.984	43.759	14.46	4.92	1.88	1.94	5.72	8.24	29.8	170.4	1.8	4.2	4.07	19.9
宜宾市	48.781	0.937	18.139	54.784	8.39	3.21	1.5	0.75	2.93	12.51	39.17	221.9	2.73	6	8.84	34.1
广安市	30.778	0.616	9.764	49.049	10.84	6.85	2.37	0.73	0.89	5.29	34.25	191.6	4.35	7.4	7.81	34.5
达州市	55.053	1.602	16.779	83.08	22.02	12.65	3.69	1.65	4.04	8.57	55.76	292.5	4.47	8.4	15.99	66.1

（续）

市（州）	年末实有耕地面积/万 hm²	设施农业用地面积/万 hm²	耕地灌溉面积/万 hm²	农作物播种总面积/万 hm²	化肥施用量/万 t	氮肥/万 t	磷肥/万 t	钾肥/万 t	复合肥/万 t	农村用电量/亿 kW·h	粮食播种面积/万 hm²	粮食产量/万 t	豆类播种面积/万 hm²	豆类产量/万 t	薯类播种面积/万 hm²	薯类产量/万 t
雅安市	10.106	0.181	5.337	17.482	5.08	2.45	0.69	0.55	1.39	4.8	11.07	48.3	1.25	1.5	3.34	8.8
巴中市	32.606	0.728	9.052	45.443	13.99	6.27	2.4	1.19	4.12	7.05	32.06	173.3	1.08	2.2	7.33	28.5
资阳市	32.075	0.139	11.853	51.877	5.31	3.74	1.16	0.04	0.37	5.24	34.87	162.7	5.97	14.3	6.84	24.7
阿坝藏族羌族自治州	8.372	0.027	2.27	8.094	1.3	0.56	0.32	0.08	0.34	2.31	5.1	16.1	0.72	1.6	1.47	5.0
甘孜藏族自治州	10.319	0.031	2.495	8.928	0.35	0.24	0.03	0.01	0.07	1.15	7.18	25.4	0.56	1.3	1.13	4.7
凉山彝族自治州	57.873	0.547	16.766	69.989	13.8	6.08	2.5	0.96	4.26	7.88	47.65	217.1	2.99	4.6	16.23	75.7

4.2.5　2017 年盐亭县国民经济和社会发展统计公报

2017 年，县委、县政府团结带领全县干部群众，认真学习贯彻党的十九大精神和习近平新时代中国特色社会主义思想，紧紧围绕县委工作重心，奋力推进"两个加快"，坚持科学发展、加快发展，坚定推进供给侧结构性改革，全县经济总量迈上 100 亿新台阶，综合实力明显增强，产业结构日趋优化，城乡建设扎实推进，改革开放富有成效，社会事业协调发展，人民生活不断改善。

4.2.5.1　综合

国民经济。全年实现地区生产总值 103.83 亿元，同比增长 7.7%，其中：第一产业增加值 37.08 亿元，增长 4.1%；第二产业增加值 29.33 亿元，增长 10.1%；第三产业增加值 37.42 亿元，增长 9.5%。三次产业结构由 2016 年的 37.8∶27.8∶34.4 调整为 35.7∶28.3∶36.0。非公有制经济全年实现增加值 62.14 亿元，增长 8.1%。

工业化率和城镇化率。年末全县工业化率 15.1%，比 2016 年下降 0.6 个百分点；城镇化率 38.2%，比 2016 年提高 1.3 个百分点。

4.2.5.2　农业

农业。全年实现农林牧渔业增加值 37.94 亿元，增长 4.2%。其中：农业增加值 22.05 亿元，增长 5.4%；林业增加值 1.35 亿元，增长 7.3%；牧业增加值 11.86 亿元，增长 1.0%；渔业增加值 1.81 亿元，增长 8.2%；农林牧渔服务业增加值 0.87 亿元，增长 9.5%。

农产品产量。全年农作物总播种面积 8.292 万 hm^2，增长 0.3%。其中：粮食播种面积 5.802 万 hm^2，增长 0.3%；油料作物播种面积 1.536 万 hm^2，增长 0.1%。全年粮食总产量 31.25 万吨，增长 3.2%。其中：大春粮食产量 22.48 万吨，增长 3.1%；小春粮食产量 8.77 万 t，增长 3.4%。主要农产品中：稻谷产量 10.66 万 t，增长 2.7%；小麦产量 8.42 万 t，增长 3.5%；油料作物产量 3.77 万 t，增长 0.9%；蔬菜产量 15.97 万 t，增长 1.1%。

畜牧业。全年生猪出栏 41.40 万头，下降 4.1%。肉类总产量 5.43 万 t，下降 2.6%。

林业。年末全县森林面积达到 7.38 万 hm^2，森林覆盖率达 48.75%。完成造林面积 2 666hm^2。全县有自然保护区 1 个，自然保护区面积 1.63 万 hm^2。

农田水利。年末实有水利工程 6134 处，水利工程蓄引能力 9844 万立方米。年末耕地有效灌溉面积 2.33 万 hm^2。

4.2.5.3　工业和建筑业

工业。全年全部工业实现增加值 15.66 亿元，增长 9.1%。其中：规模以上工业企业实现增加值增长 11.0%。

年末，规模以上工业企业 21 户，完成工业总产值 11.78 亿元，增长 27.4%；实现工业销售产值 10.61 亿元，增长 23.97%。工业产销率 90.0%，下降 2.5 个百分点；工业生产综合能耗 9 845t 标准煤，增长 15.0%。

建筑业。全县资质以上建筑企业 12 个，完成建筑业总产值 19.0 亿元，增长 8.4%。房屋建筑施工面积 75.13 万 m^2，增长 64.2%；房屋建筑竣工面积 45.93 万 m^2，增长 34.2%。

4.2.5.4　固定资产投资

固定资产投资。全年全社会固定资产投资完成 77.11 亿元，增长 14.6%。从资金来源看，政府投资 41.67 亿元，增长 6.4%；民间投资 35.44 亿元，增长 26.0%。从产业看，第一产业完成投资 3.98 亿元，下降 9.3%；第二产业完成投资 17.77 亿元，增长 16.3%；第三产业完成投资 55.36 亿元，增长 16.2%。从投资类型看，基本建设完成投资 48.35 亿元，增长 9.1%；更新技术改造完成投资 18.43 亿元，增长 44.7%；房地产开发完成投资 8.33 亿元，增长 45.6%；农户投资 2.0 亿元，下降 55.6%。

房地产。年末，全县资质以上房地产企业 24 户，商品房施工面积 161.11 万 m^2，增长 8.8%；商品房竣工面积 20.21 万 m^2，增长 71.9%；商品房销售面积 33.52 万 m^2，增长 12.4%。

4.2.5.5　贸易、旅游和招商引资

消费品市场。全年社会消费品零售总额 61.68 亿元，增长 12.3%。按行业分，批发业实现零售额 11.89 亿元，增长 11.5%；零售业实现零售额 31.96 亿元，增长 12.5%；住宿业实现零售额 3.60 亿元，增长 11.3%；餐饮业实现零售额 14.23 亿元，增长 12.6%。按经营地分，城镇市场实现零售额 34.44 亿元，增长 13.0%；乡村市场实现零售额 27.24 亿元，增长 11.4%。按限额分，限额以上企业和个体户实现零售额 10.98 亿元，增长 17.0%；限额以下企业和个体户实现零售额 50.70 亿元，增长 11.3%。

旅游。全年共实现旅游总收入 9.66 亿元，同比增长 34.7%。接待游客总人数 190.12 万人次，增长 21.2%。

招商引资。全年引进内资项目 47 个，到位资金 31.95 亿元，增长 8.5%。进出口总额 0.34 亿元，增长 209.8%。

4.2.5.6　交通和邮电

交通。年末全县公路总里程 2 364km，其中等级公路 1 546km。

邮电。全年完成邮电业务总量 13 356 万元。其中，邮政业务总量 5 849 万元，电信业务总量 7 507万元。年末全县共有邮政局（所）66 处；固定电话机用户 4.21 万户，增长 29.4%。

4.2.5.7　财政、金融和保险业

财政。全年实现财政总收入 10.86 亿元，下降 22.3%。实现地方公共财政收入 3.40 亿元，增长 4.1%。财政总支出 45.70 亿元，下降 12.8%。

金融。年末金融机构人民币各项存款余额 165.25 亿元，同比增长 9.2%，其中：住户存款余额 135.57 亿元，增长 8.6%。人民币各项贷款余额 67.47 亿元，同比增长 14.1%。

保险。年末全县共有保险公司 12 家，全年实现各类保险保费收入 5.16 亿元，其中：财产保险保费收入 1.08 亿元，人身险保费收入 4.08 亿元。

4.2.5.8　教育和科学技术

教育。年末全县共有各级各类学校 126 所，在校学生 44 523 人，专任教师 3 608 人。

全县有小学 47 所，在校学生 19 620 人，学龄儿童入学率 100%；初中 20 所，在校学生 8 166 人；普通高中 1 所，在校学生 5 221 人；中等职业教育学校 1 所，在校学生 2 237 人；幼儿园 56 个，附属幼儿班 30 个，入园幼儿 9 168 人；特殊教育学校 1 所，在校学生 111 人。

科学技术。全县共组织申报国家级科技项目 6 项，落实无偿资金 50 万元。组织申报省级科技项目 10 项，落实无偿资金 60 万元。组织申报市级科技项目 9 项，落实无偿资金 35 万元。全年共申请专利 60 件，专利授权 31 件。

4.2.5.9　文化、体育和卫生

文化体育。年末全县有公共图书馆 1 个，公共图书馆藏书量 16.3 万册。文化馆 1 个，影剧院 1 个，体育场馆 1 个。乡广播电视站 36 个，广播覆盖率 99%，电视覆盖率 100%，通有线电视的村 460 个。

卫生。年末全县有卫生机构 596 个，从业人员数 2 356 人。医院、卫生院技术人员 1 887 人，其中执业医师 500 人。卫生机构床位数 2 754 张。

4.2.5.10　环境保护

年末，县城有污水处理厂 1 座，乡镇污水处理站 10 座，污水集中处理率 81.1%。全县垃圾处理厂 1 座。城区空气质量优良天数 321 天。

4.2.5.11　人口、人民生活和社会保障

人口。年末全县总户数 24.34 万户，户籍人口 55.33 万人，常住人口 45.55 万人。当年出生人口 4 868 人，死亡人口 3 844 人，人口自然增长率 0.176%。

城乡居民收支。全县城镇居民人均可支配收入为 29 212 元，增长 8.3%，其中：工资性收入 18 945元，增长 8.3%。城镇居民人均消费支出 19 561 元，增长 9.0%，其中：食品烟酒支出 7 519 元，增长 9.6%。

全年农村居民人均可支配收入 14 086 元，增长 9.1%；农村居民人均生活消费支出 11 300 元，增长 9.9%，其中：食品烟酒支出 4 376 元，增长 6.5%。

社会保障。城镇职工基本养老保险参保人数 94 453 人；城乡居民社会养老保险参保人数 253 902 人；城镇职工基本医疗保险参保人数 37 098 人；城镇居民医疗保险参保人数 76 104 人；失业保险参保人数 11 132 人，城镇登记失业率 3.92%；新型农村合作医疗参保人数 455 083 人。全县城镇享受最低生活保障人数 26 384 人，农村享受最低生活保障人数 40 082 人。年末全县有社会福利收养性单位挂牌 51 个，床位数 5 107 张。

注：①《公报》中使用数据为统计快报数据，正式数据以《盐亭统计年鉴 2017》为准。

②部分数据因四舍五入的原因，存在着与分项合计不等的情况。

③公报中地区生产总值、各行业增加值绝对数按现行价格计算，增长速度按可比价格计算。

④行业数据由相关部门提供。

4.2.6　四川省和重庆市土种类型数据

4.2.6.1　概述

土种是土壤基层分类的基本单元，是土壤分类谱系的基础，指在同一土属范围内和相同母质条件下，土体结构、理化性质和生产性能基本一致的一组土壤实体。土种是地方性土壤类型，具有一定的空间分布位置和明显的区域性、生产性特点，在土壤科学研究和合理利用土壤资源等方面均具有极其重要的意义。1979 年起，历时 12 年的四川省和重庆市第二次土壤普查工作，由于采用了许多先进的调查技术和测试手段，野外调查和内业工作在很多方面都有了长足的进步和发展，县以上都编制了土壤普查系列成果图件，编写了以土种为基础的翔实土壤资料，引用了大量分析化验数据和调查资料。本数据集以出版的《四川土种志》为基础，整理并核实而列出四川省分布有的土种名称以及其归属的土类和亚类数据，可谓土壤研究者提供科学参考。

4.2.6.2　数据采集和处理方法

数据集的录入校正由中国科学院水利部成都山地所于 2014—2015 年完成，数据完整性和一致性经过了人工抽检，对出现的错误进行了一一校正。

4.2.6.3　数据质量控制和评估

对已有数据资源中土壤分类名称的规范化，是土壤学科领域数据整合的重要内容之一。为了与现存的中国土壤分类与代码（GB 17926—2000）统一，首先将《四川土种志》中的土类表与第二次全国土壤普查汇总规范《中国土壤发生分类系统（1980）》对应，然后再与国标（GB/T 17296—2009）对照。

4.2.6.4　数据

四川省和含重庆市土壤类型数据见表 4-11。

表 4 - 11 四川省（含重庆市）基于第二次全国土壤普查的土种类型表

土种编码	土种名称	土类名称	亚类名称	土种编码	土种名称	土类名称	亚类名称
SCA111	赤红泥土	赤红壤	赤红壤	SCC141	卵石黄泥土	黄壤	黄壤
SCA112	赤红胶泥土	赤红壤	赤红壤	SCC142	面黄泥土	黄壤	黄壤
SCA113	厚层赤红泥土	赤红壤	赤红壤	SCC143	铁杆子黄泥土	黄壤	黄壤
SCA121	赤红砂泥土	赤红壤	赤红壤	SCC144	卵石黄砂泥土	黄壤	黄壤
SCA211	羊毛泡砂土	赤红壤	赤红壤性土	SCC145	厚层卵石黄泥土	黄壤	黄壤
SCA212	羊肝石泡泥土	赤红壤	赤红壤性土	SCC211	冷白鳝泥土	黄壤	黄壤
SCA221	黄石砂泥土	赤红壤	赤红壤性土	SCC212	白鳝泥土	黄壤	黄壤
SCA222	赤红扁砂泥土	赤红壤	赤红壤	SCC311	扁砂黄泥土	黄壤	黄壤性土
SCB111	黄红泥土	红壤	黄红壤	SCC312	片石黄泥土	黄壤	黄壤性土
SCB112	黄红砂泥土	红壤	黄红壤	SCC313	扁石黄砂土	黄壤	黄壤性土
SCB113	酸白砂土	红壤	黄红壤	SCC314	厚层扁砂黄泥土	黄壤	黄壤性土
SCB114	厚层黄红泥土	红壤	黄红壤	SCC321	石渣黄泥土	黄壤	黄壤性土
SCB121	卵石黄红泥土	红壤	黄红壤	SCC331	炭渣土	黄壤	黄壤性土
SCB211	鸡粪红泥土	红壤	山原红壤	SCC341	鱼眼砂黄泥土	黄壤	黄壤性土
SCB212	鸡粪红砂泥土	红壤	山原红壤	SCD111	黑泡土	黄棕壤	黄棕壤
SCB213	红泥大土	红壤	山原红壤	SCD112	灰棕泥土	黄棕壤	黄棕壤
SCB214	红胶泥土	红壤	山原红壤	SCD113	黄棕泥土	黄棕壤	黄棕壤
SCB215	红砂泥土	红壤	山原红壤	SCD114	灰棕泡砂土	黄棕壤	黄棕壤
SCB216	卵石红泥土	红壤	山原红壤	SCD115	石渣黄棕泡土	黄棕壤	黄棕壤
SCB217	中层褐红砂泥土	红壤	山原红壤	SCD116	厚层黄棕泡土	黄棕壤	黄棕壤
SCB218	厚层红胶泥土	红壤	山原红壤	SCD117	中层黄棕泡土	黄棕壤	黄棕壤
SCB221	红泥土	红壤	山原红壤	SCD118	薄层黄棕泡土	黄棕壤	黄棕壤
SCB222	暗红砂泥土	红壤	山原红壤	SCD121	黄棕泥土	黄棕壤	黄棕壤
SCB223	夹石红砂土	红壤	山原红壤	SCD122	黄棕砂泥土	黄棕壤	黄棕壤
SCB224	厚层红泥土	红壤	山原红壤	SCD131	红底黄棕泥土	黄棕壤	黄棕壤
SCB311	羊毛砂泥土	红壤	红壤性土	SCD211	棕红泥土	黄棕壤	暗黄棕壤
SCB312	羊毛砂土	红壤	红壤性土	SCD212	棕红砂泥土	黄棕壤	暗黄棕壤
SCB321	夹石红泥土	红壤	红壤性土	SCD213	黑鸭屎泥土	黄棕壤	暗黄棕壤
SCB322	夹石红砂泥土	红壤	红壤性土	SCD311	石块黄棕泥土	黄棕壤	黄棕壤性土
SCB323	红石渣砂泥土	红壤	红壤性土	SCD312	石渣黄棕土	黄棕壤	黄棕壤性土
SCC111	冷砂黄泥土	黄壤	黄壤	SCD313	扁砂黄棕泥土	黄棕壤	黄棕壤性土
SCC112	冷砂土	黄壤	黄壤	SCD314	鱼眼砂黄棕泥土	黄棕壤	黄棕壤性土
SCC113	厚层冷砂黄泥土	黄壤	黄壤	SCE111	姜石黄泥土	黄褐土	黄褐土
SCC121	砂黄泥土	黄壤	黄壤	SCE112	姜石黄砂泥土	黄褐土	黄褐土
SCC122	黄砂土	黄壤	黄壤	SCE121	黄褐大泥土	黄褐土	黄褐土
SCC131	矿子黄泥土	黄壤	黄壤	SCE122	夹石黄褐泥土	黄褐土	黄褐土
SCC132	灰泡黄泥土	黄壤	黄壤	SCE211	扁砂黄褐砂泥土	黄褐土	黄褐土性土
SCC133	火石子黄泥土	黄壤	黄壤	SCE212	石渣黄褐砂泥土	黄褐土	黄褐土性土
SCC134	中层矿子黄泥土	黄壤	黄壤	SCE213	石渣黄褐砂土	黄褐土	黄褐土性土

（续）

土种编码	土种名称	土类名称	亚类名称	土种编码	土种名称	土类名称	亚类名称
SCE214	中层扁砂黄褐砂泥土	黄褐土	黄褐土性土	SCJ233	灰褐泥土	褐土	石灰性褐土
				SCJ234	褐黄砂泥土	褐土	石灰性褐土
SCE215	中层石渣黄褐砂泥土	黄褐土	黄褐土性土	SCJ235	卵石褐黄土	褐土	石灰性褐土
				SCJ241	红褐大土	褐土	石灰性褐土
SCF111	棕泥土	棕壤	棕壤	SCJ242	紫褐泥土	褐土	石灰性褐土
SCF112	棕泥砂土	棕壤	棕壤	SCJ311	粉黄土	褐土	淋溶褐土
SCF113	灰泡砂泥土	棕壤	棕壤	SCJ321	褐泥土	褐土	淋溶褐土
SCF114	夹石棕砂泥土	棕壤	棕壤	SCJ322	石渣黑泥土	褐土	淋溶褐土
SCF115	厚层棕泡砂泥土	棕壤	棕壤	SCJ323	褐黄砂土	褐土	淋溶褐土
SCF121	棕黄泥土	棕壤	棕壤	SCJ324	厚层黑褐砂泥土	褐土	淋溶褐土
SCF122	砾石棕黄泥土	棕壤	棕壤	SCJ411	绵黄土	褐土	暗褐土
SCF123	棕黄泥土	棕壤	棕壤	SCJ412	褐黄土	褐土	暗褐土
SCF131	红底棕泥土	棕壤	棕壤	SCJ413	暗褐黄土	褐土	暗褐土
SCF211	厚层酸棕泡砂泥土	棕壤	酸性棕壤	SCJ414	卵石砂黄土	褐土	暗褐土
				SCJ415	薄黄土	褐土	暗褐土
SCF311	石块棕泥土	棕壤	棕壤性土	SCJ421	暗黄大土	褐土	暗褐土
SCF321	乌石渣土	棕壤	棕壤性土	SCJ422	夹石暗黄土	褐土	暗褐土
SCG111	黑泥土	暗棕壤	暗棕壤	SCJ423	石渣灰黄土	褐土	暗褐土
SCG112	夹石黑泥土	暗棕壤	暗棕壤	SCJ424	夹石暗褐砂土	褐土	暗褐土
SCG113	片石黑泥土	暗棕壤	暗棕壤	SCJ425	厚层燥褐砂土	褐土	暗褐土
SCG114	中层黑泡泥土	暗棕壤	暗棕壤	SCJ511	夹石香灰土	褐土	燥褐土
SCH111	厚层棕色灰包土	棕色针叶林土	棕色针叶林土	SCJ512	灰褐泥土	褐土	燥褐土
SCH211	厚层棕色酸白砂泥土	棕色针叶林土	灰化棕色针叶林土	SCJ513	石渣灰褐泥土	褐土	燥褐土
				SCJ514	厚层燥褐砂土	褐土	燥褐土
SCI111	燥红砂泥土	燥红土	褐红土	SCJ521	燥黄土	褐土	燥褐土
SCI112	石子燥红砂土	燥红土	褐红土	SCJ522	燥砂土	褐土	燥褐土
SCI113	厚层燥红泥土	燥红土	燥红土	SCJ523	灰砂土	褐土	燥褐土
SCJ111	黄土	褐土	褐土	SCJ611	暗褐石块土	褐土	褐土性土
SCJ121	暗褐泥土	褐土	褐土	SCJ612	黑石块土	褐土	褐土性土
SCJ122	厚层褐砂泥土	褐土	褐土	SCL111	厚层风沙土	风沙土	半固定风沙土
SCJ211	大黄土	褐土	石灰性褐土	SCK111	新积灰砂土	新积土	新积土
SCJ212	二黄土	褐土	石灰性褐土	SCK121	新积钙质灰棕砂土	新积土	新积土
SCJ213	砾质黄土	褐土	石灰性褐土	SCK131	新积钙质紫砂土	新积土	新积土
SCJ221	褐砂泥土	褐土	石灰性褐土	SCK141	新积钙质黄砂土	新积土	新积土
SCJ222	石渣褐泥土	褐土	石灰性褐土	SCK151	新积黄红砂土	新积土	新积土
SCJ223	夹石褐砂土	褐土	石灰性褐土	SCK161	新积褐砂泥土	新积土	新积土
SCJ224	厚层石灰褐砂泥土	褐土	石灰性褐土	SCK162	新积褐砂土	新积土	新积土
SCJ231	黑褐砂泥土	褐土	石灰性褐土	SCK171	新积棕砂泥土	新积土	新积土
SCJ232	夹石黄土	褐土	石灰性褐土	SCK172	新积棕砂土	新积土	新积土

（续）

土种编码	土种名称	土类名称	亚类名称	土种编码	土种名称	土类名称	亚类名称
SCK181	新积黑砂泥土	新积土	新积土	SCN222	暗紫砂泥土	紫色土	中性紫色土
SCK182	新积黑砂土	新积土	新积土	SCN223	暗紫石骨土	紫色土	中性紫色土
SCK211	河砂土	新积土	冲积土	SCN224	暗紫黄泥土	紫色土	中性紫色土
SCK212	白眼砂土	新积土	冲积土	SCN225	中层暗紫泥土	紫色土	中性紫色土
SCK221	钙质紫河砂土	新积土	冲积土	SCN231	紫泥土	紫色土	中性紫色土
SCM111	石灰黄泥土	石灰（岩）土	黄色石灰土	SCN232	紫砂泥土	紫色土	中性紫色土
SCM112	石灰黄砂泥土	石灰（岩）土	黄色石灰土	SCN233	紫色石骨土	紫色土	中性紫色土
SCM113	石灰黄石渣土	石灰（岩）土	黄色石灰土	SCN234	紫色粗砂土	紫色土	中性紫色土
SCM114	石子黄泥土	石灰（岩）土	黄色石灰土	SCN235	紫黄泥土	紫色土	中性紫色土
SCM115	厚层石灰黄泥土	石灰（岩）土	黄色石灰土	SCN311	棕紫泥土	紫色土	石灰性紫色土
SCM116	中层石灰黄泥土	石灰（岩）土	黄色石灰土	SCN312	棕紫砂泥土	紫色土	石灰性紫色土
SCM211	石灰红泥土	石灰（岩）土	红色石灰土	SCN313	棕紫石骨土	紫色土	石灰性紫色土
SCM212	石灰红砂泥土	石灰（岩）土	红色石灰土	SCN314	棕紫砂土	紫色土	石灰性紫色土
SCM213	红石渣土	石灰（岩）土	红色石灰土	SCN315	棕紫黄泥土	紫色土	石灰性紫色土
SCM214	厚层石灰红泥土	石灰（岩）土	红色石灰土	SCN316	中层棕紫泥土	紫色土	石灰性紫色土
SCM311	鸡粪大土	石灰（岩）土	黑色石灰土	SCN321	红棕紫泥土	紫色土	石灰性紫色土
SCM312	黑泡泥土	石灰（岩）土	黑色石灰土	SCN322	红棕紫砂泥土	紫色土	石灰性紫色土
SCM313	烧根土	石灰（岩）土	黑色石灰土	SCN323	红棕石骨土	紫色土	石灰性紫色土
SCM314	中层石灰黑泥土	石灰（岩）土	黑色石灰土	SCN324	红棕紫砂土	紫色土	石灰性紫色土
SCM411	石灰棕泥土	石灰（岩）土	棕色石灰土	SCN325	红棕紫黄泥土	紫色土	石灰性紫色土
SCM412	石灰棕泡土	石灰（岩）土	棕色石灰土	SCN326	中层红棕紫泥土	紫色土	石灰性紫色土
SCM413	中层石灰棕泥土	石灰（岩）土	棕色石灰土	SCN331	黄红紫泥土	紫色土	石灰性紫色土
SCN111	红紫砂泥土	紫色土	酸性紫色土	SCN332	黄红紫砂泥土	紫色土	石灰性紫色土
SCN112	红紫砂土	紫色土	酸性紫色土	SCN333	黄红紫石骨土	紫色土	石灰性紫色土
SCN113	厚层红紫砂泥土	紫色土	酸性紫色土	SCN334	黄红紫砂土	紫色土	石灰性紫色土
SCN114	厚层红紫砂土	紫色土	酸性紫色土	SCN335	黄红紫黄泥土	紫色土	石灰性紫色土
SCN121	酸紫泥土	紫色土	酸性紫色土	SCN341	砖红紫泥土	紫色土	石灰性紫色土
SCN122	酸紫砂泥土	紫色土	酸性紫色土	SCN342	砖红紫石骨土	紫色土	石灰性紫色土
SCN123	酸紫砂土	紫色土	酸性紫色土	SCN351	钙紫大土	紫色土	石灰性紫色土
SCN124	酸紫黄泥土	紫色土	酸性紫色土	SCN352	钙紫二泥土	紫色土	石灰性紫色土
SCN125	厚层酸紫砂泥土	紫色土	酸性紫色土	SCN353	钙紫石骨土	紫色土	石灰性紫色土
SCN126	中层酸紫砂泥土	紫色土	酸性紫色土	SCO111	石块黄泥砂土	粗骨土	酸性粗骨土
SCN211	灰棕紫泥土	紫色土	中性紫色土	SCO112	粗石渣黄砂土	粗骨土	酸性粗骨土
SCN212	灰棕紫砂泥土	紫色土	中性紫色土	SCO113	灰黑石片土	粗骨土	酸性粗骨土
SCN213	灰棕石骨土	紫色土	中性紫色土	SCO211	鱼眼砂土	粗骨土	中性粗骨土
SCN214	灰棕紫砂土	紫色土	中性紫色土	SCO212	片石砂泥土	粗骨土	中性粗骨土
SCN215	灰棕黄紫泥土	紫色土	中性紫色土	SCO311	粗石子黄泥土	粗骨土	钙质粗骨土
SCN216	中层灰棕紫泥土	紫色土	中性紫色土	SCO312	石窖土	粗骨土	钙质粗骨土
SCN221	暗紫泥土	紫色土	中性紫色土	SCP111	砾质草甸砂壤土	草甸土	草甸土

（续）

土种编码	土种名称	土类名称	亚类名称	土种编码	土种名称	土类名称	亚类名称
SCP112	卵石底草甸砂壤土	草甸土	草甸土	SCU122	紫潮砂泥田	水稻土	潴育水稻土
SCP113	厚层砾质草甸砂壤土	草甸土	草甸土	SCU123	假白鳝紫潮田	水稻土	潴育水稻土
SCP121	黑泥土	草甸土	草甸土	SCU124	钙质紫潮田	水稻土	潴育水稻土
SCP211	草甸石灰黄土	草甸土	石灰性草甸土	SCU131	黄红潮泥田	水稻土	潴育水稻土
SCP212	草甸砾质黄土	草甸土	石灰性草甸土	SCU132	黄潮砂泥田	水稻土	潴育水稻土
SCP213	薄层钙质草甸土	草甸土	石灰性草甸土	SCU141	夹黄紫泥田	水稻土	潴育水稻土
SCQ111	厚层山地草甸土	山地草甸土	山地草甸土	SCU142	夹黄紫砂泥田	水稻土	潴育水稻土
SCR111	灰潮砂泥土	潮土	灰潮土	SCU151	黄紫泥田	水稻土	潴育水稻土
SCR121	钙质灰棕潮泥土	潮土	灰潮土	SCU152	黄紫砂泥田	水稻土	潴育水稻土
SCR122	钙质灰棕潮砂泥土	潮土	灰潮土	SCU153	黄紫胶泥田	水稻土	潴育水稻土
SCR131	紫潮泥土	潮土	灰潮土	SCU161	红紫泥田	水稻土	潴育水稻土
SCR132	紫潮砂泥土	潮土	灰潮土	SCU162	黄紫酸砂泥田	水稻土	潴育水稻土
SCR141	黄潮泥土	潮土	灰潮土	SCU163	假白鳝紫泥田	水稻土	潴育水稻土
SCR142	黄潮砂泥土	潮土	灰潮土	SCU164	紧口砂田	水稻土	潴育水稻土
SCR143	黄红潮砂泥土	潮土	灰潮土	SCU171	大土黄泥田	水稻土	潴育水稻土
SCS111	泛酸土	沼泽土	腐泥土	SCU172	小土黄泥田	水稻土	潴育水稻土
SCS211	厚层泥炭沼泽土	沼泽土	泥炭沼泽土	SCU173	小土黄沙泥田	水稻土	潴育水稻土
SCS311	厚层草甸沼泽土	沼泽土	草甸沼泽土	SCU174	死黄泥田	水稻土	潴育水稻土
SCT111	黑泥炭土	泥炭土	低位泥炭土	SCU175	卵石锈黄泥田	水稻土	潴育水稻土
SCT112	厚层泥炭土	泥炭土	低位泥炭土	SCU176	砂黄泥田	水稻土	潴育水稻土
SCT113	薄层泥炭土	泥炭土	低位泥炭土	SCU177	黄砂田	水稻土	潴育水稻土
SCV111	厚层草毡土	高山草甸土	高山草甸土	SCU178	矿子锈黄泥田	水稻土	潴育水稻土
SCV112	中层草毡土	高山草甸土	高山草甸土	SCU179	姜石锈黄泥田	水稻土	潴育水稻土
SCV113	薄层草毡土	高山草甸土	高山草甸土	SCU1710	夹白鳝黄泥田	水稻土	潴育水稻土
SCV211	薄层灌丛草毡土	高山草甸土	高山灌丛草甸土	SCU1711	铁杆子黄泥田	水稻土	潴育水稻土
SCW111	砾质黑毡土	亚高山草甸土	亚高山草甸土	SCU1712	夹石锈黄泥田	水稻土	潴育水稻土
SCW112	石渣黑毡土	亚高山草甸土	亚高山草甸土	SCU181	铁子红泥田	水稻土	潴育水稻土
SCW113	厚层黑毡土	亚高山草甸土	亚高山草甸土	SCU182	灰红泥田	水稻土	潴育水稻土
SCW114	中层黑毡土	亚高山草甸土	亚高山草甸土	SCU191	钙质姜石黄泥田	水稻土	潴育水稻土
SCW115	薄层黑毡土	亚高山草甸土	亚高山草甸土	SCU192	钙质矿子黄泥田	水稻土	潴育水稻土
SCW211	厚层棕毡土	亚高山草甸土	亚高山灌丛草甸土	SCU211	石骨子夹泥田	水稻土	淹育水稻土
SCW212	中层棕毡土	亚高山草甸土	亚高山灌丛草甸土	SCU212	红紫砂田	水稻土	淹育水稻土
SCW213	薄层棕毡土	亚高山草甸土	亚高山灌丛草甸土	SCU213	黄紫砂田	水稻土	淹育水稻土
SCX111	薄层寒漠粗砂土	高山寒漠土	高山寒漠土	SCU221	钙质石骨子田	水稻土	淹育水稻土
SCU111	灰棕潮泥田	水稻土	潴育水稻土	SCU222	钙质紫砂田	水稻土	淹育型水稻土
SCU112	灰棕潮砂泥田	水稻土	潴育水稻土	SCU231	黄砂田	水稻土	淹育水稻土
SCU113	黄底潮田	水稻土	潴育水稻土	SCU232	冷砂田	水稻土	淹育水稻土
SCU114	假白鳝灰潮田	水稻土	潴育水稻土	SCU311	灰潮大泥田	水稻土	渗育水稻土
SCU121	紫潮大泥田	水稻土	潴育水稻土	SCU312	灰潮大土油砂田	水稻土	渗育水稻土

（续）

土种编码	土种名称	土类名称	亚类名称	土种编码	土种名称	土类名称	亚类名称
SCU313	灰潮油砂田	水稻土	渗育水稻土	SCU413	烂潮田	水稻土	潜育水稻土
SCU314	灰潮砂田	水稻土	渗育水稻土	SCU414	鸭屎潮田	水稻土	潜育水稻土
SCU321	灰棕潮大泥田	水稻土	渗育水稻土	SCU415	钙质下湿潮田	水稻土	潜育水稻土
SCU322	灰棕潮砂泥田	水稻土	渗育水稻土	SCU416	钙质下湿潮砂田	水稻土	潜育水稻土
SCU323	灰棕潮砂田	水稻土	渗育水稻土	SCU421	鸭屎紫泥田	水稻土	潜育水稻土
SCU331	紫潮泥田	水稻土	渗育水稻土	SCU422	鸭屎紫砂泥田	水稻土	潜育水稻土
SCU332	紫潮砂泥田	水稻土	渗育紫潮土	SCU423	下湿紫泥田	水稻土	潜育水稻土
SCU333	紫潮砂田	水稻土	渗育水稻土	SCU424	下湿紫砂泥田	水稻土	潜育水稻土
SCU334	黄紫潮泥田	水稻土	渗育水稻土	SCU425	冷浸紫烂田	水稻土	潜育水稻土
SCU335	黄紫潮砂泥田	水稻土	渗育水稻土	SCU431	钙质鸭屎紫泥田	水稻土	潜育水稻土
SCU336	黄紫潮砂田	水稻土	渗育水稻土	SCU432	钙质下湿紫泥田	水稻土	潜育水稻土
SCU341	黄潮泥田	水稻土	渗育水稻土	SCU433	钙质深脚紫泥田	水稻土	潜育水稻土
SCU342	黄潮砂田	水稻土	渗育水稻土	SCU434	钙质深脚紫砂泥田	水稻土	潜育水稻土
SCU351	棕紫泥田	水稻土	渗育水稻土	SCU441	鸭屎黄泥田	水稻土	潜育水稻土
SCU352	棕紫夹砂泥田	水稻土	渗育水稻土	SCU442	下湿黄泥田	水稻土	潜育水稻土
SCU361	大泥田	水稻土	渗育水稻土	SCU443	烂黄泥田	水稻土	潜育水稻土
SCU362	夹砂泥田	水稻土	渗育水稻土	SCU444	钙质烂黄泥田	水稻土	潜育水稻土
SCU363	豆瓣泥田	水稻土	渗育水稻土	SCU451	黑鸭屎泥田	水稻土	潜育水稻土
SCU371	酸紫泥田	水稻土	渗育水稻土	SCU452	钙质烂红泥田	水稻土	潜育水稻土
SCU372	酸紫砂泥田	水稻土	渗育水稻土	SCU461	汞毒田	水稻土	潜育水稻土
SCU381	冷黄泥田	水稻土	渗育水稻土	SCU462	黄淦田	水稻土	潜育水稻土
SCU382	冷砂黄泥田	水稻土	渗育水稻土	SCU463	硝田	水稻土	潜育水稻土
SCU383	砂黄泥田	水稻土	渗育水稻土	SCU464	烧根田	水稻土	潜育水稻土
SCU384	老冲积黄泥田	水稻土	渗育水稻土	SCU465	腐泥泛酸田	水稻土	潜育水稻土
SCU385	矿子黄泥田	水稻土	渗育水稻土	SCU511	脱潜灰潮田	水稻土	脱潜水稻土
SCU386	钙质黄泥田	水稻土	渗育水稻土	SCU512	脱潜紫潮田	水稻土	脱潜水稻土
SCU391	黄泡泥田	水稻土	渗育水稻土	SCU521	浅脚紫泥田	水稻土	脱潜水稻土
SCU3（10）1	红泥田	水稻土	渗育水稻土	SCU531	浅脚黄泥田	水稻土	脱潜水稻土
SCU3（10）2	红砂泥田	水稻土	渗育水稻土	SCU611	黄潮白鳝泥田	水稻土	漂洗水稻土
SCU3（10）3	红黄砂田	水稻土	渗育水稻土	SCU612	紫潮黄鳝泥田	水稻土	漂洗水稻土
SCU3（11）1	钙质红泥田	水稻土	渗育水稻土	SCU621	白鳝紫泥田	水稻土	漂洗水稻土
SCU3（11）2	钙质红砂泥田	水稻土	渗育水稻土	SCU622	白散紫泥田	水稻土	漂洗水稻土
SCU3（12）1	石子黄泥田	水稻土	渗育水稻土	SCU631	白鳝泥田	水稻土	漂洗水稻土
SCU3（12）2	炭渣田	水稻土	渗育水稻土	SCU632	白鳝黄泥田	水稻土	漂洗水稻土
SCU411	下湿潮田	水稻土	潜育水稻土	SCU633	白鳝黄胶泥田	水稻土	漂洗水稻土
SCU412	钙质烂潮田	水稻土	潜育水稻土	SCU641	白鳝红泥田	水稻土	漂洗水稻土

4.3　研究数据

4.3.1　2014 年川中丘陵区自然沟渠干湿季水环境基本状况

4.3.1.1　引言

沟渠是一种常见的连接各个农业区或居民区的地貌类型。作为污染物传输的重要通道，沟渠不仅具有输移功能，而且良好的沟渠系统具有消减污染负荷、净化水质的功能。近几年来，沟渠在面源污染治理中的重要作用受到国内外科学家的高度关注和重视。川中丘陵区位于长江上游以北，剑阁、苍溪、仪陇等县以南，龙泉山以东，华蓥山以西的腹地，地势起伏，包括 9 个地市的 49 个县市。由于降雨径流长期冲刷，形成了很多自然的排水沟渠，同时为了更好地进行农业生产与泄洪，人们也建造了大量的农田排水沟渠。这些沟渠是连接农业排水、村镇居民生活废水与河流湖泊的重要通道，兼顾防洪和服务农业生产双重功能，同时具有一定的湿地功能。

已有研究发现，该区部分小流域溪流中出现了明显的水体富营养化现象，尚无该区域自然沟渠水体氮磷污染的整体状况。于是，本研究分别于 2014 年 6 月（丰水期）和 11 月（枯水期）对分布在盐亭、西充、南充、渠县、射洪、蓬溪、遂宁、中江、三台等县市的农村地区的 72 条和 44 条不同类型的自然沟渠进行调查采样及室内分析样品，获得本数据集。弄清自然沟渠水体氮磷污染状况，对该区域或类似区域的退化沟渠生态功能恢复提供科学数据支撑，具有重要意义。

4.3.1.2　数据采集和处理方法

根据勘查确定要调查的沟渠后，每个采样点首先用 GPS 测记采样点的经度、纬度以及海拔高度等相关环境信息，进行记录并拍照。利用照相法估算植被覆盖度，同时记录周边土地利用类型。沟渠类型按周边土地利用类型分类，分为旱地沟渠、水田沟渠、居民区沟渠三类。根据沟渠地形确定采样断面，一般选择比较均匀的沟渠断面，断面长在 $50\sim100$ m。利用水样采集器在所选断面内采集混合水样（至少 5 点混合），并用经过稀硫酸处理并以蒸馏水洗净的聚乙烯塑料瓶收集 500 mL 混合水样。采样的同时测定水体溶解性氧、pH、电导率、温度、流速、水深、水面宽等指标；利用多点法采集沟渠沉积物样品，采样深度 $0\sim20$ cm，每个沉积物样品皆以采样点为基础采集三个点的混合样，盛放在标注好的塑料自封袋内；采集的水样放入冷藏箱保存，送回实验室进行分析，24 h 内分析完毕。如果来不及分析，加硫酸酸化到 pH<2，一周内必须分析完毕。

样品采集和分析方法主要参考《水和废水监测分析方法（第四版）》与《中国生态系统研究网络观测与分析标准方法——水环境要素观测与分析》。

水样带回实验室后，首先测定总氮（TN）、总磷（TP）含量，然后经 0.45 μm 滤膜过滤，利用 AA3 流动分析仪测定滤液中铵态氮（NH_4-N）、硝态氮（NO_3-N）、可溶性总氮（DN）、可溶性总磷（DP）含量。水样的可溶性有机碳（DOC）采用 UV 消解-紫外比色法测定，TN、DN 采用碱性过硫酸钾消解-紫外分光比色法测定，NH4-N 采用靛酚蓝法测定，NO_3^--N 采用紫外分光比色法测定，TP、DP 采用过硫酸钾消解-钼锑抗比色法测定。颗粒态氮（PN）、颗粒态磷（PP）含量分别由总氮、总磷含量与可溶性总氮、总磷含量相减而得。

沉积物样品采集后，鲜样中的 NH_4-N、NO_3-N 采用 0.5 mol/L K_2SO_4 浸提-AA3 流动分析仪测定（水土比 5∶1）；沉积物样品风干碾磨过 100 目筛后，采用凯氏定氮法测定全氮含量，采用氢氧化钠碱熔法测定全磷含量，采用重铬酸钾氧化-油浴加热法测定有机碳含量。

4.3.1.3　数据质量控制和评估

针对原始观测数据和实验室分析的数据，数据质量控制过程包括对源数据的检查整理、单个数据点的检查、数据计算和入库，以及元数据的编写、检查和入库。对源数据的检查包括文件格式化错误、存储损坏等明显的数据问题以及文件格式、字段标准化命名、字段量纲、数据完整性等。单个数据点的检查中，主要针对异常数据进行修正、剔除。在 2014 年丰水与枯水期沟渠水质状况数据表中，6 月采集的样品未进行亚硝酸盐、磷酸盐和可溶性有机碳测试分析，11 月的样品对溶解性氧和氧化还原电位未测试分析，这是初始实验设计指标与后来的科研实验分析中确定的指标有差异的表现。初始设计没有亚硝酸盐、磷酸盐和可溶性有机碳指标，所以在 6 月的测试中没有数据，在后续研究的应用中讨论有必要完善这三项指标，而且调整了溶解性氧和氧化还原电位。

　　本数据集为国家基金项目资助野外观测和室内分析获取，针对研究目标，在数据用于分析统计之前，进行了系列观测和分析过程中的质量控制。野外调查和观测阶段，由科研人员带队，专业人员进行观测和观测仪器维护工作。室内分析时带标样控制分析结果。数据整理和入库过程的质量控制方面，主要分为两个步骤：一是进行了各种源数据的集成、整理、转换、格式统一；二是通过一系列质量控制方法，去除随机及系统误差。使用的质量控制方法，包括极值检查、内部一致性检查。

4.3.1.4　数据

　　数据经过整理存储在 Science Data Bank（http：//www. sciencedb. cn/dataSet/handle/619）。

　　数据 DOI：10. 11922/sciencedb. 619。

4.3.2　川中丘陵地区氮沉降分布特征（2009—2013 年）

4.3.2.1　引言

　　大气氮沉降是指活性氮通过干湿沉降（降雨、气体和颗粒物）的形式进入地表的过程，是氮生物地球化学循环中的重要过程之一。由于人类活动加剧，大气氮沉降已逐渐成为重要的环境养分不断输入陆地生态系统。由于主要排放源差异（种植业、养殖业、工业、交通等），区域大气氮沉降具有特定的区域特征，会直接影响区域生态系统的氮输入输出过程及生态系统响应。因此，在一定区域范围内或典型生态系统中，进行原位连续的大气氮干湿沉降的观测，是揭示大气氮干湿沉降组分、通量及其时空格局和影响因素最为直接有效且可靠的方法。

　　盐亭站是 CERN 和 CNERN 布局的以中亚热带四川盆地紫色土丘陵区为核心研究对象的唯一基础性、公益性的农田生态系统长期试验与观测平台，也是中国典型生态系统大气湿沉降观测网络（China Wet Deposition Observation Network，ChinaWD）观测站点之一，观测从 2008 年开始一直持续至今。本部分重点整理了在盐亭站综合观测场获取的 2008—2013 年大气氮湿沉降和 2011—2013 年大气氮干沉降观测数据，以期为该区域大气氮污染状况，氮沉降的环境养分输入以及氮沉降的生态环境效应评估提供科学数据支撑。

4.3.2.2　数据采集和处理方法

　　大气湿沉降样品的采集及分析，对氮沉降的监测使用原位定点连续监测法，使用德国 Eigenbrodt（UNS130/E）湿沉降采集系统采集降雨。当次降雨事件发生时，雨水通过湿沉降采集系统的集水漏斗进入采集器，由 PE 管导入塑料瓶储存，次降雨事件结束后两小时内，取出样品收集瓶，将雨水转移至样品瓶，并用蒸馏水清洗漏斗、PE 管和样品收集瓶，以备下次采集使用。降雨事件结束后，降雨盖受传感器控制，会自动遮蔽湿沉降采集系统的雨水收集口，避免降尘进入雨水收集口。

　　大气干沉降的采集及分析使用英国生态水文中心开发的 DELTA（Denuder for Long-term Atmospheric sampling）系统采集直径 <10 μm 的颗粒物和气体沉降物，采样高度为 1.6 m。该采样器为主动吸收，利用空气泵和添加过吸附剂及滤膜的采样链连接采样，通过采集气体的扩散管和收集颗粒物的滤膜容器及特氟龙管龙管连接组成。采集氨气的扩散管长 10 cm，以 5％柠檬酸甲醇作为吸附溶剂，采集硝酸的扩散管长 15 cm，以 1％ KOH＋1％甘油甲醇溶液作为吸附剂。采样滤膜组上层吸收颗粒物 pNO_3^-，添加 5％ KOH＋10％甘油甲醇作为吸附剂，下层滤膜吸收 PNH_4^+，以 13％ 柠檬酸甲醇作为吸附溶剂。NO_2 采样英国环境监测网的被动采样器采集扩散管采集，采样高度为 2 m。

4.3.2.3　数据质量控制和评估

数据从观测到样品分析均质量控制严格，观测数据从前期采样、样品保存、室内分析到后期数据检查和录入，均经过台站专业科研人员和实验室分析人员进行质控体系和流程检验。

采样主要依靠经验丰富的固定监测人员完成，采用统一定制的样品编号标记，所采集样品及时冷藏保证样品质量。室内分析时，所用仪器均定期校准，并由操作经验丰富的实验室分析人员按照标准操作规程进行分析，使用液体标准物质和样品进行质控。样品测试使用的方法首选国家标准方法和研究领域通用方法，以氮为例，采用的是紫外分光光度法（GB 11894—89）。

此外，在数据整理过程中，对超过 3 倍标准偏差的异常数据进行单独分析，以保证数据集的可靠性。

4.3.2.4　数据

数据引用：高美荣，况福虹，朱波《2008—2013 年川中丘陵区典型农田生态系统大气氮沉降数据集》（Science Data Bank，2019）。

数据 DOI：10.11922/sciencedb.732。

4.3.3　紫色土封闭长坡地产流机理研究

4.3.3.1　引言

研究坡地降雨入渗过程中土壤水运动的传统方法主要是监测含水量变化，但土壤剖面含水量不变并不一定说明土壤水没有运动。比如，均质活塞流作用下，孔隙内水分均匀向下推移，含水量可能不变，但确实发生了水分运动及物质迁移或交换。因此，传统含水量监测方法不能表明水"质"的迁移变化。该研究是通过分析土壤剖面不同深度土壤溶液中稳定性氢同位素（^{2}H）在降雨前后的变化并结合二水源 EMA 模型，阐述紫色土坡地产流机理及水源来源。

4.3.3.2　数据采集和处理方法

样地为一个小型坡地径流场，属于盐亭站养分平衡长期试验观测场（YGAFZ04）中的一个 对照小区。面积 24 m²（6 m×4 m）。径流观测场平均坡度均为 7°，采用夏玉米和冬小麦轮作，耕作深度 10～15 cm。垂向上包括浅薄紫色土层、含裂隙的泥岩层以及不透水的沙岩层。

在径流场下端截面，分别设立地表径流、壤中流（土壤-泥岩界面出流）和泥岩裂隙潜流（泥岩-砂岩界面出流）收集系统。地表径流、壤中流和裂隙潜流采用定制的翻斗流量计实时在线监测出流量。在坡下部安装 TRD 探针、水势计以及陶土管，径流流量观测使用翻斗计和 HOBO 计数器（USA，最小响应时间 0.5 s）。

水源分割是基于水量平衡［式（4-1）］和物质平衡［式（4-2）］，利用 EMA 二水源模型将不同深度土壤溶液中水源分割成土壤前期水贡献的部分和雨水贡献的部分。

$$X_p + X_e = 1 \qquad\qquad (4-1)$$
$$X_p \cdot \delta C_p + X_e \cdot \delta C_e = \delta C \qquad\qquad (4-2)$$

式中，X_p 和 X_e 分别是土壤前期水和雨水对产流的贡献比例；下标 p 和 e 分别指的是土壤前期水和雨水。δC_p 是降雨前土壤溶液（陶土管抽取的样品）中 δ^2H 值，δC 为降雨结束后土壤溶液中 δ^2H 值。

由于降雨事件过程中雨水 δ^2H 是变化的，以阶段性降雨量体积加权均值作为雨水的 δ^2H 值，即

$$C_e = \frac{\sum_{i=1}^n R_j\delta_j}{R_j}$$

R_j 和 δ_j 分别指阶段性降雨量及相应的 δ^2H 值。

稳定性氢氧同位素结果用 δ 表示：

$$\delta = \frac{R_{sample}}{R_{vsmow}} - 1$$

式中，R_{sample} 为样品中 H 或 O 的稀有元素与富含元素的同位素丰度比，如 $R = {}^{18}O/{}^{16}O$；R_{vsmow} 为维也纳标准平均海水中 H 或 O 的稀有元素与富含元素的同位素丰度比。δD 和 $\delta^{18}O$ 的精度分别达到 0.03‰和 0.01‰。

数据记录与校正：自记雨量计、水势计以及翻斗计通过连线到 CR1000 数据采集系统（Campbell，Logan，UT，USA），实现自动连续监测，监测时间间隔为 15 min。为保证数据精度，需对 TDR 探针数据进行校正。在土壤干湿度差异较大的时候，用环刀采样器人工采集对应 TDR 深度的环刀样品，用烘干法测量土壤体积含水量，对系统监测值进行田间校正。每个雨季前，实际测定翻斗流量计的容量。

4.3.3.3 数据质量控制和评估

Zhao 等（2013）已经通过该方法对紫色土坡耕地土壤剖面水源进行过分割。但他们的研究中分割对象的水是分层土壤样品通过真空抽提得到的土壤全水，其自身的研究也表明土壤全水包括土壤可动水和不可动水（束缚水），而陶土管抽取的土壤溶液相对真空抽提的土壤全水更能代表参与产流的有效成分。因此，本研究利用陶土管抽取的土壤剖面不同深度土壤溶液 δ^2H 的变化及水源分割研究土壤水运动机理及探索产流水源来源，更符合实际情况。

4.3.3.4 数据使用方法和建议

需要更加详尽的研究可参考张维的《紫色土坡地产流过程及胶体迁移研究》。

4.3.3.5 数据

2014 年 8 月 26 日降雨历时 8h，总雨量为 22.0 mm，最大降雨强度为 10.4 mm/h。降雨前后小型坡地径流场不同深度土层土壤溶液 δ^2H 变化及 EMA 模型分割结果如图 4-1 所示。5 cm 土层土壤溶液 δ^2H 值较高（-2.30‰），主要是由于表层蒸发的影响，土壤溶液中的轻组优先蒸发，导致表层 δ^2H 值较高。降雨结束之后，表层土壤溶液中 δ^2H 值降到 -3.81‰，接近雨水 δ^2H 加权均值（-4.065‰），表明雨水填充了表层土壤大部分孔隙。结合水源分割的结果，表层土壤溶液中雨水的贡献高达 86.2%。10 cm 土层降雨结束之后土壤溶液 δ^2H 低于雨水 δ^2H 加权均值，且该层雨前旧水几乎全部被雨水所驱替。因此，浅层土壤（0~10 cm）前期旧水容易被雨水驱替，降雨结束后，浅层土壤孔隙主要被雨水所填充。20 cm、30 cm 及 40 cm 土层稳定性同位素表现均为雨后同位素值向雨水方向追近，表明不同比例的雨水参与内部产流。三个土层雨水的贡献比例分别为 8.2%、12.6% 及 8.33%。

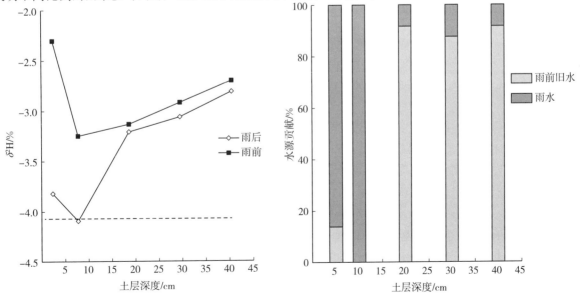

图 4-1 2014 年 8 月 26 日降雨前后观测场 δ^2H 变化及水源贡献划分

（虚线表示雨水 δ^2H 加权均值）

2014 年 9 月 12 日降水事件历时 5 h，总雨量为 14.4 mm，最大降雨强度为 19.8 mm/h。降雨后小型坡地径流场不同深度土层土壤溶液 $\delta^2 H$ 变化及水源贡献如图 4 - 2 所示。降雨入渗后，表层土壤 $\delta^2 H$ 值从 -6.089‰ 降到 -7.689‰，接近雨水加权 $\delta^2 H$ 均值（-7.692‰）。从水源分割结果可以看出，降雨结束后，表层土壤溶液中 99.81 ％是次降雨的成分，表明雨水已基本将表层土壤前期水驱替。而 10 cm 和 20 cm 深处土层，土壤溶液雨后 $\delta^2 H$ 值相对雨前旧水值均略有上升，表明雨水基本没有到达该深度土层，这与水源分割结果相对应。降雨结束后这两层土层的土壤溶液仍是雨前旧水，雨水没有存留。而 30 cm 和 40 cm 两个深度土层，雨后 $\delta^2 H$ 值均向雨水方向靠近，表明一定比例的雨水到达该层。据同位素水源分割的结果，降雨结束后 30 cm 和 40 cm 处土层土壤溶液中雨水的贡献比例分别为 18 ％、11.8 ％。由于雨水并未在 10 cm 和 20 cm 土层存留，反而对 30 cm 和 40 cm 土层土壤溶液有一定贡献，说明本次降雨入渗过程中，表层入渗的雨水主要经过土壤大孔隙，绕过土壤基质，以优先流的方式入渗到耕作层以下土层。

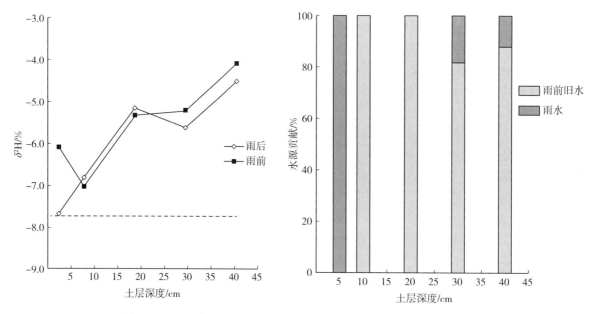

图 4 - 2　2014 年 9 月 12 日降雨前后观测场 $\delta^2 H$ 变化及水源贡献划分
（虚线表示雨水 $\delta^2 H$ 加权均值）

2014 年 9 月 13 日降雨历时 6 h，与 12 日降雨时长差不多，但总雨量更大，为 52.5 mm，最大降雨强度为 60.0 mm/h。降雨后小型坡地径流场不同深度土层土壤溶液 $\delta^2 H$ 变化及水源贡献如图 4 - 3 所示。

从图中可以看出，降雨结束后，浅层（5 cm 和 10 cm 土层）土壤溶液中 $\delta^2 H$ 均显著降低且均低于雨水 $\delta^2 H$ 加权均值（蓝色虚线所示）。水源分割结果表明，雨后 5 cm 和 10 cm 土层的土壤溶液均是次降雨成分，表明雨水已经完全驱替了浅层土壤雨前旧水。而 20 cm 土层雨后 $\delta^2 H$ 值从 -7.92‰ 增加到了 -7.20‰，且该层土壤溶液雨后 $\delta^2 H$ 值与上层（10 cm）雨前旧水 $\delta^2 H$ 值（-7.17‰）非常接近，表明 10～20 cm 土壤水主要以活塞流方式向下推进。

对比前两场降雨，我们推测，高前期含水量及大降雨强度有利于紫色土坡地活塞流的发生。30 cm 和 40 cm 深度土层雨后土壤溶液 $\delta^2 H$ 值均向雨水方向靠近，表明部分雨水到达了该层。水源分割的结果表明，30 cm 和 40 cm 深度土层雨水对土壤溶液的贡献分别为 22.7％、2.6％。由于 10～20 cm 处土层并未存留雨水，其下部反而有部分雨水到达，说明 20 cm 以下的雨水主要是通过优先流方式经过土壤大孔隙运移的。因此，在本次降雨事件中，在不同土层同时发生了活塞流和优先流。

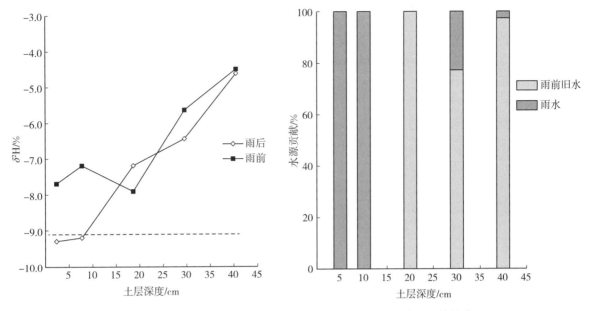

图 4-3　2014 年 9 月 13 日降雨前后观测场 $\delta^2 H$ 变化及水源贡献划分

(虚线表示雨水 $\delta^2 H$ 加权均值)

4.3.4　川中丘陵区典型农田和森林土壤温室气体累积排放通量

4.3.4.1　引言

本研究依托中国科学院盐亭紫色土农业生态试验站，于 2012 年 10 月 4 日至 2013 年 8 月 20 日期间，用静态暗箱气相色谱法测定了三块典型耕地（GD1、GD2、GD3）和退耕年限分别为 15 年、20 年、30 年的林地（LD1、LD2、LD3）土壤 CH_4、CO_2 和 N_2O 排放特征，并进行土壤温度、湿度和可溶性有机碳（DOC）含量与温室气体的相关性分析，探明川中丘陵紫色土地区耕地和林地温室气体排放特征，旨在为温室气体减排提供数据支撑和理论依据。

4.3.4.2　数据采集和处理方法

实验林地分为 LD1、LD2、LD3，其退耕年限分别为 15 年、20 年、30 年，处理方式为土壤—凋落物处理。所有小区定期清除地面绿色植被；三块实验耕地分为 GD1、GD2、GD3，设置在林地附近，处理方式为土壤——植株系统，种植方式为小麦——玉米轮作，另外，在耕地三号中设置土壤系统处理，即 GD3-N。为常规施肥，小麦季施氮肥总量 130 kg/hm² （以纯 N 计）、磷肥 90 kg/hm²（以 P_2O_5 计）、钾肥 36 kg/hm²（以 K_2O 计）。玉米季施氮肥 150 kg/hm²（以纯 N 计），磷肥和钾肥同小麦季。施肥方式采用基肥一次性于播种前人工施入，耕作和施肥同步，耕作方式为机器翻耕，深度为 20cm。冬小麦采取撒施的方式，夏玉米为穴施。林地实验于 2012 年 10 月 7 日开始。耕地中，冬小麦于 2012 年 10 月 14 日施肥并播种，2013 年 5 月 11 日收获；夏玉米于 2013 年 5 月 16 日施肥并播种，至 2013 年 8 月 20 日收获。

采用静态箱暗箱—气相色谱法观测温室气体的排放通量。采样箱用不锈钢薄板制造，由底座、中箱和顶箱组成。顶箱有 5 面，尺寸：长×宽×高＝500 mm×500 mm×500 mm，钢板厚度 2.5 mm，内设一个温度传感器，顶部安装有一根压力平横管（φ3.59 mm×6.22 cm），侧面设有气体样品接口。气样采集时，打开平衡管，以确保采样箱内外压力平衡，每采集一次气样后，立即关闭平衡管。底座尺寸：长×宽×高＝500×500mm×500mm×2.5 mm。水槽箱尺寸：长×宽×高＝500 mm×20 mm×30 mm，钢板厚度 2.5 mm。底座夯入土壤 20 cm，整个观测期间底座都固定在采样点上，底座的每个侧壁上距离底座上缘 10 cm 以下均匀开有 9 个直径 2 cm 的圆孔，以利于水分、土壤动物、微生物和养分等侧向交换。气体采集前，往底座和中箱上端的密封水槽里注水，以防止箱子和底座的接触处漏气。顶箱和中箱外包有保温层，采样期间箱内温度变化幅度控制在 30 ℃ 以下。于上午 9—11 时采集气体。从采样箱密封笼罩开始采集第一个气体样品，之后每间隔 7 min 采样一次，一共采集 5 个气样。采集的气样避光保存在 60 mL 医用注射器内，24 小时内分析完成。每个处理排次使用的采样箱固定，以减少箱子间的系统误差。采样频率为 1 次/周，施肥和降雨后加密采样。

4.3.4.3　数据质量控制和评估

结果以四次重复的平均值表示，利用 Excel 2007 进行相关数据计算，Origin8.0 绘图，SPSS 16.0 进行相关分析和方差分析，林地与耕地间差异采用 Duncan 多重比较法。排放通量单位为：kg/hm^2。

4.3.4.4　数据使用方法和建议

该数据集引用于李锡鹏的《川中丘陵区典型农田和森林土壤温室气体排放特征及影响因素》。

4.3.4.5　数据

川中丘陵紫色土地区耕地和林地温室气体排放特征数据见表 4 - 12。

表 4 - 12　耕地和林地土壤温室气体累积排放通量

单位：kg/hm^2

土地类型	生长季	CO_2	CH_4	N_2O
GD1	小麦季	3 000.69±288.66	−0.88±0.07	0.22±0.04
	玉米季	1 628.03±156.71	−0.32±0.02	0.95±0.08
GD2	小麦季	3 212.78±297.02	−0.49±0.03	0.30±0.05
	玉米季	1 986.57±174.58	−0.27±0.01	1.38±0.07
GD3	小麦季	3 460.00±457.99	−1.26±0.09	0.31±0.02
	玉米季	2 092.56±299.03	−0.42±0.02	0.55±0.04
LD1		3 541.55±427.74	−1.41±0.16	0.08±0.02
LD2		3 992.68±511.49	−1.12±0.09	0.11±0.03
LD3		4 559.08±122.55	−2.44±0.07	0.32±0.03

4.3.5　不同施肥制度下紫色土坡耕地氮素流失特征

4.3.5.1　引言

试验布置在中国科学院盐亭紫色土农业生态试验站（105°27′E，31°16′N）内。该站位于四川盆地中北部的盐亭县大兴回族乡，地处涪江支流弥江、湍江的分水岭上。属中亚热带湿润季风气候，年均气温 17.3 ℃，极端最高气温 40 ℃，极端最低气温 −5.1 ℃；多年平均降雨量 826 mm，分布不均，春季占 5.9%，夏季 65.5%，秋季 19.7%，冬季 8.9%，无霜期 294 d。

4.3.5.2　数据采集和处理方法

试验设置 12 种代表不同时期的施肥制度，施肥处理保持施用氮素总量在 150 kg/hm^2 同一水平上，每处理 3 次重复。氮肥品种为碳酸氢铵，磷肥为过磷酸钙，钾肥为氯化钾，农家肥为猪粪，秸秆采用本田上季作物秸秆。

①不施肥（CK）：不施用任何肥料的对照；②农家肥（OM）：1950 年以前传统农业施肥制度；③化肥 N（N）：代表集约农业施肥制度；④化肥 NP（NP）；⑤化肥 NPK（NPK）；⑥农家肥＋化肥 N（OMN）：20 世纪 60—70 年代的施肥制度；⑦农家肥＋化肥 NP（OMNP）：20 世纪 70—80 年代的施肥制度；⑧农家肥＋化肥 NPK（OMNPK）：20 世纪 80 年代中期以后的施肥制度；⑨秸秆（RSD）：资源节约型施肥；⑩秸秆＋化肥 N（RSDN）；⑪秸秆＋化肥 NP（RSDNP）；⑫秸秆＋化肥 NPK（RSDNPK）。

利用自动雨量计观测降雨过程，收集雨水样。暴雨结束后测定每个径流收集池水位，计算径流量。采集径流池的泥沙样，采用烘干法测定含沙量，计算每个小区全部产沙量。

用 500 mL 塑料瓶收集径流池浑水样。水样采集结束后，加约 1 mL H_2SO_4 酸化至 pH＜2，立即放入冰箱中保存。测定前，首先调节 pH 至 7.0 左右。水质总氮指可溶性及悬浮颗粒中的含氮量，测定时先摇匀，取水、沙混合样 10 mL，碱性过硫酸钾高温（120 ℃）消解，定容，离心，然后用紫外分光比色法测定总氮含量（GB 11894—89）。雨水样和经 0.45 滤膜过滤后的径流水样，采用紫外分光光度法测定硝态氮含量（GB 8538—1995），纳氏试剂分光光度法测定铵态氮含量（GB 8538—1995）。泥沙经风干，用凯氏法测定其氮含量。计算径流侵蚀泥沙，总氮、颗粒态氮、硝态氮、铵态氮浓度和负荷。

指标单位：产沙量（g/m^3），径流量（L/m^3），氮素迁移量（mg/m^3）。

4.3.5.3　数据使用方法和建议

本研究通过田间不同的施肥处理，模拟新中国成立以来我国不同时期的农业施肥制度，研究不同施肥条件下作物的水土保持效应，分析不同施肥条件下坡耕地土壤养分径流流失特征，为农田养分的管理及其环境效应提供科学数据。该数据集来源于汪涛、朱波、吴永峰等的《不同施肥制度下紫色土坡耕地氮素流失特征》。

4.3.5.4　数据

不同施肥制度下紫色土坡耕地氮素流失特征数据见表 4-13。

表 4-13　不同施肥制度下紫色土坡耕地氮素流失特征

项目	处理	CK	N	NP	NPK	OM	OMN	OMNP	OMNPK	RSD	RSDN	RSDNP	RSDNPK
不同施肥制度下产沙量和径流量	产沙量/（g/m^3）	145.1a	100.5a	53.6b	58.4b	16.6c	51.5b	45.6b	37.5b	12.1c	10.7c	8.6c	11.9c
	径流量/（L/m^3）	9.9a	10.1a	5.7b	6.1b	2.1c	4.2bc	3.3c	3.8c	2.0c	2.1c	1.8c	1.9c
不同施肥制度下氮素的迁移量/（mg/m^3）	总氮	60.3a	54.0a	31 8b	29.1b	9.5c	17.7bc	16.3bc	22.3bc	5.9c	6.5c	5.4c	5.1c
	颗粒氮	49.7a	42.8a	25.3b	22.5b	6.2c	12.8bc	12.9bc	18.5b	3.7c	4.0c	3.3c	2.6c
	硝态氮	7.5a	8.6a	3.2bc	3.9b	1.2c	3.0bc	1.7c	1.4c	1.1c	1.6c	1.1c	1.2c
	铵态氮	3.7a	4.0a	2.1ab	2.1ab	1.2b	1.5b	1.2b	1.4b	0.6b	0.7b	0.6b	0.6b
不同形态的氮素含量占总氮的百分比/%	颗粒氮	82.5	79.2	79.6	77.3	64.8	72.1	79.1	64.3	62.6	61.0	60.5	51.9
	硝态氮	12.5	15.9	10.1	13.4	12.6	16.9	10.4	15.2	18.6	24.2	20.0	24.0
	铵态氮	6.1	7.4	6.6	7.2	12.6	8.5	7.3	4.9	10.1	10.7	11.0	11.8

注：表示为多重比较结果时，字母不同表示差异明显，字母相同表示差异不明显。

4.3.6　不同耕作制下紫色土坡耕地水土流失特征

4.3.6.1　引言

试验布置在中国科学院盐亭紫色土农业生态试验站（105°27′E，31°16′N）内。该站位于四川盆地中北部的盐亭县大兴回族乡，地处涪江支流弥江、湍江的分水岭上。属中亚热带湿润季风气候，年均气温 17.3 ℃，极端最高气温 40 ℃，极端最低气温 −5.1 ℃；多年平均降雨量 826 mm，分布不均，春季占 5.9 %，夏季 65.5 %，秋季 19.7 %，冬季 8.9 %，无霜期 294 d。

4.3.6.2　数据采集和处理方法

该研究观测数据来源于坡耕地不同耕作制水土流失辅助观测场（YGAFZ03），时间期限 2009—2012 年，样地具体信息见 2.3.1。试验设计为常规平作、聚土垄作和免耕裸地三种典型耕作制（2012 年变更为平作和垄作两种），平作和垄作小区为小麦—玉米轮作，每种耕作制布设两个重复。土壤为石灰性紫色土，平作和垄作常规施肥，均无灌溉。

每次降雨产流后，观测降雨量（mm）、植被盖度（%）；测量径流收集池水位，计算每个小区径流量、径流深（mm）和径流系数（%）；采集径流收集池中的泥沙样，采用烘干法测定含沙量，计算每个小区产沙总量和侵蚀模数（t/hm²）。

4.3.6.3　数据使用方法和建议

本数据集提供不同降雨条件及不同典型耕作制度下的水土流失特征，对于研究紫色土丘陵区农业水土流失变化具有重要意义。

4.3.6.4　数据

不同耕作制度下紫色土坡耕地水土流失观测数据见表 4-14。

表 4-14　不同耕作制度下紫色土坡耕地水土流失特征

日期（年-月-日）	聚土垄作			免耕裸地			常规平作			降雨量/mm	植被盖度/%
	侵蚀模数/(t/hm²)	径流深/mm	径流系数/%	侵蚀模数/(t/hm²)	径流深/mm	径流系数/%	侵蚀模数/(t/hm²)	径流深/mm	径流系数/%		
2009 - 06 - 21	—	2.35	5.69	0.02	2.85	6.90	0.03	3.45	8.35	41.30	10
2009 - 07 - 09	—	0.50	0.88	0.02	3.75	6.60	0.04	3.76	6.62	56.80	20
2009 - 08 - 03	0.01	13.20	15.75	0.01	13.30	15.87	0.03	14.50	17.30	83.80	55
2009 - 08 - 16	0.03	30.35	16.33	0.01	34.90	18.78	0.05	32.90	17.71	185.80	70
2009 - 08 - 26	0.01	4.80	13.11	0.01	5.00	13.66	0.02	5.30	14.48	36.60	90
2009 - 09 - 13	—	5.15	5.44	—	5.15	5.44	—	5.15	5.44	94.70	90
2010 - 07 - 04	—	1.20	16.67	—	1.85	25.69	—	1.35	18.75	7.20	20
2010 - 07 - 14	0.05	29.00	17.62	0.05	19.50	11.85	0.05	17.50	10.63	164.60	24
2010 - 07 - 22	0.12	22.55	16.54	0.08	24.15	14.56	0.09	24.03	17.63	136.30	38
2010 - 08 - 19	0.01	5.00	4.05	0.04	5.00	4.57	0.05	5.00	4.05	123.50	75
2010 - 09 - 05	—	1.15	2.80	—	2.35	5.73	—	2.60	6.34	41.00	91
2011 - 05 - 20	—	0.30	0.48	—	1.75	2.78	—	1.75	2.78	63.00	0
2011 - 06 - 19	—	4.90	4.23	—	4.85	4.19	—	3.20	2.76	115.80	20
2011 - 07 - 04	0.06	4.30	5.56	0.34	5.20	6.73	0.26	4.65	6.02	77.30	20
2011 - 07 - 18	0.13	1.50	9.20	0.08	2.90	17.79	0.04	0.80	4.91	16.30	35
2011 - 07 - 21	—	1.40	5.30	—	1.60	6.06	—	0.65	2.46	26.40	36
2011 - 07 - 29	0.11	1.15	0.86	0.67	2.35	2.74	0.23	1.55	1.16	133.70	50
2011 - 08 - 03	—	2.60	9.59	—	4.20	15.50	—	1.30	4.80	27.10	55
2011 - 09 - 17	—	15.50	20.34	—	16.45	21.59	—	16.95	22.24	76.20	92
2012 - 05 - 11	—	4.80	3.64	—	5.05	4.55	—	4.75	3.60	132.00	0
2012 - 05 - 14	—	1.37	6.52	—	1.23	5.83	—	1.44	6.86	21.00	0

（续）

日期 （年-月-日）	聚土垄作			免耕裸地			常规平作			降雨量/ mm	植被盖度/ %
	侵蚀模数/ （t/hm²）	径流深/ mm	径流系数/ %	侵蚀模数/ （t/hm²）	径流深/ mm	径流系数/ %	侵蚀模数/ （t/hm²）	径流深/ mm	径流系数/ %		
2012 - 05 - 21	—	1.33	2.89	—	3.30	7.21	—	1.23	2.67	45.80	0
2012 - 06 - 02	—	0.25	0.96	—	1.45	5.56	—	0.60	2.30	26.10	5
2012 - 07 - 03	—	4.95	7.71	—	5.17	8.05	—	4.75	7.40	64.20	20
2012 - 07 - 07	—	10.95	8.59	—	45.55	35.75	—	12.72	9.98	127.40	22
2012 - 07 - 22	—	2.10	4.61	—	3.15	6.91	—	2.13	4.66	45.60	35
2012 - 08 - 20	—	2.55	4.32	—	3.95	6.69	—	2.48	4.19	59.00	77
2012 - 09 - 10	0.01	3.45	2.00	0.17	45.00	26.04	0.02	5.05	2.92	172.80	90

参 考 文 献

董鸣，1997. 陆地生物群落调查观测与分析 ［M］. 北京：中国标准出版社.

高美荣，况福虹，朱波，2019.2008—2013 年川中丘陵区典型农田生态系统大气氮沉降数据集 ［J］. 中国科学数据 （中英文网络版），4 （4）：153 - 160.

高美荣，汪涛，2019.2014 年川中丘陵区自然沟渠干湿季水环境基本状况数据集 ［J］. 中国科学数据 （中英文网络 版），4 （1）：156 - 164.

李锡鹏，2014. 川中丘陵区典型农田和森林土壤温室气体排放特征及影响因素 ［D］. 成都：西南交通大学.

刘光崧，1996. 土壤理化分析与剖面描述 ［M］. 北京：中国标准出版社.

四川省统计局，国家统计局四川调查总队，2017. 四川统计年鉴- 2017 ［M］. 北京：中国统计出版社.

汪涛，朱波，武永峰，等，2005. 不同施肥制度下紫色土坡耕地氮素流失特征 ［J］. 水保持学报，19 （5）：65 - 68.

王庚辰，2000. 气象和大气环境要素观测与分析 ［M］. 北京：中国标准出版社.

谢贤群，王立军，1998. 水环境要素观测与分析 ［M］. 北京：中国标准出版社.

张维，2015. 紫色土坡地产流过程及胶体迁移研究 ［D］. 北京：中国科学院大学.

中国科学院成都分院土壤研究室，1991. 中国紫色土 （上篇）［M］. 北京：科学出版社.